Anleitungen
für die chemische Laboratoriumspraxis

Band XIV

Herausgegeben von

F. L. Boschke, V. A. Fassel, W. Fresenius, J. F. K. Huber,
E. Pungor, W. Simon und Th. S. West

Heinz Engelhardt

Hochdruck-Flüssigkeits-Chromatographie

Zweite, überarbeitete und erweiterte Auflage

Mit 62 Abbildungen und 18 Tabellen

Springer-Verlag Berlin Heidelberg GmbH 1977

Professor Dr. Heinz Engelhardt
Angewandte Physikalische Chemie, Universität des Saarlandes, D-6600 Saarbrücken

Herausgeber

ISBN 978-3-662-07797-9 ISBN 978-3-662-07796-2 (eBook)
DOI 10.1007/978-3-662-07796-2

Library of Congress Cataloging in Publication Data. Engelhardt, Heinz, 1936 – . Hochdruck-Flüssigkeits-Chromatographie (Anleitungen für die chemische Laboratoriumspraxis; Bd. 14). Includes bibliographical references and index. 1. Liquid chromatography. I. Title. II. Series. QD117.C5E53. 1977. 544'.924. 77-6396

Ursprünglich erschienen bei Springer-Verlag Berlin Heidelberg New York 1977
Softcover reprint of the hardcover 2nd edition 1977

2152/3140-543210

Geleitwort

Die Hochdruck-Flüssigkeits-Chromatographie entwickelt sich seit etwa 1969 mit großer Geschwindigkeit zu einer Standard-Trennmethode. Geprägt wurde die Entwicklung dadurch, daß ihre "Pioniere" fast ausschließlich Experten der Gas-Chromatographie gewesen sind. Sie glaubten, die Prinzipien und Methoden der alten Methode auch im Bereich der schnellen Flüssigkeits-Chromatographie voll anwenden zu können. Es hat eine Weile gedauert, bis endgültig klar wurde, daß dies nicht so ist. Zwar ist es für die Theorie der Chromatographie gleich, ob der Eluent ein Gas oder eine Flüssigkeit ist, die quantitativen Unterschiede der Parameter (wie Viskosität, Diffusionskoeffizient) ändern das Bild aber wesentlich.

Heute scheint allgemein akzeptiert zu werden, daß das Apparative der Hochdruck-Flüssigkeits-Chromatographie sogar einfacher als bei der Gas-Chromatographie ist. Weiterhin scheint man einig, daß optimale Analysen mit stationären Phasen mit Siebfraktion um 5 oder 10 µm durchzuführen sind.

Da die Entwicklung kommerzieller Geräte etwa zwei Jahre in Anspruch nimmt, ist es selbstverständlich, daß es heute noch eine Lücke zwischen dem neuesten Stand der Technik und den kommerziell angebotenen Geräten gibt. Es ist sehr viel getan, wenn es mit diesem Buch gelingt, dem Praktiker jene Fragen nahezubringen, die er sich stellen muß, bevor er ein hochdruck-flüssigkeits-chromatographisches Gerät anschafft, und wenn ihm das Auffinden des geeigneten Systems (stationäre Phase und Eluent) für sein spezifisches Trennproblem erleichtert wird. Das gelingt auch ohne detaillierte Diskussion der Theorie der Chromatographie.

I. Halász

Vorwort zur zweiten Auflage

Die Entwicklung der Apparatur und der Trennsysteme in der HPLC verlief seit Erscheinen der ersten Auflage sehr stürmisch. Eine weitgehende Überarbeitung, Ergänzung bzw. Neufassung des Werkes erwies sich als notwendig.

Die Diskussion über den Einfluß des Teilchendurchmessers auf die Trennleistung hat einen gewissen Abschluß gefunden; sie wurde als zusätzlicher Abschnitt in Kapitel II aufgenommen, während die daraus entwickelten Möglichkeiten zur Charakterisierung von Trennsäulen im Anschluß an die Beschreibung des Säulenpackens (Kapitel III) aufgeführt werden.

In der Praxis wird heute die Mehrzahl der Trennungen an Umkehrphasen *(reversed phase)* durchgeführt. Eine ausführliche Diskussion der Eigenschaften und Möglichkeiten dieser Phasen wurde dem Kapitel "Adsorptions-Chromatographie" beigefügt, ohne daß hier eine Festlegung des Sorptionsmechanismus bei den Umkehrphasen präjudiziert werden soll.

Die Kenntnis der Eigenschaften von chemisch gebundenen Phasen mit funktionellen Gruppen ist noch gering, doch werden sie diskutiert. Für die Ausschluß-Chromatographie mit wäßrigen Eluenten dürften sie jedoch große Verbreitung finden. Die Weiterentwicklung der HPLC scheint noch nicht zu Ende zu sein.

Allen Kollegen, Freunden und Mitarbeitern sei für ihre wertvollen Hinweise, Diskussionen und Vorschläge gedankt.

Saarbrücken, März 1977 H. Engelhardt

Vorwort zur ersten Auflage

Dieses Buch gibt dem Anfänger auf dem Gebiet der schnellen Flüssigkeits-Chromatographie einen Überblick über Apparaturen, Trennverfahren und Einsatzmöglichkeiten der Methode. Die Bausteine der Apparaturen werden ausführlich besprochen, um Anhaltspunkte für die Auswahl und Anschaffung der geeigneten Elemente zu geben. Die Theorie ist kurz gehalten. Im Kapitel Grundlagen sind nur die wichtigsten Parameter der pragmatischen Chromatographie erläutert. Ausführlich diskutiert wurden die Faktoren, durch die eine chromatographische Trennung beeinflußt werden kann. Verhältnismäßig viel Gewicht wird auf die Diskussion der Parameter gelegt, die zu Fehlern, Irrtümern und schlechter Reproduzierbarkeit führen. Ich hoffe, daß dadurch niemand den Eindruck erhält, die Methode sei störanfälliger als andere chromatographische Verfahren. Das wäre ein Irrtum.

Bei einem so schnell sich weiterentwickelnden Gebiet wie diesem ist fast jede Seite, nachdem sie geschrieben ist, bereits ergänzungsbedürftig. Sollte einer meiner Kollegen ein Zitat seiner letzten, wesentlichen Arbeit vermissen, so möge er mir verzeihen, es geschah nicht absichtlich.

Dieses Buch enthält die Ergebnisse und Ideen langer, fruchtbarer Diskussionen im Arbeitskreis "Angewandte Physikalische Chemie" an der Universität des Saarlandes. Meinem verehrten Kollegen, Herrn Professor Dr. I. Halász, sowie den Mitarbeitern der Arbeitsgruppe, wovon ich insbesonders die Herren Dr. J. Aßhauer, Dr. K. Hofmann und Dr. I. Sebestian erwähnen möchte, danke ich für ihre Geduld, Anregungen und Mitarbeit. Meinem verehrten Lehrer, Herrn Professor Dr. G. Hesse, Erlangen, danke ich für viele Anregungen.

Saarbrücken, im Februar 1975 H. Engelhardt

Inhaltsverzeichnis

Kapitel I

Chromatographische Verfahren

Die Chromatographie mit flüssiger mobiler Phase geht auf die Arbeiten des russischen Botanikers Tswett zurück [1].

Anfänglich wurde in Säulen chromatographiert, deren Durchmesser meistens über 1 cm lag [2 bis 5]. Diese Methode wurde zur qualitativen und quantitativen Analyse von Gemischen und auch zur präparativen Auftrennung eingesetzt. Die Strömung der mobilen Phase durch die Säulenpackung wurde durch die Schwerkraft bewirkt und gelegentlich durch hydrostatischen Druck beschleunigt. Trotzdem lag die Strömungsgeschwindigkeit unter 60 ml/h pro cm^2 Säulenquerschnitt (lineare Geschwindigkeit < 0,02 cm/sec). Der mittlere Durchmesser der Teilchen betrug um 100 µm (oder größer), um bei dem vorgegebenen Druck diese Strömungsgeschwindigkeiten zu erzielen. Die Trennleistung solcher Trennsäulen war nicht besonders gut. Eine Ursache dafür war wohl die ständige Überladung der Trennsäule mit Probenmaterial. Die später entwickelten Flachbettverfahren der Chromatographie, nämlich die Papier- [6,7] und die Dünnschichtchromatographie [8,9], verdrängten die Säulenchromatographie weitgehend. Die Trennung war hier in den meisten Fällen bedeutend besser und schneller als in der Säule, und die Identifizierung der getrennten Proben durch aufgesprühte Reagenzien war wesentlich einfacher.

In den letzten Jahren erlebte die Säulenchromatographie mit flüssiger mobiler Phase eine Renaissance, verursacht einmal durch die Entwicklung empfindlicher Detektoren zum Nachweis der Probensubstanzen im Eluat der Trennsäule, zum anderen durch Übertragung von Erkenntnissen der Gas-Chromatographie auf die Flüssigchromatographie [10].

Bei der Hochdruck-Flüssigkeits-Chromatographie [11 bis 15] (auch "Schnelle Flüssigchromatographie" genannt, im Engl. HPLC = *high pressure (performance) liquid chromatography*) verwendet man dünne Trennsäulen mit 2 - 6 mm innerem Durchmesser. Die Säulen werden mit Teilchen gepackt, deren mittlerer Durchmesser unter 50 µm liegt. Die Geschwindigkeit der mobilen Phase wird durch einen hohen Eingangsdruck

(10 - 400 at) beschleunigt. Im allgemeinen arbeitet man mit linearen Strömungsgeschwindigkeiten zwischen 0,1 und 5 cm/sec oder auch noch höher.

Einteilung der chromatographischen Verfahren

Jede chromatographische Trennung beruht auf Unterschieden in den Wandergeschwindigkeiten der Probenbestandteile. Diese Unterschiede entstehen durch verschieden große Aufenthaltswahrscheinlichkeit in der stationären Phase. Die bewegte Phase, die allein den Transport durch die Trennsäule bewirkt, kann ein Gas oder eine Flüssigkeit sein. Je nach der Art der verwendeten stationären Phase unterteilt man beide Hauptgruppen. Als stationäre Phase kann ein Festkörper mit großer aktiver Oberfläche verwendet werden, dann spricht man bei Verwendung von Gasen als mobile Phase von Gas-Adsorptionschromatographie (engl. *gas-solid chromatography*, GSC) oder, mit flüssiger mobiler Phase, von Flüssig-Adsorptionschromatographie (*liquid-solid chromatography*, LSC). Verwendet man eine Flüssigkeit als stationäre Phase, die von einem inerten Träger mit großem Porenvolumen aufgesogen ist, dann unterteilt man sinngemäß in Gas-Verteilungschromatographie (*gas-liquid chromatography*, GLC) und Flüssig-Verteilungschromatographie (*liquid-liquid chromatography*, LLC).

Verwendet man einen aktiven festen Körper als stationäre Phase, dann spricht man allgemein von "*Adsorptionschromatographie*". Ist auf einen inaktiven festen Träger eine Flüssigkeit als stationäre Phase aufgebracht, dann redet man von "*Verteilungschromatographie*". Eine klare Grenzziehung ist nicht möglich. Gerade im Falle der Adsorptionschromatographie, wo häufig vorbelegte Adsorbenzien verwendet werden, hat man einen kontinuierlichen Übergang von reiner Adsorption zu mehr oder minder ausgeprägter Verteilung [16]. Genauso ist bei Verteilungsverfahren der Einfluß des Trägermaterials der flüssigen stationären Phase besonders dann nicht zu vernachlässigen, wenn die Oberfläche des Trägers groß ist. Eindeutig ist diese Einteilung nur im Falle des *Ionenaustausches* und der *Ausschluß-Chromatographie* (auch Gelfiltration oder *Gelpermeation* genannt).

Ionenaustauscher [17,18] sind unlösliche poröse Körper (heute meist organische Polymere), an deren Oberfläche sich kationische oder anionische Zentren befinden, die Anionen oder Kationen aus der mobilen Phase aufnehmen und wieder abgeben können. Bei der Ausschluß-Chromatographie [19,20] verwendet man poröse Festkörper mit definierter, eng begrenzter Porendurchmesserverteilung. Moleküle, deren effektiver Durchmesser größer ist als der Porendurchmesser, können in das Innere des Festkörpers nicht hineindiffundieren und werden dadurch schneller durch die Säule transportiert als die kleineren Moleküle, die in das Innere der Poren diffundieren können. Da in den Poren kein Transport in Richtung Säulenachse stattfindet, werden diese Moleküle gegenüber den ausgeschlossenen zeitlich verzögert.

Gas-chromatographische Trennverfahren wird man zweckmäßig zur Trennung von flüchtigen Stoffen verwenden. Viele unter Normaldruck nicht flüchtige Stoffe können einfach und quantitativ in flüchtige Derivate übergeführt werden, die dann gas-chromatographisch trennbar sind. Dadurch ist die obere Molekulargewichtsgrenze der Einsatzmöglichkeiten der Gas-Chromatographie nur sehr ungenau anzugeben.

Flüssig-chromatographische Verfahren werden vornehmlich zur Trennung von nicht unzersetzt verdampfbaren Substanzen verwendet. Bei kleinen und unpolaren Molekülen spielt bei der Sorption die Konkurrenz der im großen Überschuß vorhandenen Lösungsmittelmoleküle eine Rolle, so daß die flüssig-chromatographische Trennung unmöglich wird. Bei größeren Molekülen machen sich schon Ausschlußreaktionen bemerkbar. Die Flüssigchromatographie geht kontinuierlich in das Gebiet der Ausschluß-Chromatographie über, bei der die Trennung ausschließlich auf Unterschieden der Molekülgestalt beruht. In Abb.I.1 sind die Gebiete der drei chromatographischen Verfahren skizziert.

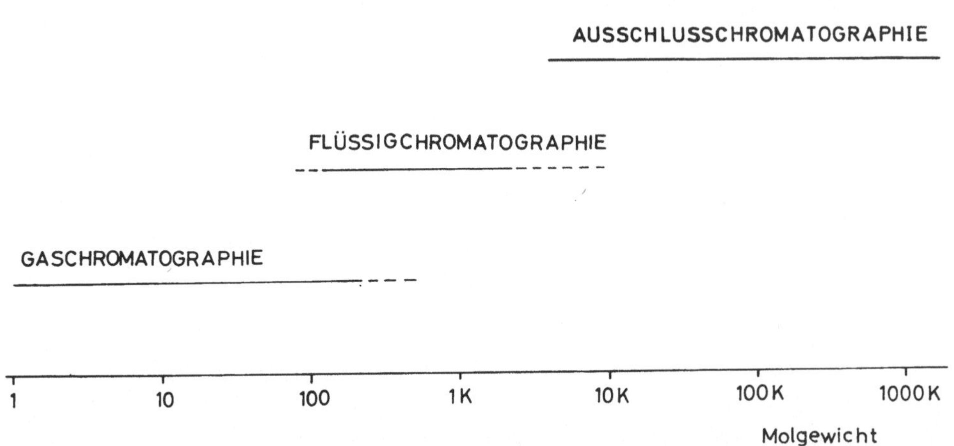

Abb.I.1. Einsatzgebiete der chromatographischen Trennverfahren.

Die chromatographische Trennung kann nach mehreren Methoden durchgeführt werden. Je nach der Art der Probenaufgabe unterscheidet man [21]:

1. Kontinuierliche Probenaufgabe

Hierbei wird die Probe oder ihre Lösung kontinuierlich auf die Trennsäule gegeben. Diese Methode wird als Frontanalyse [22] oder adsorptive Filtration bezeichnet. Wird ein Lösungsmittel verwendet, so muß es so ausgewählt werden, daß seine Wechselwirkung mit der Säulenfüllung gering ist. Bei diesem Verfahren kann nur die am wenigsten zurückgehaltene Substanz rein isoliert werden, alle anderen erscheinen als Gemisch. Dieses Verfahren kann nur diskontinuierlich ausgeführt werden, da die Trennsäule erschöpft ist, wenn das Gemisch am Säulenende austritt. Es ist daher für die Hochdruck-Flüssigkeits-Chromatographie kaum geeignet, wird aber zur Reinigung von Lösungsmitteln für die Chromatographie häufig verwendet [5].

2. Verfahren mit diskontinuierlicher Probenaufgabe

a) Elutionsanalyse. Hier wird die Probe in den kontinuierlich strömenden Eluenten gegeben. Vor und unmittelbar nach der Probenaufgabe ist die Zusammensetzung des Eluenten unverändert. Bleibt diese auch während der ganzen Trennung konstant, und ist die Wechselwirkung des Eluenten mit der stationären Phase im Vergleich zur Wechselwirkung der Probe gering, so spricht man von *Elutionsanalyse* bzw. *Elutionschromatogramm* [3]. Man erhält dabei das typische Elutionsdiagramm, bei dem im Idealfall jede Substanzzone durch eine Zone des reinen Eluenten von der nachfolgenden getrennt ist.

b) Gradient-Elution. Nimmt während der Analyse die Wechselwirkung des Eluenten mit der stationären Phase zu, d.h. ändert sich die stoffliche Qualität des Eluenten kontinuierlich und nimmt somit seine Elutionskraft zu, so spricht man von *Gradient-Elution* [24]. Der Vorteil der Gradient-Elution liegt in der Verkürzung der Analysenzeit. Stärker zurückgehaltene Probenbestandteile werden als viel schärfere, d.h. engere Zonen eluiert als bei der reinen Elutionsanalyse.

c) Verdrängungsanalyse [25]. Hier wird nach der Probenaufgabe die stoffliche Qualität des Eluenten so verändert, daß die Wechselwirkung mit der stationären Phase größer ist als die aller Probenbestandteile und diese vollkommen von der stationären Phase verdrängt werden. Der Verdränger schiebt die Probenbestandteile, geordnet nach steigender Aufenthaltswahrscheinlichkeit in der stationären Phase, vor sich her. Im Eluat der Trennsäule erscheinen sie unmittelbar nacheinander in reiner Form, gefolgt vom Verdränger. Im Gegensatz zur Elutionschromatographie sind die Einzelkomponenten nicht durch reinen Eluenten voneinander getrennt. Durch Diffusion bedingt, sind die Übergangszonen vermischt, weshalb die Verdrängungschromatographie keine weite Verbreitung gefunden hat. Häufig wird aber bei der Gradient-Elution zum Abschluß ein Verdränger zugesetzt. Dadurch kann die Säule auch *regeneriert* werden, wenn der Verdränger durch weniger stark festgehaltene Eluenten von der Trennsäule wieder entfernt werden kann.

Fast ausschließlich verwendet man bei der Trennung die Elutionsentwicklung, weil hier die Zonen im Idealfall von reinem Eluenten voneinander getrennt sind und somit auch rein isoliert werden können. Die Fläche unter den Banden ist der Probenmenge proportional. Das Elutionschromatogramm kann quantitativ ausgewertet werden. Die Lage des Peakmaximums bei symmetrischen Peaks dient zur qualitativen Identifizierung der Probenbestandteile. Der Vorteil der Hochdruck-Flüssigkeits-Chromatographie gegenüber den herkömmlichen flüssig-chromatographischen Trennverfahren liegt in der Schnelligkeit der Analyse, in der einfacheren Identifizierung und quantitativen Bestimmung der getrennten Substanzen.

Literatur zu Kapitel I

1. Tswett, M.S.: Ber. dtsch. botan. Ges. *24*, 316, 384 (1906). Vgl. Hesse, G., Weil, H., in: Woelm-Mitteilungen Al 8, Eschwege 1954.
2. Lederer, E., Lederer, M.: Chromatography 2nd ed. Amsterdam: Elsevier 1957.
3. Lederer, E. (Hrsg.): Chromatographie en chimie organique et biologique. Vol. I u. II. Paris: Masson 1959, 1960.
4. Heftman, E. (Hrsg.): Chromatography. New York: Reinhold 1969.
5. Hesse, G.: Chromatographisches Praktikum. Frankfurt/Main: Akad. Verlagsges. 1968.
6. Cramer, F.: Papierchromatographie. Weinheim: Verlag Chemie 1958.

7. Hais, J., Macek, K.: Handbuch der Papierchromatographie. Bd. I. Jena: Gustav-Fischer-Verlag 1958.

8. Stahl, E. (Hrsg.): Handbuch der Dünnschichtchromatographie. 2. Aufl. Berlin-Heidelberg-New York: Springer 1967.

9. Randerrath, K.: Dünnschichtchromatographie. Weinheim: Verlag Chemie 1966.

10. Giddings, J.C.: Dynamics of Chromatography. New York: Marcel Dekker 1965.

11. Kirkland, J.J. (Ed.): Modern Practice of Liquid Chromatography. New York: Wiley-Interscience 1971.

12. Gouw, T.H. (Ed.): Guide to Modern Methods of Instrumental Analysis. New York: Wiley-Interscience 1972.

13. Perry, S.G., Amos, R., Brewer, P.I.: Practical Liquid Chromatography. New York-London: Plenum Press 1972.

14. Snyder, L.R., Kirkland, J.J.: Modern Liquid Chromatography. American Chemical Society Short Courses 1971.

15. Hadden, N., Baumann, F., et al.: Basic Liquid Chromatography. Varian Aerograph 1971.

16. Engelhardt, H., Weigand, N.: Anal. Chem. *45*, 1149 (1973).

17. Helfferich, F.: Ionenaustauscher. Weinheim: Verlag Chemie 1959.

18. Dorfner, K.: Ionenaustauscher. Berlin: DeGruyter 1964.

19. Determann, H.: Gelchromatographie. Berlin-Heidelberg-New York 1967.

20. Altgelt, K.H., Segal, L. (Eds.): Gel Permeation Chromatography. New York: Marcel Dekker 1971.

21. Halász, I.: Vorlesungsniederschrift Universität Nizza 1971.

22. Tiselius, A.: Arkiv Kemi Min. Geol. *14b*, 22 (1941). Vgl. Endeavor *11*, 5 (1952).

23. Reichstein, T., van Euw, J.: Helv. Chim. Acta *21*, 1197 (1938).

24. Alm, R.S., Williams, R.J.P., Tiselius, A.: Acta Chem. Scand. *6*, 826 (1952).

25. Tiselius, A.: Arkiv Kemi Min. Geol. *16a*, 18 (1943).

Kapitel II

Grundlagen der Chromatographie

A. Retention

Die elutions-chromatographische Trennung zweier Substanzen in der Trennsäule ist mit einem Hindernisrennen zu vergleichen, bei dem die Stoffe je nach ihrer Verzögerung an den Hindernissen (= Aufenthaltswahrscheinlichkeit in der stationären Phase) zeitlich nacheinander das Säulenende erreichen. Die Substanzen unterscheiden sich nur in ihrer Aufenthaltszeit in oder an der stationären Phase, d.h. ihre Netto-Retentionszeit t'_R ist unterschiedlich. Die Gesamt-Retentionszeit t_R setzt sich zusammen aus dieser Aufenthaltszeit in der stationären Phase und der Aufenthaltszeit in der mobilen Phase t_o, auch *Totzeit* genannt.

$$t_R = t_o + t'_R. \tag{1}$$

Die Totzeit ist für alle Stoffe gleich.

Die in diesem Kapitel verwendeten Begriffe zur Charakterisierung der Trennsäulen sind in Abb.II.1 erläutert. Die Retentionszeit *muß* unabhängig von der Probenmenge sein, wenn man die Chromatographie zur qualitativen Identifizierung von Stoffen verwenden will. Anders ausgedrückt: Das Verhältnis der Substanzmengen in der stationären Phase und im Eluenten sollte unabhängig von der Konzentration der Probe im Eluenten sein. Nur in diesem Falle erhält man symmetrische Bandenformen, die mit einer Gauß-Kurve zu beschreiben sind. Das Auftreten von asymmetrischen Banden kann ein Hinweis für Nicht-Linearität der Isotherme sein.

Da die Retentionszeit von der Strömungsgeschwindigkeit des Eluenten abhängig ist, verwendet man besser die *Retentionsvolumina*. Das Retentionsvolumen ist das Produkt aus der Retentionszeit und der Volumengeschwindigkeit F (cm^3/min) des Eluenten.

$$V_R = t_R \cdot F. \tag{2}$$

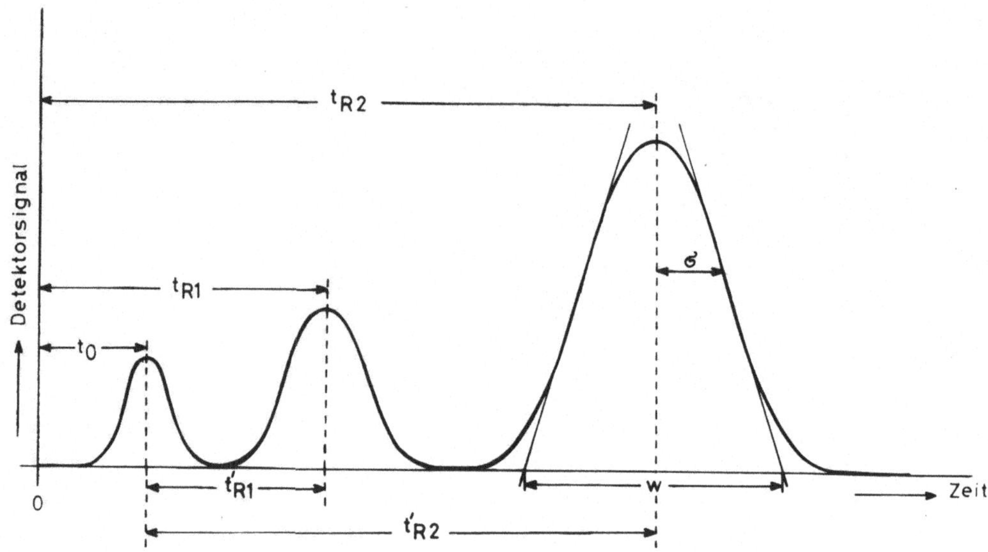

Abb.II.1. Erläuterung der wichtigsten Parameter zur Charakterisierung einer Trennung. t_o = Totzeit der Trennsäule; Elutionspeak einer nicht retardierten Substanz. t_{R1}, t_{R2} ... = Retentionszeit der Komponenten 1,2 ... . t'_{R1}, t'_{R2} ... = Netto-Retentionszeit der Komponenten 1,2 ... . w = Basisbreite des Peaks (Schnittpunkt der Wendetangenten mit der Null-Linie (= 4 σ). σ = Varianz der Gauß-Kurve.

Analog läßt sich aus der Totzeit das Volumen V_M der mobilen Phase in der Trennsäule bestimmen.

$$V_M = t_o \cdot F. \qquad (3)$$

Als *Netto-Retentionsvolumen* V_N bezeichnet man sinngemäß das um das Volumen der mobilen Phase reduzierte Gesamt-Retentionsvolumen

$$V_N = V_R - V_M. \qquad (4)$$

Das Netto-Retentionsvolumen ist dem Volumen der stationären Phase V_S proportional. Der Proportionalitätsfaktor ist der thermodynamische Verteilungskoeffizient K, der dann bei der Verteilungschromatographie mit dem Nernstschen Verteilungskoeffizienten identisch ist, wenn kein Einfluß des Trägermaterials auf die Retention festzustellen ist (vgl. Kap.VII).

$$V_N = K \cdot V_S. \qquad (5)$$

In der Adsorptionschromatographie hat es sich als zweckmäßig erwiesen, ein *normiertes Netto-Retentionsvolumen* V_N^o zu verwenden, das auf ein Gramm Adsorbens bezogen ist:

$$V_N^o = \frac{V_N}{g_A}, \tag{5a}$$

wobei g_A die Masse des Adsorbens in der Trennsäule ist.

Da die Retentionszeiten direkt aus dem Chromatogramm zu entnehmen sind, werden sie aus Bequemlichkeit den korrekteren Retentionsvolumina vorgezogen. Es soll hier jedoch ausdrücklich darauf hingewiesen werden, daß beim Vergleich von Retentionszeiten konstante Volumengeschwindigkeit des Eluenten und beim Vergleich der Retentionsvolumina konstanter freier Querschnitt (für die mobile Phase) der Säule gefordert wird. Da besonders letzteres nicht exakt zu bestimmen ist, gibt man in der Chromatographie die lineare Geschwindigkeit u an.

Das Verhältnis der Aufenthaltszeiten (Aufenthaltswahrscheinlichkeiten) in der stationären und mobilen Phase bezeichnet man als Kapazitäts- oder *Massenverteilungsverhältnis* k'.

$$k' = \frac{t'_R}{t_o} = \frac{t_R - t_o}{t_o}. \tag{6}$$

Der k'-Wert ist unabhängig von der Säulenlänge und bei Eluentengeschwindigkeiten unter 5 cm/sec in der Flüssigchromatographie auch unabhängig von der Geschwindigkeit der mobilen Phase. Zwischen dem k'-Wert und dem Verteilungskoeffizienten besteht, falls Gleichgewicht vorliegt, folgender Zusammenhang:

$$k' = K \cdot \frac{V_S}{V_M}. \tag{7}$$

Der k'-Wert wird in der Chromatographie dem Verteilungskoeffizienten vorgezogen, weil die exakte Bestimmung des Phasenverhältnisses V_M/V_S schwierig ist. Solange k' unabhängig von der Probenmenge ist, bei konstanten äußeren Bedingungen, befindet man sich im linearen Gebiet der Isotherme. Dies ist unabdingbare Voraussetzung für sauberes chromatographisches Arbeiten.

Das Verhältnis zweier Kapazitätsverhältnisse, bei konstanten äußeren Bedingungen und gleicher stationärer Phase, wird als *relative Retention* bezeichnet:

$$\alpha = \frac{t_{R2} - t_o}{t_{R1} - t_o} = \frac{t'_{R2}}{t'_{R1}} = \frac{k'_2}{k'_1} = \frac{K_2}{K_1} \quad (8)$$

Die relative Retention stellt ein Maß für die Selektivität des Trennsystems dar. Je selektiver die stationäre Phase eine der beiden Komponenten festhält, desto größer ist die relative Retention der beiden Komponenten. Ist $\alpha = 1$, dann bestehen im gegebenen System keine thermodynamischen Unterschiede zwischen den beiden Komponenten, und sie können nicht getrennt werden. Der Einfluß der Größe der relativen Retention auf die Auflösung zweier Substanzzonen wird später noch ausführlich diskutiert.

Im Falle des Gleichgewichts, das bei der Chromatographie fast immer erreicht wird [1,2], ist die relative Retention α eine thermodynamische Größe, die bei konstanter Temperatur nur von der stofflichen Qualität der Probensubstanzen und den Eigenschaften der stationären und der mobilen Phase abhängt. Da in der HPLC der Einfluß des Trägermaterials nie vollständig auszuschließen ist, ändern sich die α-Werte mit der Belegung. Die Bestimmung der relativen Retentionen verschiedener Substanzpaare an der gleichen Trennsäule über ihre Benutzungsdauer hinweg ist eine Möglichkeit, um eventuelle Veränderungen der Eigenschaften der Trennsäule festzustellen. Dieser Test sollte häufig wiederholt werden.

B. Lineare Geschwindigkeit, Porosität, Permeabilität

Zur Angabe der Geschwindigkeit des Eluenten verwendet man vorteilhafter die lineare Geschwindigkeit u (cm/sec) anstelle der Volumengeschwindigkeit F (cm^3/sec). Die lineare Geschwindigkeit ist unabhängig vom Querschnitt der Säule und dem Druckabfall längs der Säule proportional. Die lineare Geschwindigkeit kann mit Hilfe der Totzeit berechnet werden.

$$u = \frac{L}{t_o} \quad (9)$$

Die lineare Geschwindigkeit kann auch aus der Volumengeschwindigkeit F und dem freien Querschnitt q der Trennsäule berechnet werden.

$$u = \frac{F}{q} = \frac{F}{r^2 \pi \varepsilon_T} \quad (10)$$

Der freie Querschnitt q einer Trennsäule, gepackt mit Teilchen, ist stets nur ein Bruchteil des tatsächlichen Querschnitts der Säule, abhängig von der Art der Packung. Ist eine Trennsäule mit Glaskugeln gepackt, so stehen dem Eluenten nur etwa 40 % des Querschnitts der leeren Trennsäule zur Verfügung. Dies trifft nur für regelmäßig gepackte Trennsäulen zu, bei denen das Verhältnis aus Innendurchmesser und mittlerem Teilchendurchmesser größer ist als etwa 10. Den Bruchteil des freien Querschnitts der ungefüllten Trennsäule, der dem Eluenten zur Verfügung steht, bezeichnet man als *Porosität* ε_T der Trennsäule. Bei Verwendung von undurchlässigen Glaskugeln beträgt die Porosität demnach $\varepsilon_T = 0,4$ [4,5].

Die Porosität ε_T einer chromatographischen Trennsäule läßt sich aus dem Verhältnis von Volumengeschwindigkeit F und linearer Geschwindigkeit u berechnen [5,6]:

$$\varepsilon_T = \frac{F}{u \cdot r^2\pi} = \frac{F \cdot t_o}{L \cdot r^2\pi} = \frac{F \cdot t_o}{V_o} \, . \qquad (11)$$

V_o ist das Volumen der leeren Trennsäule

Füllt man eine Trennsäule mit porösen Materialien (z.B. Kieselgel, Aluminiumoxid, Kieselgur, Aktivkohle etc.), so findet man stets eine Porosität von etwa 0,85. Das bedeutet, daß der freie Querschnitt von Trennsäulen, gepackt mit diesen porösen Materialien, etwa doppelt so groß ist wie der von Trennsäulen, gepackt mit undurchlässigen Teilchen. Da das Volumen zwischen den Teilchen praktisch unabhängig davon ist, ob die Teilchen porös oder undurchlässig sind, befindet sich praktisch das gleiche Volumen innerhalb der Teilchen. Man unterscheidet daher zwischen einer in den Poren "stehenden" mobilen Phase und einer "bewegten" mobilen Phase. Im Falle von vollkommen porösen Teilchen sind beide Volumina gleich groß. Das hat zur Folge, daß (bei konstanter Volumengeschwindigkeit und gleichem Druckabfall) die lineare Geschwindigkeit in Säulen, die mit undurchlässigen Teilchen regelmäßig gepackt sind, etwa doppelt so groß ist wie in Säulen mit porösen Teilchen.

Der freie Querschnitt der Trennsäule liegt zwischen den beiden Extremwerten $0,42\ r^2\pi$ bei undurchlässigen Teilchen und $0,84\ r^2\pi$ bei vollkommen porösen Teilchen in der Säule. Verwendet man Moleküle unterschiedlicher Größe, so findet man in Abhängigkeit von der Molekülgröße verschiedene Porositäten je nach dem Verhältnis Porengröße und Molekülgröße. Auf diesen Unterschieden beruht die Trennung bei der Ausschluß-Chromatographie (vgl. Kap.IX).

Die erzielbare lineare Geschwindigkeit ist dem Druckabfall längs der Säule proportional. Den Zusammenhang gibt die *Permeabilität* K_F (cm^2) der Trennsäule

$$K_F = \frac{F \cdot \eta \cdot L}{\Delta p \cdot r^2 \pi} = \frac{u \cdot \eta \cdot L \cdot \varepsilon_T}{\Delta p} = \frac{L^2 \eta \cdot \varepsilon_T}{\Delta p \cdot t_o} \quad (12)$$

wobei F die Volumengeschwindigkeit (cm^3/sec), u die lineare Geschwindigkeit (Gl.(9)) in cm/sec, L die Säulenlänge (cm), r der Radius der Trennsäule (cm), ε_T die Porosität, η die Viskosität des Eluenten (poise) und Δp der Druckabfall (dyn/cm^2 $\approx 10^{-6}$ at) ist.

Der Zusammenhang zwischen Permeabilität und der Teilchengröße ist für die chromatographische Praxis nach folgender Faustregel [6] in guter Näherung gegeben:

$$K_F = \frac{d_p^2}{1000}, \quad (13)$$

wobei d_p den Teilchendurchmesser (arithmetischer Mittelwert der Siebfraktion) in µm darstellt. Der Vergleich von Gl.(12) und (13) zeigt, daß der für eine konstante lineare Geschwindigkeit bei gegebener Säulenlänge benötigte Druckabfall dem Quadrat des Teilchendurchmessers umgekehrt proportional ist. Bei Verwendung von Teilchen mit einem Durchmesser < 10 µm erreicht man schon bei relativ niedrigen linearen Geschwindigkeiten (~ 1 cm/sec) die obere Grenze des verfügbaren Druckes von 300-400 at. Es soll hier noch darauf hingewiesen werden, daß Porosität und Permeabilität so definiert wurden, wie es für die chromatographische Praxis am zweckmäßigsten ist. Beide Begriffe sind mit den in der Hydro- und Aerodynamik gebräuchlichen Definitionen nicht identisch [5].

Mit Gl.(13) kann bei bekanntem mittlerem Teilchendurchmesser die Permeabilität berechnet und mit der nach Gl.(12) gemessenen verglichen werden. Dadurch läßt sich die Qualität einer Säulenpackung beurteilen. Viel wichtiger ist jedoch die umgekehrte Situation bei Verwendung von Teilchen mit Durchmessern < 10 µm. Hier kann die genaue Durchmesserverteilung nur sehr schwierig bestimmt werden. Daher wurde vorgeschlagen [7], mittels Gl.(13) einen mittleren "hydrodynamischen" Teilchendurchmesser für gepackte Säulen zu definieren. Es konnte gezeigt werden, daß bei Kieselgel der so bestimmte Teilchendurchmesser mit dem tatsächlichen mittleren Durchmesser gut übereinstimmt, wenn die Trennsäulen naß gepackt wurden. Für trocken gepackte Trennsäulen werden im allgemeinen etwas "schlechtere" Permeabilitäten gemessen [6,8].

C. Bandenverbreiterung

Eine durch die Trennsäule wandernde Substanzzone wird durch Diffusionsvorgänge verbreitert. Prinzipiell sind die entsprechenden Betrachtungen, die für die Gas-Chromatographie angestellt wurden [9,10], ohne weiteres auf die Flüssigchromatographie zu übertragen, wenn man die quantitativen Unterschiede der Eigenschaften von Gasen und Flüssigkeiten berücksichtigt [11] (vgl. Tab.II.1). So ist der Interdiffusionskoeffizient in Flüssigkeiten etwa 10^4 mal kleiner als in Gasen. Die Viskosität der mobilen flüssigen Phase ist etwa um den Faktor 100 größer als die der Gase. Außerdem sind in der Gas-Chromatographie die Wechselwirkungen zwischen mobiler und stationärer Phase zu vernachlässigen, wogegen sie bei der Flüssigchromatographie eine wesentliche Rolle spielen. Die theoretische Behandlung der Flüssigkeits-Chromatographie ist allerdings einfacher als die der Gas-Chromatographie, da die flüssigen mobilen Phasen im verwendeten Druckbereich nicht kompressibel sind.

Tabelle II.1. Größenordnungen der für die Bandenverbreiterungen wesentlichen Konstanten.

	Gas	Flüssigkeiten
Diffusionskoeffizient D [cm^2/sec]	10^{-1}	10^{-5}
Dichte ρ [g/cm]	10^{-3}	1
Viskosität η [poise]	10^{-4}	10^{-2}
Reynolds-Zahl	10	100

Als Maß für die Bandenverbreiterung dient die *Bodenhöhe* h. Die Bodenhöhe der Chromatographie ist im Gegensatz zu der der Destillation für *eine* Komponente bei gegebener Eluentengeschwindigkeit, konstanter Temperatur und konstantem Phasenverhältnis definiert.

Gl.(14) gibt die Vorschrift wieder, wie die Bodenhöhe aus dem Schreiberdiagramm bestimmt werden kann:

$$h = \frac{L}{16} \cdot \left(\frac{w}{t_R}\right)^2 . \qquad (14)$$

Die Basisbreite w erhält man als Abschnitt der Grundlinie zwischen den beiden Wendetangenten des Peaks. Bei einer Gauß-Kurve ist dieser Abschnitt 4 σ. Analog zur Destillation verwendet man den Begriff der *Bodenzahl* n.

$$n = \frac{L}{h} = 16\left(\frac{t_R}{w}\right)^2 . \qquad (15)$$

Die Bodenzahl ist im Gegensatz zur Bodenhöhe der Säulenlänge proportional. Selbst in einer Säule mit 10 000 Böden können zwei Komponenten nicht voneinander abgetrennt werden, wenn sie sich nicht in ihren k'-Werten unterscheiden. Deshalb verwendet man zur Beschreibung einer Trennsäule besser die *effektive Bodenhöhe* (16) bzw. die *effektive Bodenzahl* (17) [12]:

$$H = h \cdot \frac{(1+k')^2}{k'^2} = \frac{L}{16}\left(\frac{w}{t'_R}\right)^2 , \qquad (16)$$

$$N = n \cdot \frac{k'^2}{(1+k')^2} = 16\left(\frac{t'_R}{w}\right)^2 . \qquad (17)$$

Die effektive Bodenhöhe bzw. -zahl ist für jede Probe eine Konstante, wenn die Bedingungen der Trennsäule konstant gehalten werden. Da die effektiven Größen der Auflösung R (vgl.II,D) zweier Komponenten proportional sind, stellen sie ein Maß für die Trennleistung einer chromatographischen Trennsäule dar.

D. Auflösung

Die Auflösung R zweier Banden ist definiert durch den Abstand der beiden Peakmaxima voneinander (ausgedrückt durch die Differenz der beiden Retentionszeiten) und dem arithmetischen Mittel aus den beiden Basisbreiten w.

$$R = \frac{2(t_{R2} - t_{R1})}{w_1 + w_2} . \tag{18}$$

In der Chromatographie strebt man nicht nach großer, sondern nach *optimaler* Auflösung, d.h. die Peaks sollen nur so weit voneinander abgetrennt werden, wie es erforderlich ist. Erhält man Gauß'sche Kurven, so genügt bereits eine Auflösung von R = 1,5 (auch 6σ-Trennung genannt, da bei Gauß-Kurven $w = 4\ \sigma$) zur quantitativen Analyse. In diesem Falle sind die Peaks praktisch bis zur Basislinie voneinander getrennt. Eine größere Auflösung erzielt man auf Kosten der Analysenzeit. Bei einer Auflösung R = 1 beträgt der Abstand beider Peakmaxima gerade $w = 4\ \sigma$ (man spricht dann von einer 4σ-Trennung). Eine solche Auflösung ist für eine quantitative Analyse noch ausreichend, denn nur etwa 2 % der Peaks sind überlappt. Gl.(18) läßt sich mit den chromatographischen Parametern in Verbindung setzen [13]. Man erhält dann

$$R = \frac{1}{4}\ \frac{\alpha - 1}{\alpha}\ \sqrt{N_2} = \frac{1}{4}\ \frac{\alpha - 1}{\alpha}\ \frac{k'_2}{1 + k'_2}\ \sqrt{n_2}. \tag{19}$$

Dies ist die wichtigste Gleichung der Chromatographie, denn sie kombiniert die Faktoren, auf denen die Trennung beruht (relative Retention α, Massenverteilungsverhältnis k'), mit dem der Trennung entgegenwirkenden Faktor, der Bandenverbreiterung (Bodenzahl n).

Durch Umformen von Gl.(19) erhält man

$$N = \left(\frac{4\ R\ \alpha}{\alpha - 1}\right)^2 , \tag{20}$$

mit deren Hilfe man für ein gegebenes α und der erwünschten Auflösung R die für die Trennung benötigten Böden berechnen kann. In Tab.II.2 sind einige der mit Gl.(20) berechneten Werte angegeben. Für eine Auflösung von 1,5 braucht man stets mehr als die doppelte Anzahl effektiver Böden als für eine Auflösung von 1. Es zeigt sich aber auch, daß die Zahl der benötigten Böden rasch steigt, wenn α zu kleinen Werten geht, vor allem dann, wenn $\alpha < 1,1$ wird, d.h. wenn die Eigenschaften der zu trennenden Stoffe sehr ähnlich werden. Reicht bei gegebenem α die Trennleistung der Säule nicht aus, so muß zur Trennung dieses Substanzpaares ein selektiveres System gesucht werden. In der HPLC kann das durch Variation von stationärer Phase und (oder) Eluent erreicht werden.

Tabelle II.2. Benötigte Böden bei gegebenen α zur Erzielung der gewünschten Auflösung.

relative Retention α	R = 1,0	R = 1,5
1,005	650 000	1 450 000
1,01	163 000	367 000
1,02	42 000	94 000
1,05	7 100	16 000
1,07	3 700	8 400
1,10	1 900	4 400
1,15	940	2 100
1,25	400	900
1,50	140	320
2,0	65	145

Abb.II.2 soll das Zusammenwirken beider Faktoren auf die Auflösung zweier Peaks verdeutlichen. Ist die relative Retention zweier Substanzen groß, so kann man eine zufriedenstellende Trennung auch dann erhalten, wenn die Peaks sehr breit sind, d.h. wenn die Trennleistung der Säule niedrig ist (A). Die Selektivität der Trennsäule ist hier die Hauptursache für die Trennung.

Sind die relativen Retentionen kleiner, so erhält man mit der gleichen Trennleistung keine brauchbare Trennung (B). Erhöht man dagegen die Trennleistung der Säule, so kann man auch Komponenten mit derart kleinen relativen Retentionen voneinander trennen (D). Im Falle von großen relativen Retentionen und guter Trennleistung (C) bekommt man eine Auflösung, die weit über das Optimale (R = 1,5) hinausgeht. Da die Bodenzahl der Säulenlänge proportional ist, kann man die Säule verkürzen, damit die Bodenzahl verringern und Analysenzeit einsparen.

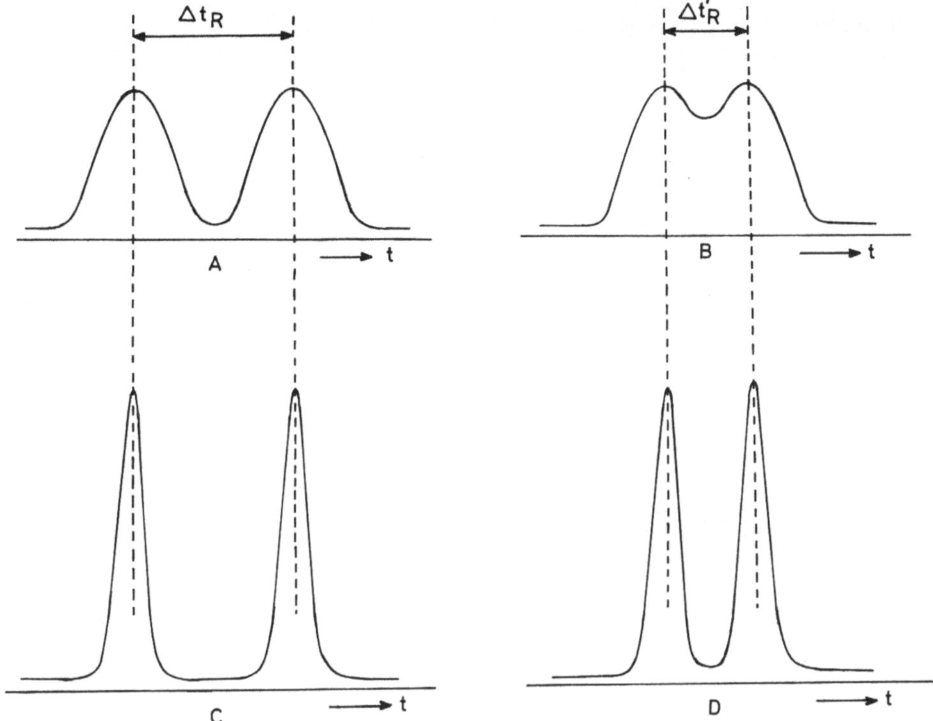

Abb.II.2. Schematische Darstellung des Einflusses von relativer Retention und Trennleistung auf die Auflösung zweier Peaks (Erläuterungen siehe Text).

Bei Vergrößerung der relativen Retention durch Veränderung der Trennbedingungen kann die Auflösung zweier Peaks sehr viel stärker verbessert werden als durch eine Erhöhung der Bodenzahl. Eine Verdoppelung der Bodenzahl, erreichbar durch Verdoppelung der Säulenlänge, verbessert die Auflösung nur um den Faktor 1,4. Dabei verdoppelt sich die Retentionszeit und damit die Analysendauer. In der Praxis kommt man jedoch häufig durch eine Erhöhung der Bodenzahl schneller zu einer besseren Auflösung als durch eine Veränderung der Trennbedingungen. Deshalb beschäftigt man sich bei der Chromatographie (vor allem bei den theoretischen Betrachtungen) mit einer Optimierung der Trennleistung einer Säule.

Die Auflösung zweier Peaks gelingt um so besser, je größer die Unterschiede der Verteilungskoeffizienten sind, da dadurch die relativen Retentionen groß werden. Weil die Anzahl der für eine Trennung benötigten Böden der Analysenzeit proportional ist, so bedeutet größeres α auch kürzere Analysenzeit. Ein Trennsystem sollte daher stets so ausgewählt werden, daß die relativen Retentionen möglichst groß sind, d.h. daß das Trennsystem sehr selektiv ist.

E. Abhängigkeit der Bandenverbreiterung von der Strömungsgeschwindigkeit

Bestimmt man in der Gas- oder in der Flüssigkeits-Chromatographie experimentell die Abhängigkeit der Bandenverbreiterung von der Strömungsgeschwindigkeit, so erhält man die bekannte Kurve, die Abb.II.3 zeigt. Sie läßt sich am besten durch die *van-Deemter-Gleichung* beschreiben [14]. Diese Gleichung lautet allgemein für die Chromatographie

$$h = A + \frac{B}{u} + C_m \cdot u + C_s \cdot u. \qquad (21)$$

Ausführliche Diskussionen finden sich in den Monographien der Gas-Chromatographie, z.B. [9,10].

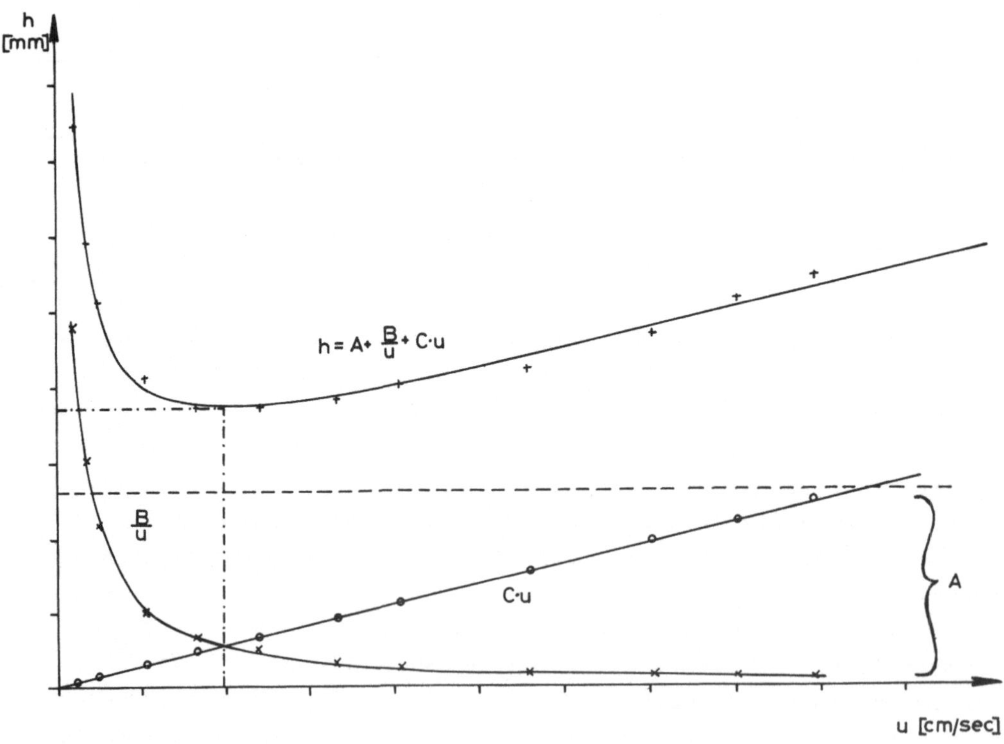

Abb.II.3. Abhängigkeit der Bandenverbreiterung von der Strömungsgeschwindigkeit (schematische Darstellung).

Der Beitrag zur Bandenverbreiterung, der von der Strömungsgeschwindigkeit unabhängig ist (A-Term), wird der sog. Eddy-Diffusion zugeschrieben. Wandert eine Substanzzone durch eine gepackte Trennsäule, so sind die einzelnen Wegstrecken bei der Umspülung der körnigen Füllung unterschiedlich lang. Diese Unterschiede in Strömungsrichtung und -geschwindigkeit führen zu einer Bandenverbreiterung, die nur von der Art und Güte der Säulenpackung abhängen sollte. Der A-Term ist proportional der Teilchengröße und wird wie folgt beschrieben:

$$A = 2 \lambda dp, \tag{22}$$

wobei λ den sog. "Packungsfaktor" darstellt.

Der B-Term der Gl.(21) wird als Longitudinal-Diffusionsterm bezeichnet und macht sich nur bei kleineren Strömungsgeschwindigkeiten bemerkbar. Sein Beitrag zur Bandenverbreiterung ist bei Geschwindigkeiten > 0,5 cm/sec in der Flüssigkeits-Chromatographie sehr oft zu vernachlässigen. Vor allem dann, wenn $d_p > 10$ µm ist. In der Literatur wird dieser Einfluß der Diffusion im Eluenten wie folgt beschrieben:

$$B = 2 \gamma D_m, \tag{23}$$

wobei γ den behinderten Diffusionsweg in der gepackten Säule in Rechnung stellt.

Die Diffusion der Probenmoleküle, einschließlich der Inertsubstanz, im bewegten Eluenten unterscheidet sich von der im stehenden Eluenten. Die effektive Diffusion in axialer Richtung ist in der Flüssigkeits-Chromatographie bei höherer Geschwindigkeit größer als die Longitudinaldiffusion (vgl. Taylor-Gleichung). Dieser Beitrag der Diffusion im bewegten Eluenten ist im C_m-Term enthalten. Er ist abhängig vom Teilchendurchmesser und umgekehrt proportional dem Diffusionskoeffizienten in der mobilen Phase.

$$C_m = \varphi \frac{d_p^2}{D_m}, \tag{24}$$

wobei φ ausschließlich eine Funktion des Kapazitätsverhältnisses k' ist.

Bei der Wanderung durch die Säule gehen die Probenmoleküle ständig aus der mobilen Phase in die stationäre über (Sorption) bzw. umgekehrt (Desorption). Wird das Molekül sorbiert, so bleibt es gegenüber dem Zentrum der Zone zurück, das in der Säule weiterwandert. Geht es aus der stationären in die mobile Phase zurück, so wandert es schneller als der Massenschwerpunkt der retardierten Zone, da die Eluentengeschwindigkeit immer größer ist als die gemittelte Wandergeschwindigkeit der Substanzzone. Dieser Vorgang führt zu einer Verbreiterung der Substanzzone. Der sog. Massentransport-Term (*mass transfer term*) in der stationären Phase wird wie folgt beschrieben:

$$C_S = \text{konst.} \cdot f(k') \cdot \frac{d_f^2}{D_S} . \tag{25}$$

Der Bruch d_f^2/D_S hat die Dimension (sec) und stellt ein Maß für die Aufenthaltszeit in der stationären Phase dar. In der gas-chromatographischen Literatur wird d_f als mittlere Filmdicke der stationären Phase bezeichnet, und D_S ist der Diffusionskoeffizient der Probe in der stationären Phase.

Da bei der Flüssigkeits-Chromatographie die Diffusionsgeschwindigkeit in der mobilen und in der flüssigen stationären Phase gleich groß ist, trägt im Gegensatz zur Gas-Chromatographie die Diffusion in der in den Poren stehenden mobilen Phase (*stagnant mobile phase*) ebenfalls zur Bandenverbreiterung bei. Moleküle, die in diese stehende mobile Phase hineindiffundieren, werden gegenüber solchen, die in der bewegten mobilen Phase bleiben, verzögert. Dieser Beitrag zur Bandenverbreiterung, der mit der Retention der Substanzen nichts zu tun hat, beeinflußt den Inertpeak und die retardierten Substanzen. Ist die Wandergeschwindigkeit der Substanzzonen gering (hohe k'-Werte), so ist dieser Beitrag relativ niedrig. Diesen Beitrag zur Bandenverbreiterung kann man dadurch vermindern, daß man die Tiefe der Poren verringert und dadurch die Diffusionsstrecke verkürzt. Dies kann man auf zwei verschiedenen Wegen erreichen: Entweder verwendet man *porous layer beads* = PLB (sog. "Festschichtkügelchen") [15], bei denen auf einen undurchlässigen Kern (z.B. Glaskugel) eine dünne (~ 1 μm) poröse Schicht aufgebracht ist, oder man verringert den Teilchendurchmesser und damit selbstverständlich auch die Porentiefe.

Bei den PLB ist das Porenvolumen und die Diffusionsstrecke in und aus den Poren sehr klein. Man erhält schnellen Massentransport und geringere Bandenverbreiterung als bei vollkommen porösen Teilchen mit identischem Durchmesser. Der Nachteil dieser Kügelchen liegt in der geringen Kapazität, da die Gesamtmenge an stationärer Phase in der Säule gering ist. In der schnellen Flüssigkeits-Chromatographie wurden derartige Materialien mit großem Erfolg eingesetzt (vgl. Abschn.V.A), um schnelle Trennungen zu erzielen.

Die Bedeutung der PLB ging zurück, als es gelang, mit Teilchen um oder unter 10 µm einfach und reproduzierbar effiziente Trennsäulen zu packen. Gegenüber Säulen mit PLB ist die Belastbarkeit hier wesentlich größer und auch die k'-Werte sind höher, bedingt durch die größere Menge an wirksamer stationärer Phase in der Trennsäule.

PLB können dann optimal verwendet werden, wenn bei einer Trennung an vollkommen porösen Teilchen mit gegebenen Eluenten zu große Retentionszeiten erhalten werden. Durch die geringere Menge an stationärer Phase sind an PLB die Retentionszeiten wesentlich geringer.

Alle diese Betrachtungen sind mehr oder weniger qualitativ einzustufen, da sich die Vorgänge in einer gepackten Säule nicht exakt beschreiben lassen. Eine exakte Behandlung ist nur in einer offenen Röhre möglich, an deren Innenwand sich die stationäre Phase als dünner Film befindet (Golay-Gleichung).

Neben der van-Deemter-Gleichung für die Abhängigkeit der Bandenverbreiterung von der Strömungsgeschwindigkeit finden sich in der Literatur auch vereinfachte Gleichungen. Für einen gewissen Geschwindigkeitsbereich kann die Abhängigkeit der Bandenverbreiterung von der Strömungsgeschwindigkeit mit der empirischen Näherung

$$h = A^* + C^* \cdot u \tag{26}$$

beschrieben werden, wobei A^* der strömungsunabhängige Beitrag zur Bandenverbreiterung ist, darüber hinaus aber keine physikalische Bedeutung hat. Die Steigung der Kurve (C^*-Term) gibt Aufschluß über die Geschwindigkeit des Massentransportes.

Eine andere empirische Näherungsgleichung zur Beschreibung der Bandenverbreiterung in Abhängigkeit von der Strömungsgeschwindigkeit innerhalb eines beschränkten Geschwindigkeitsbereiches hat Snyder eingeführt [17]:

$$h = D \cdot u^x. \tag{27}$$

Spätere Untersuchungen [18] zeigten, daß x nicht immer 0,4 ist, wie ursprünglich angenommen, sondern im Bereich von 0,3 bis 0,6 schwanken kann. Die Konstante D ist die erreichte Bodenhöhe bei einer Lineargeschwindigkeit von 1 cm/sec und enthält damit beide Terme A und C aus Gl.(26).

Unter Verwendung der von Giddings eingeführten, reduzierten, dimensionslosen Parameter [9], wie reduzierter Bodenhöhe $H = \frac{h}{d_p}$ und reduzierter Geschwindigkeit $\nu = \frac{u \cdot d_p}{D_M}$, führte Knox eine andere, halbempirische Gleichung zur Beschreibung der Abhängigkeit der Bandenverbreiterung von der Strömungsgeschwindigkeit ein [28,29,30]:

$$H = \frac{B}{\nu} + A \cdot \nu^{0,33} + C \cdot \nu, \qquad (28)$$

wobei B die axiale Diffusion beschreibt und üblicherweise zwischen 1,5 und 2 liegt. C beschreibt den verzögerten Massenübergang in der stationären Phase und nimmt einen typischen Wert von $1 - 2 \cdot 10^{-2}$ an. Der A-Term wird mit der Qualität der Packung in Verbindung gebracht und soll den verzögerten Massenübergang in der mobilen Phase außerhalb der Teilchen beschreiben. Derartige Kurven sind scheinbar unabhängig vom verwendeten Teilchendurchmesser und von den Eigenschaften der verwendeten mobilen Phase. Üblicherweise erhält man Minima bei H-Werten um 2 bis 5 und den entsprechenden reduzierten Geschwindigkeiten zwischen 2 und 10. Es konnte gezeigt werden [31,32], daß durch Optimierung von Teilchendurchmesser und Säulenquerschnitt bei gegebenem Druckabfall man immer in der Lage ist, unter den hier beschriebenen optimalen Bedingungen zu arbeiten.

Nach den hier wiedergegebenen Auffassungen wäre unter optimalen Bedingungen der niedrigste zu erreichende H-Wert stets mehr als zweimal so groß wie der mittlere Teilchendurchmesser, bei optimalen linearen Geschwindigkeiten unter 1 mm/sec (falls ein in Heptan oder Methylenchlorid üblicher Diffusionskoeffizient von ca. $3 \cdot 10^{-5}$ cm/sec angenommen wird).

F. Bandenverbreiterung und Teilchendurchmesser

Die in Gl. (24) angegebene Abhängigkeit der Bodenhöhe mit dem Quadrat des Teilchendurchmessers und in anderen empirischen Näherungsformeln (z.B. Gl.28) ebenfalls vorausgesetzte Proportionalität wurde in der Chromatographie auch experimentell gefunden. Streng scheint dies allerdings nur herab bis zu Teilchendurchmessern von etwa 80 µm zu gelten [8]. Beim Übergang zu immer kleiner werdenden Teilchendurchmessern wurde in der HPLC gefunden, daß die Verminderung der Bodenhöhe nicht mehr dieser Proportionalität entspricht, sondern geringer ist. Die Werte in der Literatur schwanken zwischen $d_p^{1,3}$ und $d_p^{1,8}$ [7,16, 17,27,33,34].

Bei der Bestimmung dieser Proportionalität stellt sich die Frage nach dem mittleren Teilchendurchmesser der Siebfraktion. Der Teilchendurchmesser d_p ist keine exakt definierte Größe, sondern eine Funktion der Bestimmungsmethode (z.B. Lichtstreuung, mikroskopisches Vermessen, Sedimentation, Coulter Counter, u.ä.) und des Mittelungsverfahrens (zahlen-, volumen- oder gewichtsgemittelt). Dabei bleibt unberücksichtigt, ob sich eventuell der mittlere Teilchendurchmesser bzw. die Verteilung während des Packens der Trennsäule nicht verändert. Es wurde von Halász vorgeschlagen [7], den effektiven "hydrodynamischen" Teilchendurchmesser in der gepackten Trennsäule über ihre Permeabilität, d.h. über den für eine gewünschte Flußgeschwindigkeit benötigten Druckabfall, zu bestimmen bzw. als mittleren Teilchendurchmesser zu definieren. Durch Umformung von Gl.(13) erhält man:

$$d_p = \sqrt{1000 \cdot K_F} = \sqrt{\frac{1000 \cdot F \cdot \eta \cdot L}{r^2\pi \cdot \Delta p}} . \tag{29}$$

In Gl.(29) werden alle Größen, wie bereits angeführt, im CGS-System eingesetzt (z.B. Δp in $dyn/cm^2 \sim 10^{-6}$ at). Der mit Gl.(29) definierte Teilchendurchmesser stimmt bei sauberen Siebfraktionen mit den zahlengemittelten Durchmessern überein, die mit mikroskopischen Aufnahmen bestimmt wurden.

Betrachtet man die Abhängigkeit der einzelnen Terme der van-Deemter-Gleichung (Gl.21-25) vom Teilchendurchmesser, so ist sowohl der B-Term (Gl.23) als auch der Massentransport-Term in der stationären Phase C_s (Gl.25) unabhängig vom Teilchendurchmesser. Letzterer Term kann in der Flüssigkeits-Chromatographie gegenüber dem Massentransport-Term im Eluenten C_m (Gl.24) vernachlässigt werden, falls nicht "schwer beladene" Trennsäulen verwendet werden.

Aus experimentellen Ergebnissen läßt sich für $A = 3\,d_p$ (d.h. $\lambda = 1,5$) und für $B = 2\,D_m$ (d.h. $\gamma = 1$) ermitteln. Im C_m-Term (Gl.24) ist die vom k'-Wert abhängige Funktion φ enthalten. Nimmt man wie Halász an [27], daß der Golay-Term [36] für den Massentransport in der mobilen Phase gilt, so kann man φ für einen k'-Wert von 1 zu 0,047 berechnen. (Für k' = 5 berechnet sich $\varphi = 0,09$. Da bei Teilchendurchmessern unter 10 µm die h-Werte kaum vom k'-Wert abhängen, erscheint die Annahme von $\varphi = const = 0,047$ gerechtfertigt.)

Unter diesen Voraussetzungen lautet Gl.(21) wie folgt:

$$h = 3\,d_p + \frac{2\,D_m}{u} + \frac{0{,}047 \cdot d_p^2}{D_m} \cdot u. \tag{30}$$

Zur Berechnung der h-Werte sind alle Terme zu berücksichtigen, da oft ein großer A-Term durch einen niedrigen C-Term und umgekehrt kompensiert wird. Diese Gleichung gilt für den in der HPLC bisher üblichen Geschwindigkeitsbereich, der durch die zur Zeit zur Verfügung stehenden Apparaturen begrenzt ist.

Betrachtet man nur die Größenordnung der einzelnen Terme und ihre Abhängigkeit vom Teilchendurchmesser, so nimmt A linear mit d_p und C mit d_p^2 ab, falls der Teilchendurchmesser abnimmt. Werden nun sehr kleine Teilchen verwendet ($d_p < 10$ µm), so wird die Proportionalität der Bandenverbreiterung mit abnehmendem Teilchendurchmesser immer geringer: $A \gg (B/u + C \cdot u)$. Bei sehr kleinen Teilchendurchmessern ($d_p < 3$ µm) wird $h \sim d_p$ [27].

Die Konsequenz daraus ist, daß mit abnehmendem Teilchendurchmesser der Gewinn an Trennleistung immer geringer wird, während der Aufwand (hier benötigter Druck) steigt, da die Permeabilität immer proportional d_p^2 bleibt.

Um hohe Auflösung und (oder) hohe Analysengeschwindigkeit zu erzielen, sollte man immer mindestens bei der Geschwindigkeit u_{min} arbeiten, die durch das Minimum der h-Werte gegeben ist. (Zur Erhöhung der Analysengeschwindigkeit kann selbstverständlich auch bei $u > u_{min}$ gearbeitet werden. Die Trennleistung nimmt dabei allerdings ab.) Die Lage von u_{min} ist nun auch eine Funktion des Teilchendurchmessers und verlagert sich bei abnehmendem Teilchendurchmesser zu höheren Geschwindigkeiten. Das bedeutet, daß mit abnehmendem Teilchendurchmesser zusätzlich Druck aufgewendet werden muß, um zumindest bei u_{min} trennen zu können.

Durch Differentiation von Gl.(30) nach u berechnet sich u_{min} nach

$$u_{min} = \sqrt{\frac{B}{C}} = \sqrt{\frac{2\,D_m^{\;2}}{\varphi\,d_p^2}} \sim \frac{6{,}52 \cdot D_m}{d_p}. \tag{31}$$

Aus Gl.(30) und (31) berechnet sich der dazugehörige minimale h-Wert zu

$$h_{min} \sim 3\text{-}4\ d_p. \tag{32}$$

Bei kleinen Teilchendurchmessern erhält man optimal h-Werte am Minimum von etwa 3 - 4 Teilchendurchmessern [37]. Bei einer Verringerung des Teilchendurchmessers (d_p < 5 µm) um einen Faktor 2 vermindert sich der h-Wert ebenfalls um einen Faktor 2, während der benötigte Druck um den Faktor 8 wächst, da neben der Permeabilität (d_p^2) auch u_{min} um den Faktor 2 zu höheren Geschwindigkeiten verschoben wird und größerer Druck benötigt wird, um zumindest bei u_{min} arbeiten zu können, falls die anderen Parameter (z.B. Säulenlänge, Viskosität etc.) konstant bleiben. Da die Apparatur den möglichen Druckabfall begrenzt, wird u.a. auch dadurch der kleinste mögliche Teilchendurchmesser für Routinearbeit in der HPLC bestimmt.

Darüber hinaus stellen sich der Verwendung von sehr kleinen Teilchen noch andere Schwierigkeiten entgegen. Bei gegebenem, durch die Apparatur begrenztem Druckabfall muß die Trennsäule immer kürzer werden, je kleiner der Teilchendurchmesser ist, damit zumindest u_{min} noch erreicht wird. Eine Verkürzung der Trennsäule unter 7 - 10 cm Länge ist nicht empfehlenswert, da die Totvolumina außerhalb der Trennsäule nicht mehr gegenüber dem Volumen der mobilen Phase in der Trennsäule zu vernachlässigen sind. Die Bandenverbreiterung außerhalb der Trennsäule (vgl. Abschn.G) erreicht die gleiche Größenordnung (oder wird sogar größer) wie in der Trennsäule. Außerdem werden die Zonenbreiten, gemessen in Zeiteinheiten, so gering, daß an die Ansprechzeiten von Detektoren und Schreibern wesentlich höhere Anforderungen als üblich zu stellen sind.

Eine prinzipielle Schwierigkeit ist die durch den Druckabfall bedingte, auftretende Reibungswärme. Es wurde gezeigt [27], daß bei vollständig isolierten Trennsäulen sich die Temperatur des Eluenten zwischen Eingang und Ausgang der Trennsäule um 5 - 7°C pro 100 at Druckabfall erhöht. Es bildet sich ein axialer Temperaturgradient aus. Da die Trennsäule nie ein adiabatisches System ist, tritt zusätzlich ein radialer Temperaturgradient auf. Die Viskosität des Eluenten, die Interdiffusionskoeffizienten der Probe und ihr Retentionsverhalten (Verteilungskoeffizienten) sind innerhalb der Trennsäule von Ort zu Ort verschieden. Neben theoretischen Konsequenzen (keine exakte Beschreibung der Transportvorgänge in der Trennsäule ist möglich) führt dies auch zu einer möglichen zusätzlichen Verzerrung (höhere Bodenhöhen) der Substanzzonen.

Aus diesen Gründen kann der Teilchendurchmesser in der Flüssigkeits-Chromatographie nicht beliebig verkleinert werden. Zur Zeit scheint die Grenze bei Teilchendurchmesser um 3 µm zu liegen. Die optimalen Werte liegen anscheinend zwischen 3 - 5 μm. Beim augenblicklichen Stand der Technik sind Teilchen in diesem Bereich nur mit viel Erfahrung gut und reproduzierbar zu packen. Die Länge der Trennsäule sollte bei diesen Teilchendurchmessern aus den oben dargelegten Gründen 7 cm nicht unterschreiten.

Das Packen von Teilchen mit 10 μm ist weit weniger schwierig. Die Säulenlänge liegt hier üblicherweise zwischen 20 und 30 cm. Die Trennleistung derartiger Säulen reicht für viele Fälle in der Routine aus und kann durch Hintereinanderschalten mehrerer Trennsäulen noch vergrößert werden, da die Permeabilität dieser Säulen noch gut ist.

G. Bandenverbreiterung außerhalb der Trennsäule

Eine Folge des niedrigen Diffusionskoeffizienten der Probenmoleküle in der flüssigen mobilen Phase ist der u.U. erhebliche Beitrag zur Bandenverbreiterung, den Totvolumina im Einspritzblock, in der Zuleitung zwischen Säule und Detektor sowie das Detektorvolumen selbst liefern. Die Bandenverbreiterung wird um so störender, je größer das Volumen der Zuleitungen und Detektorzellen im Vergleich zum Retentionsvolumen der Probe wird [19]. Wegen der langsamen Diffusion werden die sich ausbildenden Strömungsprofile nicht ausgeglichen. Das kann so weit gehen, daß der Peak einer reinen Substanz zwei Maxima aufweist und dadurch das Vorhandensein einer Verunreinigung bzw. zweiten Komponente vortäuschen kann. Besonders bei Substanzen mit kleinen k'-Werten, die schnell durch die Säule wandern, macht sich diese Art der Bandenverbreiterung störend bemerkbar. Die Bandenverbreiterung in den Verbindungsröhren kann durch die Erzeugung künstlicher radialer Durchmischung vermindert, teilweise sogar vollkommen ausgeschaltet werden [20]. Gequetschte, verdrillte und gewendelte Kapillarrohre, in denen die Strömungsfäden häufig gezwungen werden, ihre Richtung zu ändern, sollten verwendet werden, wenn sich längere Verbindungsstücke nicht umgehen lassen oder vor dem Detektor Wärmeaustauscher benötigt werden [21]. Bei der Probenaufgabe läßt sich das Totvolumen verhältnismäßig leicht umgehen, wenn man dafür sorgt, daß die Probe exakt auf den Säulenanfang gegeben wird. Das Zellenvolumen des Detektors sollte möglichst klein sein, doch sind hier oft Kompromisse zu schließen, da für eine optimale Anzeige auch eine bestimmte Schichtdicke benötigt wird. Eine ausführliche Diskussion und theoretische Behandlung der Probleme findet man in [25].

Der Einfluß der Bandenverbreiterung außerhalb der Trennsäule läßt sich am besten durch die Aufnahme von h=f(u)-Kurven für mehrere Substanzen feststellen. Zeigen die Kurven mit niedrigen k'-Werten ($k' < 5$) einen anderen Verlauf als die von Substanzen mit höheren k'-Werten, so deutet dies auf eine Bandenverbreiterung außerhalb der Trennsäule hin. Auch die Peakform, z.B. Tailing der Substanzen mit kleinen k'-Werten und kein Tailing bei stärker zurückgehaltenen Substanzen, gibt Hinweise auf solche Effekte. Wird für den Inertpeak eine größere Bodenhöhe bestimmt als für einen retardierten Peak, so ist das ebenfalls ein Hinweis für eine mögliche Bandenverbreiterung außerhalb der Säule. Selbstgebaute und kommerzielle Geräte sollten, besonders nach Umbauten, stets auf solche Effekte hin untersucht werden.

H. Optimale Analysenbedingungen, Analysenzeit

Optimal ist eine Trennung, wenn sie bei geringstem Zeitaufwand so vollständig wie möglich gelingt [26]. Dabei sollten ferner die technischen Schwierigkeiten, wie Arbeitstemperatur und -druck, gering sein. Wie bereits ausgeführt, ist eine Auflösung $R > 1{,}5$ nicht erwünscht, da sie nur auf Kosten der Analysenzeit erzielt wird. Zu jedem Probengemisch gehört ein optimales System von stationärer und mobiler Phase mit optimaler Trenntemperatur, das für die gewünschte Trennung die größte Selektivität besitzt und dadurch große relative Retentionen (α) liefert. Dieses System sollte stets angestrebt werden, da hier die wenigsten Böden und damit die kürzere Trennsäule für die Trennung benötigt werden.

Die für diese Bedingungen benötigte Analysenzeit, die der Retentionszeit des letzten Peaks entspricht, erhält man nach [26] zu:

$$t_R = H \cdot N \cdot \frac{L \cdot \eta}{K \cdot \Delta p} (1 + k_2') . \qquad (33)$$

Die für eine optimale Trennung benötigte Analysenzeit hängt von den Eigenschaften der mobilen Phase und von ihrer Geschwindigkeit ab, die bei einem gegebenen Druckabfall erreicht wird. Daher sollte immer die mobile Phase mit der niedrigeren Viskosität verwendet werden, wenn zwischen mehreren Eluenten mit ähnlichen chromatographischen Eigenschaften gewählt werden kann.

Die Eigenschaften der Trennsäule und ihrer Füllung beeinflussen ebenfalls wesentlich die Analysenzeit. Trennsäulen sollten - wie schon gesagt - immer möglichst kurz sein. Eine bestimmte Länge bleibt allerdings notwendig, um die benötigten Bodenzahlen zu erreichen. Da die Bodenzahl dem Quadrat (bzw. einer geringeren Potenz) des Teilchendurchmessers umgekehrt proportional ist, wird man die Verwendung kleiner Packungs-Teilchen immer anstreben. Bei kleineren Teilchen verringert sich indessen die Permeabilität der Säule, d.h. um die Eluentengeschwindigkeit konstant halten zu können, muß ein größerer Druck angewendet werden. Die üblichen Hochdruckpumpen begrenzen den möglichen Druckabfall auf 300 bis 400 at, so daß der Verkleinerung des Teilchendurchmessers und damit der Verkürzung der Analysenzeit apparative Grenzen gesetzt sind. Prinzipielle Grenzen (Lage des Minimums der h=f(u)-Kurve) scheinen es darüber hinaus unmöglich zu machen, mit Teilchen mit kleinerem Durchmesser als 3 - 4 µm zu arbeiten (vgl. Abschn.F).

Die Temperatur beeinflußt die Analysenzeit nur indirekt. So sinkt die Viskosität der mobilen Phase mit steigender Temperatur. Dadurch steigt die Eluentengeschwindigkeit bei konstantem Druckabfall an. Da die Diffusionsgeschwindigkeit mit steigender Temperatur ebenfalls steigt, erhält man bei höherer Temperatur schärfere Zonen. Selbstverständlich werden auch die Kinetik und die Thermodynamik der Retention der Substanz von der Temperatur beeinflußt.

Die für eine Trennung benötigte Bodenzahl kann sowohl mit einer langen Säule, gepackt mit größeren Teilchen (~ 30 µm), als auch mit einer kürzeren Säule, gefüllt mit kleineren Teilchen (5 oder 10 µm), erhalten werden. Vorausgesetzt wird hier allerdings, daß beide Säulen gleich gut reproduzierbar gepackt werden können. Welche Trennsäule verwendet wird, hängt von apparativen Gegebenheiten ab, z.B. ob der für eine konstante Eluentengeschwindigkeit benötigte Druck erzeugt werden kann. Die Packung und Stabilität der Trennsäule gegen Druck spielen ebenso eine Rolle wie das bei kurzen Säulen bedeutend größere Problem der apparativen Totvolumina. Das Totvolumen macht sich bei kurzen Säulen besonders stark bemerkbar, da hier das Volumen der mobilen Phase die gleiche Größe erreicht wie das Totvolumen. Die Nachweisempfindlichkeit ist bei Säulen mit kleinen Teilchen besser, da die Substanz durch die Trennsäule als viel schärfere Zone wandert und weniger verdünnt den Detektor erreicht, als bei längeren Säulen, gefüllt mit größeren Teilchen (vgl. Abschn.XI,C).

Als Maß für die Geschwindigkeit der Analyse verwendet man die pro Sekunde "erzeugten" Böden. Da die Auflösung zweier Peaks den effektiven Böden proportional ist, ist es vorteilhaft, die pro Sekunde erzeugten effektiven Böden als Maß für die Analysengeschwindigkeit zu verwenden:

$$\frac{N}{t} = \frac{u}{h} \frac{k'^2}{(1+k')^3} . \tag{34}$$

Je größer die Zahl der *effektiven Böden pro Sekunde* ist, um so geringer ist die Analysenzeit. Mit sehr guten Trennsäulen, gefüllt mit Teilchen von 5 - 10 µm Durchmesser, können ohne weiteres 100 - 300 Böden pro Sekunde erreicht werden. Das entspricht etwa 10 - 40 effektiven Böden, abhängig vom k'-Wert. Die Funktion des k'-Wertes in Gl.(34) hat ein Maximum bei k' = 2. Für schnelle Analysen sollte das System so ausgewählt werden, daß die k'-Werte im Bereich 1,5 bis 4 zu liegen kommen. Vielkomponentenanalysen sind in diesem engen k'-Bereich natürlich nicht durchzuführen. Hier muß die Trennleistung auf Kosten der Analysenzeit vergrößert werden, indem entweder mit langsamerer Geschwindigkeit gearbeitet oder eine längere Trennsäule verwendet wird.

Für jede Trennsäule gibt es eine *optimale Geschwindigkeit*, über die hinauszugehen sich nicht mehr lohnt. In erster Näherung ist die Eluentengeschwindigkeit dem angelegten Druck proportional. Aus der üblichen h=f(u)-Kurve erhält man, wie in Abb.II.4 gezeigt, die h/u=f(u)-Kurve (der Einfachheit halber verwendet man die Bodenhöhe h, die der effektiven Bodenhöhe H proportional ist). Als optimale Geschwindigkeit gilt diejenige, bei der die h/u=f(u)-Kurve in die Horizontale einbiegt. Eine wesentliche Erhöhung des Druckes, d.h. der linearen Geschwindigkeit, bringt dann keine wesentliche Verringerung der h/u-Werte mehr. Wenn der verfügbare Druck ausreicht, sollte immer bei dieser Geschwindigkeit gemessen werden.

Stets ist man bestrebt, den Anstieg der h=f(u)-Kurve möglichst klein zu halten (C-Term), damit die Bodenzahl mit Erhöhung der Strömungsgeschwindigkeit nicht zu stark abnimmt. Je geringer der C-Term einer Säule ist, kleiner A-Term ist dabei Voraussetzung, desto niedriger liegt die optimale Geschwindigkeit. Ist der A-Term dagegen hoch, so liegt bei kleinem C-Term die optimale Geschwindigkeit sehr hoch.

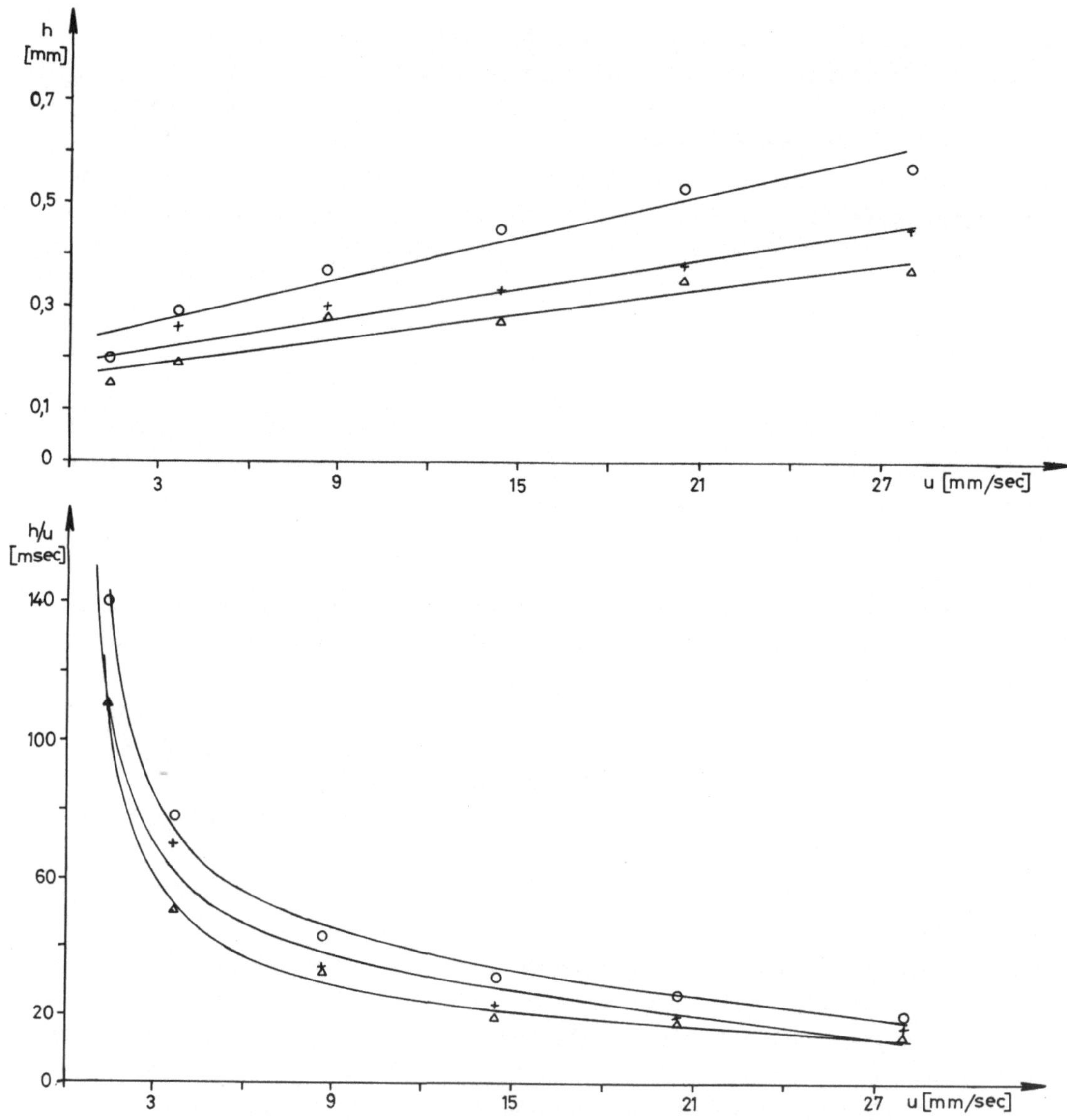

Abb.II.4. Bandenverbreiterung in Abhängigkeit der Strömungsgeschwindigkeit (obere Kurve) und Ermittlung der optimalen Geschwindigkeit. (Stat. Phase: Zipax, 1 % Oxydipropionitril; Eluent: n-Heptan. Säule: 2 mm i.d., 50 cm lang.)

Aus der Diskussion der optimalen Trennparameter folgt für eine gute Trennsäule, daß die Bandenverbreiterung insgesamt nicht nur möglichst klein sein soll, sondern daß das Verhältnis von A- und C-Term ausgewogen sein soll, damit bei niederer Strömungsgeschwindigkeit bereits möglichst kleine h/u-Werte erhalten werden.

Es soll jedoch an dieser Stelle auch noch einmal darauf hingewiesen werden, daß die Bodenzahl allein für die Trennung nicht ausschlaggebend ist. Es müssen gleichzeitig auch genügend große Unterschiede in den k'-Werten vorhanden sein.

I. Auswahl der geeigneten Trennsäule

Aus der bisherigen Diskussion folgt, daß die Auswahl einer Trennsäule nach drei Gesichtspunkten erfolgen kann, nämlich

nach der *erzielbaren Auflösung*,
nach der *Geschwindigkeit der Analyse* und
nach der *Belastbarkeit der Säule*.

Will man eine schnelle Analyse mit guter *Auflösung* durchführen, so verwendet man zweckmäßig eine Säule, die mit PLB (Festschicht-Teilchen) gefüllt ist. Die Menge an wirksamer stationärer Phase in der Säule ist in diesem Falle jedoch sehr gering, so daß schon bei relativ kleinen Probenmengen das System überladen ist. Eine hohe Auflösung erzielt man am ehesten mit möglichst kleinen Probenmengen und großer Analysenzeit. Zur Vergrößerung der Auflösung sollte genügend Druck verfügbar sein, damit die Trennsäule nötigenfalls verlängert werden kann (was dann zu einer Erhöhung der Analysenzeit führt!). Zweckmäßig wird man einen möglichst kleinen Teilchendurchmesser der stationären Phase bzw. des Trägers wählen, damit man genügend Böden erhält. Stehen mehrere mobile Phasen zur Auswahl, so wählt man stets die mit der niedrigsten Viskosität. Bodenzahl und lineare Geschwindigkeit des Eluenten (bei gegebenem Druckabfall) können durch Verringerung der Viskosität der mobilen Phase optimiert werden.

Will man möglichst *schnell* arbeiten, so wird man die kürzestmögliche Trennsäule verwenden, eventuell sogar auf eine Basislinientrennung verzichten. Optimierung geht hier auf Kosten der Auflösung. Gegebenenfalls wird man mit PLB arbeiten. Optimale Analysengeschwindigkeit erhält man bei k'-Werten um 2. Es ist in der Hochdruck-Flüssigkeits-Chromatographie möglich, Analysen in Sekunden durchzuführen. Wann dies allerdings zweckmäßig ist, sei dahingestellt.

Die *Belastbarkeit* spielte bisher in der Hochdruck-Flüssigkeits-Chromatographie nicht die entscheidende Rolle. Optimiert wurde bisher größtenteils in Richtung Analysengeschwindigkeit und Auflösung. Bei Säulen mit PLB wurden die Säulen oft mit Substanz überladen, um die

Komponenten im Detektor noch nachweisen zu können. Den Verlust an Trennleistung machte man durch Verlängerung der Trennsäule wett.

Um für die präparativen Anwendungen genügend große Belastbarkeiten zu erhalten, muß der Säulenquerschnitt erhöht werden, damit genügend stationäre Phase in der Trennsäule unterzubringen ist. Die mobile Phase (bei Verteilungssystemen auch die in ihr gelöste stationäre Phase) sollte flüchtig sein, um die getrennten Substanzen bequem rein isolieren zu können. Die Auflösung ist bei der präparativen Chromatographie stets geringer als bei den analytischen Verfahren. Weil lange Trennsäulen unvermeidlich sind, ist die Analysenzeit ebenfalls stets höher als bei einer vergleichbaren analytischen Trennung.

Im "magischen Dreieck" der Chromatographie

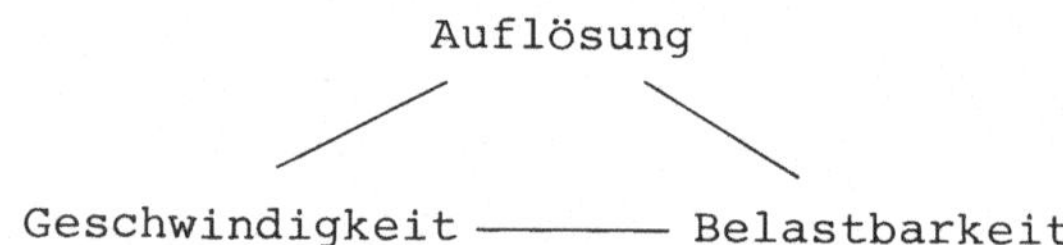

kann man jeweils nur längs einer Geraden optimieren, wobei man sich um so weiter von den beiden anderen Parametern entfernt, je weiter man die Optimierung in eine Richtung treibt. Ein System, das hohe Auflösung vereint mit großer Belastbarkeit und dazu die Möglichkeit einer schnellen Analyse bietet, wurde noch nicht beschrieben.

Literatur zu Kapitel II

1. Anderson, J.R.: J. Am. Chem. Soc. *78*, 5692 (1956).
2. Kelker, H.: Ber. Bunsenges. *77*, 187 (1973).
3. Carman, P.C.: Flow of Gases through Porous Media. London: Butterworth 1956.
4. Bohemen, J., Purnell, J.H.: J. Chem. Soc., London *1961*, 360.
5. Deininger, G.: Ber. Bunsenges. *77*, 145 (1973).
6. Halász, I.: Ber. Bunsenges. *77*, 140 (1973).
7. Endele, R., Halász, I., Unger, K.: J. Chromatogr. *99*, 377 (1974).
8. Halász, I., Naefe, M.: Anal. Chem. *44*, 76 (1972).
9. Giddings, J.C.: Dynamics of Chromatography. New York: Marcel Dekker 1965.
10. Littlewood, A.B.: Gas Chromatography. 2nd ed. New York: Academic Press 1970.
11. Halász, I. in: Kirkland, J.J. (Ed.): Modern Practice of Liquid Chromatography. New York: Wiley-Interscience 1971.

12. Desty, D.H., Goldup, A., Swanton, W.T., in: Brenner, N., Callen, J.E., Weiss, M.D. (Eds.): Gas Chromatography. New York: Academic Press 1962.

13. Purnell, J.H.: J. Chem. Soc., London *1960*, 1268.

14. van Deemter, J.J., Zuiderweg, F.J., Klinkenberg, A.: Chem. Engng. Sci. *5*, 271 (1956).

15. Halász, I., Horvath, C.: Anal. Chem. *36*, 1179 (1969).

16. Endele, R.: Dissertation. Saarbrücken 1974.

17. Snyder, L.R.: J. Chromatogr. Sci. *7*, 352 (1969).

18. Waters, J.L., Little, J.N., Horgan, D.F.: J. Chromatogr. Sci. *7*, 293 (1969).

19. Halász, I., Kroneisen, A., Gerlach, H.O., Walkling, P.: Z. Anal. Chem. *234*, 81 (1968).

20. Halász, I., Kroneisen, A., Gerlach, H.O., Walkling, P.: Z. Anal. Chem. *234*, 97 (1968).

21. Halász, I., Walkling, P.: Ber. Bunsenges. *74*, 66 (1970).

25. Deininger, G., Halász, I.: J. Chromatogr. Sci. *9*, 83 (1971).

26. Halász, I., Heine, E., in: Purnell, J.H. (Ed.): Progress in Gas Chromatography. New York: Interscience 1968.

27. Halász, I., Aßhauer, J., Endele, R.: J. Chromatogr. *112*, 37 (1975).

28. Kennedy, G.J., Knox, J.H.: J. Chromatogr. Sci. *10*, 549 (1972).

29. Knox, J.H., Vasvari, G.: J. Chromatogr. *83*, 181 (1973).

30. Knox, J.H., Pryde, A.: J. Chromatogr. *112*, 171 (1975).

31. Knox, J.H., Jurand, J., Luird, G.R.: Proc. Soc. Anal. Chem. *1974*, 310.

32. Knox, J.H., Saleem, M.: J. Chromatogr. Sci. *7*, 614 (1969).

33. Majors, R.: J. Chromatogr. Sci. *11*, 88 (1973).

34. Kirkland, J.J.: J. Chromatogr. Sci. *10*, 129 (1972).

35. Halász, I.: Z. Anal. Chem. *277*, 257 (1975).

36. Golay, M.J.E., in: Desty, D.H. (Ed.): Gas Chromatography 1958. S. 36 ff. London: Butterworth 1958.

37. Halász, I., Schmidt, H., Vogtel, P.: J. Chromatogr. *126*, 19 (1976).

Kapitel III

Apparaturen zur Hochdruck-Flüssigkeits-Chromatographie

Der Aufbau der hochdruck-flüssigkeits-chromatographischen Apparatur ist unabhängig davon, welches Trennprinzip verwendet wird. Die handelsüblichen Geräte sind für den analytischen Betrieb ausgerüstet, erlauben aber durchaus auch präparatives Arbeiten im Mikro-Maßstab. Die Geräte sind entweder als komplette Einheit erhältlich oder auch als einzelne Bausteine, die zum jeweils optimalen Gerät einfach aneinandergehängt werden können. Aus diesem Grunde werden die einzelnen Bausteine der Geräte besprochen. Dabei soll aufgezeigt werden, welchen Mindestanforderungen die Bauelemente genügen müssen, um zweckmäßiges Arbeiten zu gestatten.

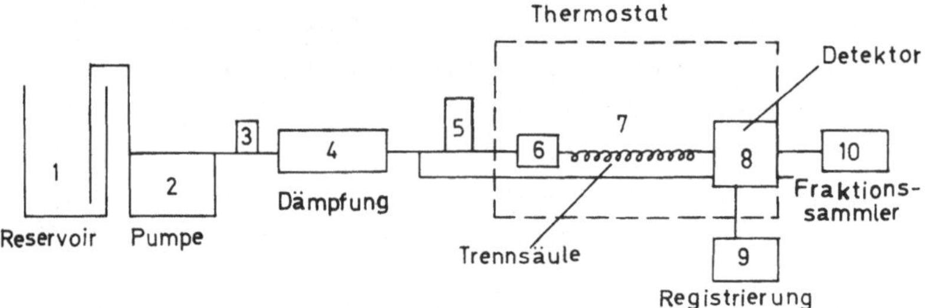

Abb.III.1. Schematischer Aufbau einer Apparatur für die Hochdruck-Flüssigkeits-Chromatographie (Erläuterungen siehe Text).

Abb.III.1 gibt ein Blockschema einer flüssigkeitschromatographischen Apparatur wieder. Die Pumpe (2) fördert aus dem Lösungsmittelreservoir (1) einen konstanten Strom, der, abhängig vom verwendeten Pumpentyp, eventuell mit einer Dämpfungseinheit (4) noch geglättet werden muß. An der Stelle des höchstmöglichen Druckes, meist unmittelbar hinter der Pumpe, sollte ein Sicherheitsventil (3) nicht vergessen werden. Von der Dämpfungsstelle strömt die mobile Phase über die Probenaufgabe (6) zur Trennsäule (7).

Der Eingangsdruck an der Trennsäule wird mit einem Manometer (5) gemessen. Nach dem Verlassen der Trennsäule werden die Probenbestandteile mit einem Detektor (8) nachgewiesen und das Chromatogramm wird mit einem Kompensationsschreiber (9) registriert. An den Detektor können selbstverständlich andere Registriereinheiten, wie Integratoren etc., angeschlossen werden. Sollen die Probenbestandteile wiedergewonnen werden, so wird das Eluat mit einem Fraktionssammler (10), der am zweckmäßigsten vom Schreiber gesteuert wird, gesammelt. Probenaufgabe, Säule und Detektor sollen thermostatisierbar sein, um unter konstanten Bedingungen und bei von Raumtemperatur verschiedenen Temperaturen arbeiten zu können. Die mobile Phase muß *vor* der Probenaufgabe auf die Säulentemperatur gebracht werden.

A. Elutionsmittel-Vorratsgefäß - Entgasung des Eluenten

Für analytisches Arbeiten sollte das Vorratsgefäß ein Fassungsvermögen von etwa 1000 ml besitzen, um eine angemessene Zeit ohne Nachfüllung arbeiten zu können. In manchen handelsüblichen Geräten ist das Vorratsgefäß (aus Sicherheitsgründen) mit aufwendigen Vorrichtungen zur Entgasung des Elutionsmittelvorrates versehen [1,2]. Das Vorratsgefäß besitzt Heizung, Temperaturregelung und Magnetrührer. Darüber hinaus gibt es zur Kondensation der Elutionsmitteldämpfe einen Kühler, über den in manchen Fällen noch ein Vakuumsystem angeschlossen werden kann, das die Entgasung beschleunigen soll. Da viele Elutionsmittel mit Luft explosive Gemische geben, muß das System mit Stickstoff gespült werden, wozu wiederum Regeleinrichtungen und Mengenstrom-Meßgeräte notwendig sind.

Über die Notwendigkeit der Entgasung ist viel diskutiert worden. Einigkeit besteht darüber, daß Luftblasen, wie sie bei der Entspannung im Detektor auftreten, den Nachweis der Proben empfindlich stören können. Ein geringer Überdruck (1-2 at) auf der Detektorzelle verhindert dort das Auftreten von Luftblasen. Dieser Überdruck kann einfach durch Verlängerung der Detektor-Auslaß-Kapillare auf 20-50 cm erzeugt werden. Solange die Temperatur des Vorratsgefäßes höher ist als die der Trennsäule und des Detektors, ist eine Entgasung überflüssig.

Eine Ursache für das Auftreten von Luftblasen sind schlecht gedichtete Verschraubungen, durch die nach dem Prinzip der Wasserstrahlpumpe Luft in das System eingesaugt wird. Eine zusätzliche Abdichtung der Verschraubungen mit Teflonband beseitigt diese Störung.

Daß gelöste Luft leicht oxidierbare stationäre Phasen oder Proben zersetzt, kommt wegen der niedrigen Temperaturen sicher nicht sehr häufig vor, ist aber durchaus möglich. Peroxidbildung kann selbstverständlich ebenfalls im Elutionsmittel auftreten.

Bei Verwendung von ternären Gemischen sollte das Vorratsgefäß auf der gleichen Temperatur wie die Trennsäule gehalten werden, da sonst eine Entmischung auftreten kann.

Das Vorratsgefäß ist so anzubringen bzw. so auszustatten, daß ein Eluentenwechsel schnell möglich ist.

B. Pumpen

Das Elutionsmittel soll bei hohen Drücken kontinuierlich und pulsationsfrei in die Säule strömen. Die Pumpen müssen für analytisches Arbeiten (Säuleninnendurchmesser bis 5 mm) 10 ml/min bei Drücken bis zu 300 bis 400 at fördern können. Für präparative Arbeiten sind größere Förderleistungen notwendig.

Zur Förderung der mobilen Phase können verwendet werden:

1. Langhub-Kolbenpumpen mit konstanter Förderung des Eluenten,
2. Kurzhub-Kolbenpumpen und Kolbenmembranpumpen mit pulsierender Förderung des Eluenten und konstanter Hubfrequenz,
3. Kurzhub-Kolbenpumpen mit veränderlicher Hubfrequenz,
4. gasbetriebene Verdrängungspumpen.

Die Systeme 1, 3 und 4 liefern einen nahezu pulsationsfreien Elutionsmittelstrom, während er bei Pumpen des Typs 2 vor der Probenaufgabe mit einer Dämpfungseinrichtung geglättet werden muß. Die Pumpen sind entweder in der Lage, konstanten Druck oder konstanten Fluß zu liefern. Solange der Widerstand (= Trennsäule) konstant ist, liefert konstanter Druck einen konstanten Fluß (bzw. umgekehrt).

1. Langhub-Kolbenpumpen

Bei diesen Pumpen wird der Kolben mit konstanter langsamer Geschwindigkeit bewegt und die mobile Phase stetig gefördert. Ist der Kolben in Endstellung, so wird die Förderung unterbrochen und in einem Saughub der Kolben wieder aufgefüllt.Die Förderzeit ist abhängig vom Zylindervolumen (zwischen ca. 100 bis ca. 500 ml) und von der Fördermenge. Die Vorteile dieses Pumpentyps bestehen darin, daß man ohne

Ventile auskommt und daß ein pulsationsfreier Lösungsmittelstrom mit konstanter Geschwindigkeit gefördert wird. Ein Nachteil dieses Pumpentyps liegt darin, daß die Förderung um so häufiger unterbrochen werden muß, je größer die Elutionsmittelgeschwindigkeit ist. Durch die große Fläche des Kolbens beträgt die Kraft zur Bewegung des Kolbens bei hohen Drücken einige Tonnen. Dabei muß der Kolben mit geringer, aber konstanter Geschwindigkeit bewegt werden. Außerdem ist die Dichtung zwischen Kolben und Zylinderwand nicht einfach zu erreichen. Aus solchen Gründen sind gute Pumpen dieser Bauart relativ teuer.

2. Kurzhub-Kolbenpumpen und Kolbenmembranpumpen

Diese Pumpen liefern einen kontinuierlichen, aber pulsierenden Fluß. Die Dichtprobleme sind bei den kleinen Kolbendurchmessern verhältnismäßig gering. Für chromatographische Zwecke sind die Kolbenmembranpumpen empfehlenswert, da die Teile, die mit dem Elutionsmittel in Berührung kommen, sehr leicht aus indifferentem Material (z.B. V4A-Stahl) hergestellt werden können. Bei solchen Pumpen wird die Kolbenbewegung mit einer Hydraulikflüssigkeit auf die Membran und damit auf das Fördermedium übertragen. Die Kolbendichtungen kommen nur mit der Hydraulikflüssigkeit (Öl definierter und hoher Viskosität) in Berührung, was die Dichtungsprobleme vereinfacht und die Zuverlässigkeit dieses Pumpentyps erhöht. Die Steuerung des Elutionsmittelstroms erfolgt selbstverständlich über Kugelventile.

Der Nachteil dieses Pumpentyps liegt in der Abhängigkeit der Fördercharakteristik vom Gegendruck, bedingt durch endliche Ventilsteuerzeiten. Mit steigendem Druck nimmt die Förderleistung ab. Bei der Beurteilung einer Pumpe sollte man daher darauf achten, ob bei maximalem Arbeitsdruck die Förderleistung noch ausreichend ist. Kolbenmembranpumpen sind sehr robust und vom Preis her gesehen relativ günstig. Die Dämpfungsprobleme werden verhältnismäßig gering, wenn man mehrere Kolbenmembranpumpen phasenversetzt in das gleiche System fördern läßt [3]. Bei Verwendung von drei Pumpenköpfen, die jeweils um 120° phasenversetzt fördern, sind die Pulsationen im resultierenden Elutionsmittelstrom weitgehend geglättet. Die Pulsationen von Kolbenpumpen mit hoher Kolbengeschwindigkeit sind einfacher zu glätten als solche von Pumpen mit relativ langsamer Kolbengeschwindigkeit.

3. Pumpen mit veränderlicher Hubfrequenz

Die vorher beschriebenen Kolbenmembranpumpen arbeiten mit konstanter Hubfrequenz. Zur Variation des Fördervolumens wird das Hubvolumen verändert. Verringert man bei einer gegebenen Pumpenkammer das Hubvolumen, so wird der Wirkungsgrad der Pumpe immer schlechter, da z.B. ein im Verhältnis zum tatsächlich geförderten Volumen großes Volumen mitkomprimiert werden muß. Daher arbeiten fast alle Pumpen, die für die HPLC entwickelt wurden, mit konstantem Hubvolumen. Die Fördermenge wird dabei über die Hubfrequenz eingestellt. Die beiden Kolbenbewegungen sind nicht sinusförmig und nicht exakt gegenläufig.

Durch eine Exzenterscheibe gesteuert, beginnt der zweite Kolben bereits langsam zu fördern, bevor sich der erste Kolben dem Endpunkt nähert. Ist dieser Endpunkt erreicht, erzielt der zweite Kolben seine maximale Förderleistung, während der erste Kolben eine Rückwärtsbewegung ausführt und wieder aufgefüllt wird. In Abb.III.2 ist die Förderung dieses Pumpentyps der von konventionellen Kolbenpumpen gegenübergestellt (zwei bzw. drei Kolben um 180° bzw. 120° phasenversetzt).

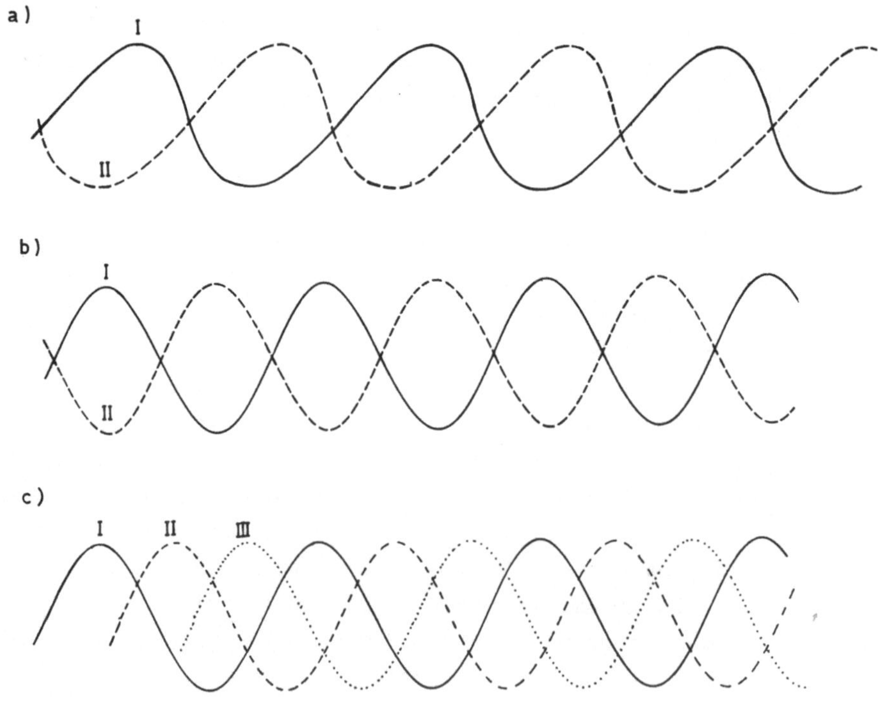

Abb.III.2. Kolbenbewegungen von Pumpen. a) Pumpe mit veränderlicher Hubfrequenz. b) Membranpumpe mit 2 Pumpköpfen um 180° phasenversetzt. c) Membranpumpe mit 3 Pumpköpfen um 120° phasenversetzt.

Die Pulsationen sind auch bei niedrigen Hubfrequenzen kaum zu bemerken. Darüber hinaus lassen sich elektronisch Pulsationen und Ungenauigkeiten der Förderung leicht ausgleichen. Dazu bestimmt man mittels Differenzdruckmeßgeräten den Druckabfall an einem vorgegebenen Widerstand, speichert diese Daten und beeinflußt bei Abweichungen von diesem Sollwert elektronisch den Pumpenmotor (= Förderleistung) so, daß der einmal an dieser Meßstrecke erzielte Druckabfall stets konstant gehalten wird. Der Einfluß derartiger relativ preiswerter Minicomputer auf die Weiterentwicklung der Pumpentechnologie für die HPLC läßt sich augenblicklich noch nicht absehen.

Pumpen mit elektronisch geregelter Hubfrequenz (Antrieb mit Schrittmotoren oder Gleichstrommotoren) sind für den Einbau in Gradient-Systeme vorzüglich geeignet.

4. Gasbetriebene Verdrängungspumpen

Bei gasbetriebenen Pumpen drückt Gas auf einen verformbaren Metall- oder Kunststoffbalg, der das Elutionsmittel enthält. In der einfachsten Form befindet sich ein mit dem Eluenten gefüllter Plastikbehälter in einem Druckbehälter. Zur Förderung des Eluenten schließt man den Druckbehälter an eine Gasflasche an. Bei einem noch einfacheren Verfahren wird ein langes Rohr mit dem Eluenten gefüllt und dann Gas aus einer Gasflasche hineingedrückt [5]. Der maximale Druck, den man so erhalten kann, hängt vom Druck in der Gasflasche (150 - 200 at) ab. Leider kann unter den angewandten Drücken das Druckgas evtl. durch die Trenn-Membran diffundieren und sich im Elutionsmittel lösen. Bei der Entspannung auf Normaldruck treten dann Gasblasen am Säulenende auf und stören die Anzeige im Detektor.

Diese Probleme gibt es nicht bei gasbetriebenen Kolbenpumpen. Hier wirkt ein verhältnismäßig niedriger Gasdruck (unter 10 at) auf einen Kolben mit relativ großem Querschnitt, der einen kleineren Kolben bewegt, mit dem die Flüssigkeit gefördert wird. Der Gasdruck kann dabei bis auf das 50fache verstärkt werden. Mit einem Kolbenhub werden bis 70 ml Elutionsmittel gefördert. Der Unterschied zu den beschriebenen Langhub-Kolbenpumpen besteht darin, daß die Füllung des Flüssigkeitskolbens bei Entspannung des Gaszylinders innerhalb von wenigen Sekunden erfolgt und damit die Förderung kaum unterbrochen wird (das Unterbrechen der Förderung macht sich höchstens am Schreiber durch einen kurzen Ausschlag bemerkbar, der mit einem Peak nicht zu verwechseln ist).

Die Vorteile dieses Pumpentyps liegen darin, daß auf verhältnismäßig einfache Art hohe Drücke erreicht werden können und daß man eine nahezu pulsationsfreie Förderung erhält. Bei solchen Pumpen kann die Strömungsgeschwindigkeit sehr einfach durch eine in der Gas-Chromatographie übliche Druckprogrammierung geregelt werden. Gasbetriebene Pumpen fördern das Elutionsmittel nur dann konstant, wenn sich der Druckabfall im System nicht ändert. Die Strömungsgeschwindigkeit des Eluenten muß bei gasbetriebenen Pumpen häufig kontrolliert werden, da sich der Druckabfall z.B. schon durch Septumteilchen, die beim Einspritzen auf die Säulenpackung gelangen, ändern kann. Ein Druckverstärker, der an Stelle von Gas mit Hydraulik-Flüssigkeit betrieben wird, die mit einer einfachen Niederdruckpumpe gefördert wird, findet ebenfalls in HPLC-Systemen Verwendung.

C. Dämpfung der Pulsationen

Die Pulsationen im Elutionsmittelstrom, die bei Verwendung von Kurzhub-Kolbenpumpen auftreten, müssen vor der Trennsäule gedämpft werden. Die Pulsationen können die Anzeige im Detektor stören und bei der Verteilungschromatographie die Erosion der stationären Phase fördern. Die Dämpfung der Pulsationen kann auf die gleiche Weise erfolgen wie die Glättung von Wechselstrom [6]. Eine Dämpfungskette besteht im einfachsten Fall aus hintereinander geschalteten Kapazitäten und Widerständen. Als hydraulische Widerstände dienen Kapillaren oder Blenden, als pneumatische Kapazitäten werden gasgefüllte Hohlräume oder volumenelastische Behälter, z.B. Bourdon-Rohre, verwendet. Wesentlich ist, daß solche hydraulischen Dämpfungsglieder entweder vollkommen im Elutionsmittelstrom liegen oder leicht gespült werden können, um den Wechsel des Elutionsmittels zu erleichtern. Ähnlich wie beim Wechselstrom, wo die Glättung der gesamten Welle besser gelingt als die der Halbwelle, ist es einfacher, die Pulsation einer Pumpe mit mindestens zwei Pumpköpfen zu glätten (die um 180° phasenversetzt arbeiten). Bei Pumpen mit drei Pumpköpfen, jeweils um 120° aus der Phase, ist die Dämpfung des resultierenden Elutionsmittelflusses unproblematisch. Die Schwankungen der Elutionsmittelgeschwindigkeit sollten in allen Bereichen maximal bei 1 %, besser bei 0,5 % liegen. Die oben beschriebene Art der Pulsationsdämpfung geht auf Kosten des Arbeitsdruckes. Abhängig von der Länge und der lichten Weite der verwendeten Restriktionskapillaren gehen bis zu etwa 40 at des Druckes bei der Dämpfung verloren.

Eine Vorrichtung zur Dämpfung der Pulsationen, die im Nebenast eingebaut werden kann, wurde kürzlich ausführlich beschrieben [7]. Diese Vorrichtung kann darüber hinaus auch als Sicherheitsventil und zur Druckkontrolle wirken. Auch durch eine Druckprogrammiereinheit der Gas-Chromatographie kann der Flüssigkeitsdruck programmiert werden.

D. Probenaufgabe

Bei der Probenaufgabe wird entweder (wie in der Gas-Chromatographie üblich) die Probe mit einer Spritze in einem Einspritzblock durch ein Septum in den Elutionsmittelstrom gegeben, oder es wird eine Probeschleife verwendet, aus der die Probe durch den Eluenten in das System gespült wird. Die Probe sollte ohne wesentliche Vermischung mit dem Eluenten die Trennsäule erreichen, d.h. sie muß unmittelbar auf den Anfang der Trennsäule gespritzt werden (*on column injection*). Außerdem sollte das Druck- und Strömungsgleichgewicht an der Trennsäule bei der Probenaufgabe nicht gestört werden. Für den Praktiker optimal ist die Möglichkeit, das Probevolumen ohne Schwierigkeiten variieren zu können.

1. Probeschleifen

In der Ausschluß-Chromatographie geschieht die Probenaufgabe größtenteils über Probeschleifen, da sich die hochviskosen Polymerenlösungen mit einer Injektionsspritze nur sehr schlecht handhaben lassen. Das Volumen derartiger Probeschleifen (zwischen ca. 0,02 bis 2 ml) ist für die Anwendung in der schnellen Flüssigkeits-Chromatographie zu groß. Bei kleineren Volumina macht sich durch das unvermeidbare Strömungsprofil überdies die Verschmierung der Probe im Eluenten sehr stark in einer erhöhten Bandenverbreiterung bemerkbar. Neuerdings sind Probeschleifen mit kleineren Volumina (1 - 20 µl) im Handel erhältlich, bei denen auch das Dichtheitsproblem, das hier besonders stark und vor allem nach häufigerem Gebrauch auftrat, gelöst zu sein scheint. Die neuen Typen sind auch für Drücke über 100 at geeignet. Es ist darauf zu achten, daß bei diesen kleinvolumigen Probeschleifen zwischen Ventilausgang und Trennsäule kein störendes Totvolumen auftritt.

Die Probeschleifen sind neben der Ausschluß-Chromatographie am besten für präparatives Arbeiten geeignet. Die Probenaufgabe über Probeschleifen läßt sich einfach automatisieren, vor allem wenn es sich um wiederholte Analysen der gleichen Probe handelt.

2. Einspritzvorrichtungen

Die Probenaufgabe mit einer Injektionsspritze durch ein Septum in den Elutionsmittelstrom unmittelbar vor die Trennsäule oder auf den Anfang derselben ist die am häufigsten angewendete Technik. Bei richtiger Konstruktion des Einspritzblockes wird das Totvolumen kaum nennenswert vermehrt. Einspritzblöcke sind im Handel erhältlich und ihre Konstruktion wurde mehrfach beschrieben [6,8].

Mit den in der Gas-Chromatographie üblichen Spritzen kann, wenn sie gut sitzende Kolben haben, ohne Schwierigkeit auch noch bei Drücken von 50 - 100 at gearbeitet werden. Für Drücke bis ca. 600 at sind ebenfalls Spritzen im Handel. Wichtig ist neben guter Kolbendichtung (unerläßlich auch bei niederen Drücken für reprodzierbares Einspritzen) ein mechanischer Schutz, damit der Kolben beim Durchstechen der Membrane nicht herausgeschleudert wird.

Das größte Problem bei dieser Art der Probenaufgabe bietet das Septum. Es muß nicht nur hohem Druck widerstehen können, sondern es muß auch gegen die üblichen Lösungsmittel beständig sein. Die Druckfestigkeit der Septa kann durch eine angemessene Konstruktion des Einspritzblockes wesentlich erhöht werden [6]. Schwieriger ist es schon, Materialien zu finden, die plastisch, durchstechbar, selbstdichtend und beständig gegen organische Lösungsmittel sind und die auch keine Weichmacher, Antioxydantien u.ä. enthalten, die das Elutionsmittel herauslösen könnte. Gegen die letztere Störung, die sich durch periodisches Auftreten von bestimmten Banden oder durch Drift der Nullinie im Chromatogramm bemerkbar macht, hilft oft ein Auskochen des Septums im Elutionsmittel vor der Verwendung. Manche Septamaterialien werden unter dem Einfluß der organischen Eluenten brüchig. Bei jeder Einspritzung werden vom Septum Krümel abgebrochen, die von der Säule festgehalten werden. Solche Krümel verändern die Permeabilität der Trennsäule, bemerkbar durch Druckanstieg bzw. Verringerung der Strömungsgeschwindigkeit. Die Gefahr, daß Weichmacher, Oligomere u.ä. in die Trennsäule gespült werden, vergrößert sich durch die Krümelablagerung ebenfalls beträchtlich. Bei jedem Septumwechsel sollten daher vom Trennsäulenanfang alle Septumrückstände entfernt werden. Vorteilhaft ist es, einen kleinen Pfropfen Glaswolle am Kolonnenanfang aufzubringen, der als Filter wirkt und mit den Septumrückständen leicht entfernt werden kann. Dieser Glaswollepfropfen verhindert bei der Probenaufgabe unmittelbar auf die Trennsäule zusätzlich, daß Teilchen der Säulenpackung in die Kanüle der Spritze eindringen und diese verstopfen.

Buna-N oder Neopren® eignen sich als Septummaterial bei Verwendung von Wasser, Alkoholen und n-Hexan als Eluenten. Beständiger als diese ist ®Viton A, das auch ohne Schwierigkeiten bei aromatischen Elutionsmitteln verwendet werden kann. Bei Chloroform und Methylenchlorid als Eluenten ist die Lebensdauer der Septa aus Viton A jedoch sehr begrenzt. Besser haben sich hier Septa aus weißem Silikongummi bewährt.

Eine recht elegante Methode der Probenaufgabe verwendet eine Spritze mit einer langen Kanüle mit seitlicher Austrittsöffnung [9]. Die Kanüle wird quer durch den Elutionsmittelstrom geführt und kann durch zwei Teflon-Dichtungen so bewegt werden, daß die Austrittsöffnung zum Füllen außerhalb des Einspritzsystems ist. Soll Probenmaterial aufgegeben werden, so wird die Spritze so weit verschoben, daß die Kanülenöffnung im Eluentenstrom unmittelbar vor der Trennsäule zu liegen kommt. Nach der Einspritzung wird die Kanülenöffnung aus dem Eluentenstrom sofort wieder entfernt, um Störungen durch Herausspülen von Probesubstanz aus der Kanüle zu vermeiden.

Bei einem anderen neu entwickelten System wird die Probe mit einer Spritze unter Normaldruck in eine Speicherschleife unmittelbar vor die Trennsäule gegeben. Durch Umschalten von Membranventilen wird zur Probenaufgabe der Eluentenstrom durch die Speicherschleife gelenkt und die Probe in die Trennsäule gespült. Durch die Konstruktion bedingt ist die zusätzliche Bandenverbreiterung bei dieser Art von Probenaufgabe auch bei Trennsäulen mit Teilchendurchmesser um 10 μm noch zu vernachlässigen.

Beim Arbeiten mit sehr hohen Drücken kann die *"Stop-flow"-Probenaufgabe* als einzige Möglichkeit bleiben. Hier wird die Probe auf die Trennsäule bei unterbrochenem Eluentenstrom, d.h. drucklos aufgegeben. Es tritt dabei kaum eine Verbreiterung der Zone ein. Nach der Probenaufgabe wird der Eluentenfluß wieder hergestellt, der Druck baut sich erneut auf und die Trennung beginnt. Allerdings verstreicht eine gewisse Zeit, bis sich in der Säule das gewünschte Druckprofil wieder aufgebaut hat. Die "Stop-flow"-Probenaufgabe entspricht somit nicht der Bedingung, daß bei der Probenaufgabe das Druck- und Strömungsgleichgewicht des Systems nicht gestört werden soll. Die Bestimmung der Retentionszeiten der Proben ist bei dieser Aufgabemethode inkorrekt. Durch Zugabe eines inneren Standards und Bestimmung der relativen Retentionen kann man diesen Nachteil umgehen. Bei quantitativen Bestimmungen ist der innere Standard sogar unerläßlich. Nachteilig ist bei dieser Arbeitsweise auch, daß durch die auftretenden Druckstöße die Packungsdichte der Trennsäule verändert werden kann.

Das Volumen einer aufzugebenden Probe richtet sich nach der Löslichkeit der Probe im jeweiligen Eluenten. Es sollte jedoch nicht zu groß sein, da das sonst unter Umständen Anlaß einer zusätzlichen Bandenverbreiterung sein kann. Diese Gefahr besteht vor allem dann, wenn das Probevolumen von der gleichen Größenordnung ist wie das Volumen der mobilen Phase in der Trennsäule [19]. Bei analytischem Arbeiten sollte das Probevolumen stets so klein wie möglich gehalten werden, d.h. die Proben sollten so konzentriert wie möglich aufgegeben werden. Im Gegensatz dazu kann bei präparativen Arbeiten mit stark konzentrierten Probelösungen der Säulenanfang überladen werden.

E. Die Trennsäule

1. Säulenmaterialien

Als Säulenmaterial werden hauptsächlich Edelstahlrohre verwendet. Darüber hinaus werden auch Glas- und Tantalrohre eingesetzt. Glasrohre haben den großen Vorteil, daß man die Säulenpackung ständig beobachten kann. Im allgemeinen können sie aber nicht oberhalb 70 at verwendet werden. Durch Ummantelung des Glasrohres mit einem Stahlrohr und Druckaufgabe auf den Zwischenraum soll der Einsatz von Glasrohren auch bei höheren Drücken möglich sein. Glasrohre haben eine glatte innere Oberfläche.

Trennsäulen aus Tantal sollen den Glassäulen hier gleichwertig sein [9]. Tantalrohre sind sehr hart. Verschraubungen müssen angeklebt werden.

Bei Edelstahlrohren ist die innere Oberfläche, bedingt durch den Herstellungsprozeß, mehr oder weniger rauh und von Längsrillen durchzogen. Wird diese Rauhigkeit durch Aufbohren des Rohres oder durch Polieren seiner inneren Oberfläche entfernt, so lassen sich derartige Säulen reproduzierbarer packen. Dabei ist die Reproduzierbarkeit des Packens dann unabhängig von der Herstellungsart des Rohres (heiß oder kalt gezogen, präzisionsgezogen u.ä.). Die Trennleistung in derart vorbehandelten Edelstahlrohren kann bis zu einem Faktor 10 besser sein als in den unbehandelten Trennrohren. Die Reproduzierbarkeit des Packens steigt von 30 % auf fast 90 % [12].

Im folgenden sind die Eigenschaften der wichtigsten Rohrmaterialien zusammengefaßt:

Glas: glatte Innenwand; durchsichtig; inert; Einsatz bis ca. 70 at.

Edelstahl: relativ korrosionsbeständig; passivierbar; keine Beschränkung mit Druck.

Tantal: innen glatt; weitgehend inert; hart, schlecht verformbar.

Kupfer: leicht zu bearbeiten; korrosionsanfällig.

Demnach sind Glasrohre, besonders bei wäßrigen Salzlösungen (z.B. Acetat- oder Citratpuffern), den Edelstahlrohren vorzuziehen.

Der innere Durchmesser beträgt für analytische Trennsäulen im allgemeinen 2 - 4 mm. Teilchen um 30 µm Durchmesser wurden fast ausschließlich in Säulen mit 2 mm Innendurchmesser gepackt. Bei Verwendung von Teilchen < 10 µm scheint man mit Trennsäulen von 3 - 4 mm Innendurchmesser bessere Trennleistung und bessere Reproduzierbarkeit der Packung zu erhalten als mit Säulen mit geringerem Durchmesser [13].

2. Form der Säule

Die Form der Trennsäule richtet sich wesentlich nach der Größe und Form des vorhandenen Thermostaten. Gerade Säulen sind einfacher zu packen als gewendelte Säulen. Wegen der geringen radialen Diffusion in der flüssigen mobilen Phase tritt bei gewendelten Röhren der Ausgleich der Strömungsprofile sehr viel langsamer ein als in der Gas-Chromatographie. Beim Biegen von bereits gepackten Säulen ist ein möglichst großer Radius zu wählen. Dennoch können dabei in der Säule

Teilchen zerrieben werden. Das verringert die Permeabilität der Trennsäule. Bei Teilchen mit Durchmessern < 10 μm werden ausschließlich gerade Trennsäulen verwendet. Die üblichen Längen betragen hier zwischen 10 - 50 cm.

3. Säulenanschlüsse

Zum Verschließen der Trennsäule ist an beiden Enden eine Metallfritte bzw. Glas- oder Metallwolle einer porösen Teflonscheibe vorzuziehen. Gegebenenfalls kann zusätzlich Filtrierpapier ("zur Filtration feiner Niederschläge") am Säulenende eingebaut werden. Einerseits sollte der Strömungswiderstand des Säulenabschlusses möglichst gering sein, andererseits der unvermeidliche Abrieb der Säulenpackung (Größe ≈ 1 μm) daran gehindert werden, aus der Trennsäule in den Detektor gespült zu werden oder gar enge Zuleitungskapillaren zu verstopfen. Beim Anschluß der Trennsäule an den Einspritzblock und an den Detektor sowie beim Verbinden einzelner Trennsäulenabschnitte ist, wie bereits mehrfach betont, jedes unnötige Totvolumen zu vermeiden [6]. Die Verbindungs- und Übergangsstücke sollten ausgebohrt werden, damit ein nahtloser Übergang zwischen Einspritzblock und Säule, zwischen den einzelnen Trennsäulenabschnitten und zwischen der Trennsäule und dem Detektor möglich ist.

In Abb.III.3 ist die Verbindung einer 6mm-Trennsäule an die 1/16"-Anschlußkapillare des Detektors gezeigt. Das handelsübliche Reduzierstück wurde dazu so aufgebohrt, daß die Detektorzuleitung unmittelbar an das Säulenende herangebracht werden konnte.

4. Säulenpackung

Mit welcher Methode die stationäre Phase in die Trennsäule gepackt wird, hängt vom verwendeten Teilchendurchmesser der Phase ab. Zwei prinzipiell verschiedene Methoden werden dazu verwendet:

Teilchen mit einem *Durchmesser* > 20 μm können trocken in die Trennsäule eingefüllt werden. Dazu wird die stationäre Phase in das senkrecht eingespannte Rohr unter Klopfen und Vibrieren in kleinen Portionen eingefüllt. Die Portionen sind so zu bemessen, daß die Füllhöhe bei jeder Portion nur um wenige Millimeter zunimmt [10,10a]. Wird

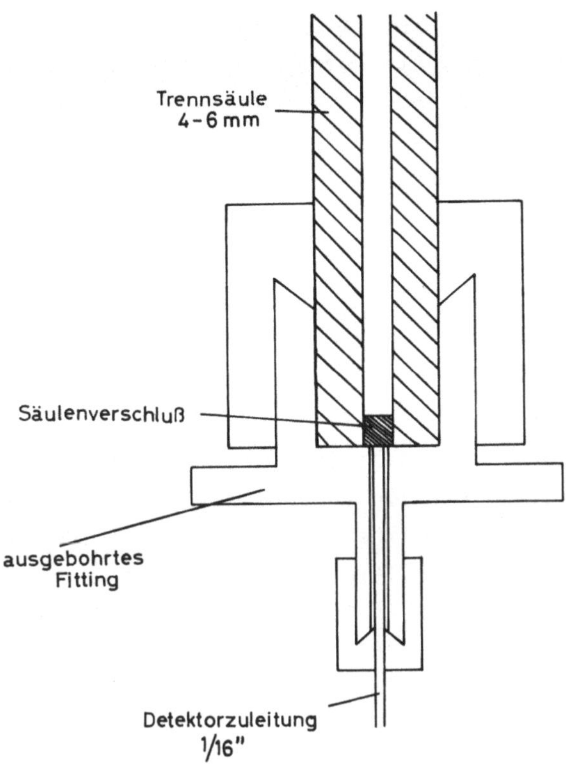

Abb.III.3. Schematische Darstellung einer Säulen-Endverschraubung.

die Säule zusätzlich auf einer festen Unterlage aufgestoßen, so erhält man gute und reproduzierbar gepackte Trennsäulen.

Mit dieser Methode lassen sich auch bereits mit Trennflüssigkeit belegte Trägermaterialien packen. Sind die Teilchen leicht klebrig, so erhält man durch zusätzliche Verdichtung der Packung mit einem genau in die Säule passenden Stab oft bessere Ergebnisse. Bei jeder Packungsmethode muß darauf geachtet werden, daß nach Möglichkeit die Teilchen nicht zerdrückt werden und daß kein mechanischer Abrieb entsteht.

Als Richtwerte seien folgende Werte angegeben: Mit einer gut gepackten Trennsäule (Teilchendurchmesser 30 - 40 μm) erhält man bei einer linearen Eluentengeschwindigkeit von 2 cm/sec und Verwendung von vollkommen porösen stationären Phasen für die Bodenhöhe Werte in der Nähe von 1 mm. Mit PLB erhält man unter den gleichen Bedingungen niedrigere Werte für die Bodenhöhe (0,2 - 0,5 mm).

Teilchen mit einem *Durchmesser* um 10 µm bzw. 5 µm werden am besten in Suspension in die mit Eluenten gefüllte Trennsäule eingeschlämmt, da hier die Trockenpackungs-Methoden versagen. Während des Packungsprozesses sollte die Suspension stabil bleiben und keine Absetzung bzw. Agglomeration der Teilchen stattfinden. Stabile Suspensionen erhält man, wenn

a) zwischen den Teilchen und der Suspendierflüssigkeit kein Dichteunterschied besteht:
"balanced density slurry method", oder

b) die Viskosität des Suspendiermediums so groß ist, daß die Absinkgeschwindigkeit der Teilchen minimal ist:
"high viscosity method" (Viskositätsmethode).

Die "balanced-density"-Methode wurde von verschiedenen Autoren im Detail beschrieben [14-17,22] und geeignete Packungsgefäße (Vorratsgefäße für die Suspension) angegeben [14,17]. Zum Suspendieren von Kieselgel mit einer wahren Dichte um 2,2 können nur brom- und jodhaltige Kohlenwasserstoffe verwendet werden. Fast ausschließlich wird Tetrabromäthan benutzt. Zum Herabsetzen der Dichte auf den benötigten Wert wird Tetrachlorkohlenstoff zugefügt. Günstig ist es, der Suspendierflüssigkeit etwa 10 % einer polaren Verbindung (Dioxan, Methanol) zuzusetzen, um das Zusammenklumpen der Teilchen zu vermeiden. Abb.III.4 zeigt eine Möglichkeit für einen Packungstopf. Das Gesamtvolumen sollte etwa 100 - 150 ml betragen, damit auch größere Mengen zum Packen von mikro-präparativen Trennsäulen noch eingefüllt werden können.

Zum Packen einer 30-cm-Säule mit 4 mm Innendurchmesser benötigt man ca. 2 g Kieselgel in 50 ml Suspensionsmittel (z.B. Tetrabromäthan - Dioxan - Tetrachlorkohlenstoff 20-15-15). Diese Suspension wird vorsichtig in den Packungstopf eingefüllt (vgl. Abb.III.4). Die Trennsäule ist mit einem etwa 2 cm langen Verbindungsstück gleichen Durchmessers an den Packungstopf angeschlossen und mit Eluenten gefüllt. Das Zwischenstück wird mitgepackt, aber nicht bei den Trennungen mitverwendet. Überschichtet wird die Suspension mit einem spezifisch leichteren, mit Tetrabromäthan mischbaren Eluenten (z.B. Heptan). Nach dem Verschließen des Druckbehälters wird die Pumpe angeschlossen, wobei in keinem Falle Luftblasen in das System gelangen dürfen. Mit der Pumpe wird jetzt die Suspension in die Säule gedrückt. Der bei der Packung angelegte Druck sollte über dem höchsten Arbeitsdruck bei den Analysen liegen. Die Beendigung des Füllvorgangs wird in diesem Fall (Verdrängung des Tetrabromäthans mit Heptan) durch einen Druckabfall angezeigt (niedrigere

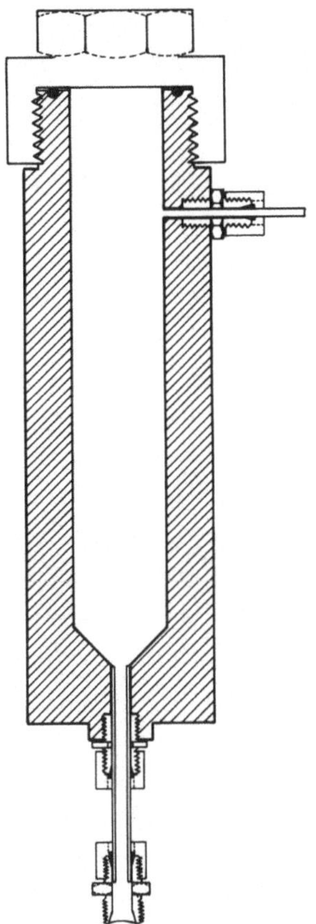

Abb.III.4. Skizze eines Packungstopfes. Volumen: ca. 100 ml für analytische Säulen (30 cm, 4 mm i.d.), ca. 200 ml für Säulen (30 cm) bis 10 mm Durchmesser. Das Ausgangsrohr des Packungstopfes sollte gleichen Querschnitt wie die zu packende Säule und den passenden Übergang zum Geräteanschluß aufweisen.

Viskosität des Heptans!). Zur vollständigen Entfernung des Suspendiermittels und zur Verdichtung der Packung sollte die Säule noch einige Zeit bei hohem Druck gespült werden. Die Verwendung eines organischen Eluenten als Verdränger hat gegenüber der Verwendung von Wasser (als mit Tetrabromäthan nicht-mischbarem Eluenten) den Vorteil, daß die Säule sofort verwendet werden kann und jede weitere Konditionierung (z.B. die schwierige Entfernung des Wassers) entfällt.

Tetrabromäthan spaltet sehr leicht Brom bzw. Bromwasserstoff ab, die beim Waschen mit Heptan, Wasser, Methanol etc. nicht vollkommen entfernt werden. Chemisch-modifizierte Phasen können bei der Packung mit Tetrabromäthan zersetzt bzw. verändert werden. In solchen Fällen kann mit Vorteil die *Viskositätsmethode* zum Säulenpacken verwendet werden. Als Suspensionsmittel wird eine Flüssigkeit hoher Viskosität (z.B. Paraffinöl, Cyclohexanol etc.) verwendet. Die Apparatur und der

Vorgang des Packens sind identisch. Auch Mischformen zwischen beiden Methoden (Dichte und Viskosität) werden zum Packen verwendet. Mit einer der beiden Suspensionstechniken lassen sich praktisch alle stationären Phasen packen, wenn man die Dichte und (oder) die Viskosität des Suspensionsmittels so einstellt, daß die Suspension zumindest so lange stabil bleibt, bis das Packen der Säule beendet ist.

Für Aluminiumoxid eignet sich z.B. eine Mischung von Tetrabromäthan-Dioxan (90 : 10, v/v). Vorgequollene stationäre Phasen für die Ausschluß-Chromatographie, Ionenaustauscher auf Polystyrolbasis etc. können nur mit dem Medium gepackt werden, mit dem sie vorgequollen sind und in dem die Trennung durchgeführt werden soll. Bei jedem Umstellen des Eluenten kann sich der Quellungszustand und damit die Packung ändern. Mit Trennflüssigkeit vorbelegte Trägermaterialien für die Verteilungschromatographie können so *nicht* gepackt werden, da die Trennflüssigkeit während des Packens oder während der Konditionierung herausgewaschen werden kann. Es können auf diese Art nur die reinen Trägermaterialien gepackt werden. Das Belegen mit Trennflüssigkeit kann nur hinterher in situ in der gepackten Trennsäule erfolgen (vgl. Kap.VII).

Das Geschick des Experimentators kann für die Güte der Trennsäule wesentlich sein. Teilchen mit Durchmessern um 10 µm lassen sich relativ einfach und reproduzierbar packen. Dem Anfänger sei daher empfohlen, mit derartigen Teilchen zu beginnen. Gelingt es ihm, damit gute Trennsäulen reproduzierbar herzustellen, wobei ca. 3000 Böden mit einer 30-cm-Säule durchaus erreicht werden sollten, und ist diese Trennleistung für seine Probleme noch nicht ausreichend, sollte er versuchen, Teilchen um 5 µm zu packen. Derartige Teilchen sind für den Routinebetrieb nur bedingt geeignet. An die Apparatur werden wesentlich größere Anforderungen, was Totvolumina etc. betrifft, gestellt.

5. Charakterisierung und Prüfung von Trennsäulen

Wie im Abschn.II.F ausgeführt, ist die in einer Trennsäule erzielbare Bodenhöhe eine Funktion des Teilchendurchmessers der stationären Phase. Je kleiner der Teilchendurchmesser wird, desto niedriger wird die Bodenhöhe bzw. bei gleicher Länge der Trennsäule wächst die Bodenzahl. Voraussetzung dabei ist allerdings, daß alle Säulen gleich "gut" gepackt werden können. Je kleiner der Teilchendurchmesser wird, vor allem wenn der Teilchendurchmesser unter 10 µm sinkt, desto größer werden die Anforderungen, die an die Apparatur zu stellen sind. Die Bandenverbreiterung außerhalb der Trennsäule liefert dann einen wesentlichen Beitrag, was so weit führen kann, daß der h-Wert keine Abhängigkeit vom Teilchendurchmesser zeigt. Die Bestimmung der Bandenverbreiterung außerhalb der Trennsäule (z.B. durch Probenaufgabe, Detektor und Zuleitungen) ist nur mit großem Aufwand möglich (z.B. trägheitslose Schreiber u.ä. werden dazu benötigt). Für den Praktiker sind derartige theoretische Überlegungen, z.B. tatsächliche, reale Bandenverbreiterung in der Trennsäule, von geringem Nutzen. Er benötigt eine bestimmte Anzahl von Böden, um seine Trennung durchführen zu können, und ist daran interessiert, festzustellen, ob er mit seiner Trennsäule inklusive Apparatur das optimale Ergebnis erzielt.

Nach dem folgenden Verfahren [23] läßt sich die Güte einer Trennsäule bzw. die erzielbare minimale Bandenverbreiterung aus chromatographischen Daten ermitteln:

a) *Asymmetrische Peaks*, besonders des Inertpeaks und der wenig retardierten Peaks ($k' < 5$), sind ein typisches Zeichen für schlecht gepackte Trennsäulen, wobei Störungen durch die Apparatur vorher auszuschließen sind. Zeigt nur der Inertpeak und Peaks mit k'-Werten < 1 Asymmetrie, so dürften apparative Probleme mit die Ursache sein. Genau läßt sich dies nur durch Aufnahme der $h=f(u)$-Kurve feststellen. Treten dabei bei Lineargeschwindigkeiten > 3 mm/sec Abweichungen von der Geraden auf, dürfte die Asymmetrie mit großer Wahrscheinlichkeit auf apparative Schwierigkeiten zurückzuführen sein.

Die Asymmetrie bestimmt man mittels des Quotienten der Strecken auf der Basislinie (w, vgl. Abb.II.1) nach der Senkrechten vom Peakmaximum auf die Basislinie und vor dieser Senkrechten. Ist der Asymmetriefaktor größer als 1,5 (verwendet man das Quadrat des Asymmetriefaktors, so kann man Werte bis 2,0 tolerieren [22]), so sollte die Säule verworfen werden, da "tailing" oder "leading" zur Verschlechterung der Auflösung führt, bei mikro-präparativer Trennung zur Verunreinigung der getrennten Substanzen.

b) Die *Durchbruchszeit des Inertpeaks* (t_o) und daraus die lineare Geschwindigkeit des Eluenten ist zur weiteren Charakterisierung der Trennsäule notwendig.

In der HPLC ist es oft schwierig, zu entscheiden, ob eine Substanz inert ist oder retardiert wird, vor allem dann, wenn nur ein UV-Detektor zur Verfügung steht. Wird ein aliphatischer Kohlenwasserstoff (z.B. n-Heptan) als Eluent verwendet, so kann man Tetrachloräthylen oder auch Tetrachlorkohlenstoff als inert betrachten. Steht ein Differential-Refraktometer zur Verfügung, so läßt sich mit einem niederen Homologen des Eluenten die Totzeit sehr gut bestimmen. Mit Methylenchlorid als Eluent ist Benzol nicht mehr retardiert, selbstverständlich ist hier auch n-Heptan inert.

Schwieriger ist das Problem der genauen Bestimmung der Totzeit bei chemisch gebundenen stationären Phasen und Wasser bzw. Gemischen von Wasser mit organischen Lösungsmitteln. Verwendet man Gemische mit Wasser, so kann man entweder die organische Komponente oder Wasser als inert betrachten (Differential-Refraktometer!). Auch Deuteriumoxid wird aus Wasser nicht retardiert. Problematisch wird es schon mit Salzen oder dissoziierten Substanzen. Diese können u.U. sogar vor dem Inertpeak auf Grund von Ausschlußeffekten (z.B. durch das Donnan-Potential) eluiert werden. Exakt läßt sich in diesen Fällen t_o nur mit unpolaren Eluenten und nicht retardierten Proben bestimmen.

Zur Überprüfung der Messungen läßt sich t_o in guter Näherung nach Umformung von Gl.(11) berechnen:

$$t_o = \frac{L\, r^2 \pi \cdot \varepsilon_T}{F},$$

wobei L die Säulenlänge (cm), r der Radius (cm) der Säule und F die Strömungsgeschwindigkeit (cm^3/sec) ist. Die totale Porosität ε_T beträgt bei vollkommen porösem Trägermaterial (unabhängig von der Packungsmethode) 0,84 (± 5 %). Bei chemisch gebundenen Phasen (auch bei Ionenaustauschern) ist ε_T stets kleiner. Im Grenzfall wird $\varepsilon_T = 0,42$ (z.B. bei undurchlässigen Glaskugeln). Bei reversed-phase-Systemen ist 0,75 eine gute Näherung für ε_T.

c) Der *Teilchendurchmesser* einer stationären Phase, der vom Lieferanten angegeben wird, muß nicht unbedingt mit dem effektiven "hydrodynamischen" Teilchendurchmesser übereinstimmen, der Trennleistung und Permeabilität beeinflußt. Wie in Kap.II.F ausgeführt, kann man über die Permeabilität der Trennsäule bzw. den für einen bestimmten Fluß benötigten Druckabfall an der Trennsäule diesen hydrodynamischen Teilchendurchmesser bestimmen. Durch Umformen von Gl.(29) erhält man nach [25]

$$d_p = 41 \sqrt{\frac{F\, \eta\, L}{r^2 \Delta p}}.$$

Man erhält hierbei d_p in µm, wenn man F in cm^3/min, L in cm, η in cP, r in mm und Δp in at einsetzt. (Die Umrechnungskonstanten für das CGS-System sind in der Konstanten mitenthalten.)

d) Die zu erwartende *Bodenhöhe* h in gut gepackten Säulen kann man mit dem so bestimmten Teilchendurchmesser und der aus der Totzeit berechneten Lineargeschwindigkeit u mit der folgenden empirischen Näherungsgleichung berechnen [23]:

$$h = 3\,d_p + \frac{6}{u} + \frac{d_p^2}{16} \cdot u.$$

Diese Gleichung gilt nur für apolare Eluenten mit niedriger Viskosität (z.B. n-Heptan, Methylenchlorid) und niedermolekulare Proben (z.B. Benzol und substituierte Derivate, wie Nitrobenzol, Nitraniline, Nitrophenole usw.). In Abweichung vom CGS-System erhält man mit dieser empirischen Gleichung die h-Werte in µm, wenn man d_p in µm und u in mm/sec einsetzt. Die Gleichung gestattet nur, den h-Wert zu berechnen, eine Unterscheidung und Berechnung der einzelnen Terme (A, B und C) ist damit nicht erlaubt.

Eine gepackte Trennsäule mit symmetrischen Banden ist dann noch als gut und brauchbar zu betrachten, wenn ihre h-Werte um einen Faktor bis 1,5 größer sind als die mit obiger Gleichung berechneten Werte. (Der Teilchendurchmesser ist dabei aus Fluß und Druckabfall zu berechnen. Die Angaben auf der Verpackung über Teilchendurchmesser sind nicht immer brauchbar.) Mit apolaren stationären Phasen (reversed phase) und polaren Eluenten (z.B. Wasser) findet man erfahrungsgemäß doppelt so große h-Werte, als mit obiger Gleichung berechnet.

Die Bandenverbreiterung nimmt stets mit steigender Eluentengeschwindigkeit zu, wenn man Geschwindigkeiten unter 1 - 2 mm/sec außer acht läßt. Bei kleineren Geschwindigkeiten macht sich bereits bei den sehr kleinen 5µm-Teilchen der B-Term bemerkbar (vgl. II.F).

Tab.III.1 gibt eine Übersicht über die mit den verschiedenen Teilchendurchmessern und Packungsmethoden erzielbare Trennleistung. Um die Vorteile der Teilchen mit unterschiedlichen Durchmessern aufzeigen zu können, wurde die Säulenlänge berechnet, mit der ca. 3000 Böden erzeugt werden können. (3000 Böden sind für viele Routinetrennungen ausreichend.) Der bei der gegebenen Säulenlänge benötigte Druckabfall ist ebenfalls angegeben. Die Analysengeschwindigkeit (letzte Spalte) wird mit abnehmender Säulenlänge immer kürzer. Ob es sinnvoll ist, immer mit hoher Geschwindigkeit zu messen, soll mit folgendem Beispiel klargestellt werden: Arbeitet man bei niedrigen Eluentengeschwindigkeiten, z.B. mit 5µm-Teilchen bei 2 mm/sec, so benötigt man nur 40 at bei 12 cm Säulenlänge. Die Analyse dauert nur etwa 4 Minuten

Tabelle III.1. Teilchendurchmesser und erzielbare Trennleistung.

Teilchen-durchmesser	Teilchen-art	Packungs-methode	Eluentenge-schwindigkeit [mm/sec]	Bodenhöhe [µm]	Säulenlänge [cm] für ca. 3000 Böden	Druckabfall [at] für ca. 3000 Böden [a]	max. Analysen-zeit [min] letzter Peak k' = 3
"40 µm"	porös	trocken	20	1000 - 2000	500	250	17
"40 µm"	PLB	trocken	20	400 - 700	200	100	7
"30 µm"	PLB	trocken	20	300 - 500	150	130	5
"10 µm"	porös	Suspension	10	100 - 150	45	180	3
			5	60 - 100	30	60	4
" 5 µm"	porös	Suspension	10	50 - 70	20	320	1,4
			5	30 - 50	15	120	2
			2	20 - 40	12	40	4

[a] mit n-Heptan bei der angegebenen Eluentengeschwindigkeit

gegenüber 1,4 Minuten bei der fast doppelt so langen Trennsäule und dem etwa achtfachen Druck.

e) Die Belastbarkeit einer Säule mit Probemenge liegt in den meisten Fällen bei 10^{-4} g Probe/g stationäre Phase. Erhöht man die Probemenge, dann sind Bodenhöhe und Retentionszeit (k'-Wert) von der Probemenge abhängig. Die qualitative Analyse, Identifizierung über Retentionszeit ist dann nicht mehr möglich. Eine experimentelle Kurve der Bestimmung der Belastbarkeit ist in Abb.VI.2 wiedergegeben.

F. Thermostatisierung

Oft ist es notwendig, die Temperatur der Trennsäule zu kontrollieren und konstant zu halten. Wegen der einfachen Bauweise werden hierfür gern Luftthermostaten mit starker Luftumwälzung verwendet. Vor der Säule muß in das Gerät noch ein gut wirksamer zusätzlicher Wärmeaustauscher eingebaut werden, um die mobile Phase vor der Trennsäule auf Thermostatentemperatur zu bringen. Wegen der schnellen Ansprech- und Einstellzeit haben Luftthermostaten Vorteile gegenüber den viel langsamer ansprechenden Flüssigkeitsthermostaten, obwohl bei letzteren die Wärmeübertragungsprobleme geringer sind. Auf die Explosionsgefahr bei der Benutzung von Luftthermostaten mit offenen Heizelementen sei nur am Rande hingewiesen. Eine Vorrichtung zum Spülen des Thermostatenraums mit Stickstoff sollte bei Luftthermostaten sicherheitshalber vorhanden sein.

G. Messung der Strömungsgeschwindigkeit

Die Durchflußgeschwindigkeit sollte möglichst oft überprüft werden. Am einfachsten ist das Auffangen eines abgemessenen Volumens und die Bestimmung der benötigten Zeit. Auch das Siphonprinzip kann benutzt werden [11]. Dabei strömt das Elutionsmittel in einen Siphon mit definiertem Volumen. Beim Entleeren des Siphons erhält man über eine Lichtschranke einen elektrischen Impuls, der auf dem Schreiberpapier eine Markierung gibt. Aus dem Volumen des Siphons und der Zeit, erhältlich aus dem Abstand der Markierungen, läßt sich die Strömungsgeschwindigkeit berechnen. Da ein solches Gerät kontinuierlich während der ganzen Trennung mitlaufen kann, hat man über den Abstand der Markierungen auf dem Schreiberpapier eine ständige Kontrolle.

Die in der Gas-Chromatographie üblichen Rotameter müssen in der Flüssigkeits-Chromatographie wegen der stark unterschiedlichen Viskosität der mobilen Phasen und wegen ihrer großen Temperaturabhängigkeit für jede Temperatur und für jedes Lösungsmittel extra geeicht werden. Sie werden deshalb nur selten verwendet.

H. Fraktionssammler

Vorrichtungen zum Auffangen einzelner Fraktionen, nur um die gelösten Probenbestandteile nachweisen zu können, sind in der analytischen Hochdruck-Flüssigkeits-Chromatographie fast nicht mehr nötig, da die Detektoren genügend empfindlich anzeigen. Nur für bestimmte Messungen (z.B. Radioaktivität u.ä.) kann sich das Auffangen von einzelnen Fraktionen nach konstantem Volumen oder konstanter Zeit als notwendig erweisen. Beim präparativen Arbeiten (ab 100 mg Substanz) ist natürlich ein Fraktionssammler unumgänglich. In diesem Fall sollte die Möglichkeit bestehen (ähnlich wie in der präparativen Gas-Chromatographie), den Fraktionssammler durch den Schreiber zu steuern. Dann verringert sich die Zahl der aufzuarbeitenden Fraktionen erheblich. Neben den aus der klassischen Säulenchromatographie bekannten Fraktionssammlern sind kleinere Geräte (10 - 20 Fraktionen) speziell für die Hochdruck-Flüssigkeits-Chromatographie im Handel erhältlich.

I. Registriereinheit

Die Registrierung des Chromatogramms geschieht mit Kompensationsschreibern, die an den Detektor angepaßt werden müssen. Die Einstellzeit sollte 0,25 oder 0,5 sec betragen, um bei den u.U. sehr schnell erscheinenden Peaks keine Verzerrung des Chromatogramms zu erhalten. Da die Elutionszeiten sehr stark variieren können, sollte die Papiergeschwindigkeit einfach zu verändern sein. Integratoren und Kleinrechner sind auf die gleiche Weise wie in der Gas-Chromatographie einzusetzen.

K. Apparatur zur Gradient-Elution

Die Zusammensetzung des Eluenten hat in der Flüssigkeits-Chromatographie einen entscheidenden Einfluß auf das Trennergebnis. Durch kontinuierliche Veränderung der Zusammensetzung des Elutionsmittels können die Elutionszeiten wesentlich verkürzt werden. Bei Gemischen stark unterschiedlicher Zusammensetzung werden dann nicht nur die zu Beginn der Trennung eluierten Substanzen gut getrennt und als scharfe Banden eluiert, sondern auch die bei unveränderten Eluenten stark zurückgehaltenen Probenbestandteile werden als schärfere Banden in wesentlich verkürzter Zeit eluiert. Gradient-Elution kann die Analysendauer wesentlich verkürzen und die Nachweisempfindlichkeit erheblich verbessern. Die Auflösung allerdings wird meist schlechter. Die ausführliche Besprechung erfolgt in Abschn.VI.III.4. An dieser Stelle sollen nur die apparativen Probleme der Gradient-Elution besprochen werden.

Die Mehrzahl der heute üblichen Detektoren spricht auch auf die Änderung der stofflichen Zusammensetzung des Eluenten an. Auf dieses Problem wird später ausführlich eingegangen. Hier sei nur so viel gesagt, daß auch durch Verwendung einer differentiellen Anzeige und eine der Trennsäule entsprechenden Referenzsäule das Driften der Nullinie nicht vollkommen auszuschalten ist. Es ist eben kaum möglich, zwei Trennsäulen so zu packen, daß der hydrodynamische Widerstand vollkommen identisch ist.

Die Mischung der Eluenten wirft einige Probleme auf. Am unproblematischsten ist es, die Mischung auf der Niederdruckseite herzustellen, wobei die aus der klassischen Flüssigkeits-Chromatographie bekannten Vorrichtungen verwendet werden können [21,24]. Die Förderung ist dann mit einer Kurzhubpumpe möglich. Lange Wege zwischen Mischkammer und Trennsäule und die in der Pumpe und in den Dämpfungseinheiten auftretende Vermischung können dabei Anlaß einer schlechten Reproduzierbarkeit sein. Eine automatische Mischapparatur mit 20 Vorratsgefäßen für derartige Niederdruck-Gradienten wurde beschrieben [20].

Elutions-Gradienten, die auf der Hochdruckseite hergestellt werden, erfordern einen größeren Aufwand. Man braucht nämlich für jede Komponente ein eigenes Fördersystem. Die Geometrie der Mischkammer und ihre Durchströmung sind entscheidend, denn die Komponenten müssen ja vollkommen durchmischt die Trennsäule erreichen. Zwischen Mischkammer und Trennsäule soll dabei das Volumen möglichst klein sein und keine vom Eluenten durchspülte Abzweigungen aufweisen.

Für die meisten handelsüblichen Geräte gibt es Gradienteinrichtungen. Am einfachsten lassen sich Elutions-Gradienten mit zwei Langhub-Kolbenpumpen herstellen, deren Fördergeschwindigkeit dazu gegenläufig verändert wird. Dabei können entweder beide Pumpen zusammen in eine Mischkammer fördern, oder die eine Pumpe fördert in den Kolben der anderen, der dabei als Mischkammer dient und mit einem Magnetrührer zusätzlich durchmischt wird.

Mit nur einer Pumpe läßt sich auch ein Gradient herstellen, wenn man eine druckkonstante Pumpe verwendet. Die zweite, stärker eluierende Komponente ist dabei in einer Speicherschleife. Durch geeignete Ventilsteuerung wird entweder die Pumpe direkt mit der Trennsäule verbunden, oder über die Speicherschleife. Auf die Trennsäule bzw. in die davor liegende Mischkammer gelangen beide Eluenten abwechselnd. Den Gradienten erhält man durch Abnahme der Öffnungszeit des Ventils zwischen Pumpe und Trennsäule und entsprechende Erhöhung der Öffnungszeit zwischen Speicherschleife und Trennsäule. Die Mischung der beiden pfropfenförmigen Eluentenströme muß sehr gut sein.

Bei Verwendung von Kolben-Membranpumpen mit zwei Pumpenköpfen kann ein Gradient ebenfalls recht einfach hergestellt werden, wenn man mit jedem Pumpenkopf einen anderen Eluenten fördert und mit einem Schrittmotor den Kolbenhub an beiden Pumpenköpfen gegensinnig verstellt. Der resultierende Eluentenfluß muß auch hier konstant bleiben und wird mit zwei Durchflußmessern kontrolliert, die mit den Schrittmotoren rückgekoppelt sind. Schwierigkeiten, die in der reproduzierbaren und gleichmäßigen Verstellung der Kolbenhübe und damit in der Genauigkeit der Gradientzusammensetzung liegen, lassen sich mit elektronischen Hilfsmitteln lösen.

Pumpen mit veränderlicher Hubfrequenz, die von Schritt- oder Gleichstrommotoren angetrieben werden, bieten eine weitere Möglichkeit. Man kann zwei Pumpen elektronisch so steuern, daß die Gesamtfördermenge zwar konstant bleibt, die Fördermenge der Einzelpumpen aber gegenläufig beliebig verändert wird. So kann jedes beliebige Gradientenprogramm aus zwei Komponenten hergestellt werden.

Einige Schwierigkeiten sind bis jetzt noch nicht ausreichend bearbeitet: Z.B. muß die beim Mischen zweier organischer Lösungsmittel auftretende Mischungswärme abgeführt werden. Auch kann es der Fall sein, daß die beiden Komponenten verschiedene Viskositäten haben und sich daher während der Trennung entweder die Geschwindigkeit des Eluenten (bei Systemen mit konstantem Druck) oder der Druck (bei Systemen mit konstanter Volumenförderung) ändert. Endlich gibt es noch keinen Detektor, der für die Gradient-Elution problemlos ist. (Prinzipiell wäre der Transportdetektor, vgl. IV.D, geeignet.)

Als Alternative zur Programmierung der Zusammensetzung des Eluenten bietet sich die Programmierung der Eluentengeschwindigkeit (über die Programmierung des Säulenvordruckes) und der Trenntemperatur an [18].

Zur *Strömungs-* bzw. *Druckprogrammierung* können u.a. die bereits erwähnten Strömungsregler (s. S.41) dienen [7]. Ist die Förderung ausreichend, so erhöht sich die Volumengeschwindigkeit des Eluenten entsprechend der Erhöhung des Säulenvordruckes. Jede programmierbare Erhöhung des Fördervolumens der Pumpe führt zu einer Verkürzung der Analysenzeit. Die meisten Detektoren sprechen auf die Erhöhung des Eluentenflusses durch die Meßzelle in gewissen Grenzen (0,5 - 8 ml/min) nicht an (RI und UV-Detektor). Zur Verkürzung der Analysenzeit ist daher die Strömungsprogrammierung geeignet.

Die *Temperaturprogrammierung* (stetige Erhöhung der Trenntemperatur) ist nicht so universell anwendbar. Einmal zeigt bei einer Veränderung der Temperatur nur der UV-Detektor genügende Stabilität, während Differential-Refraktometer hier nicht geeignet sind. Zum anderen wird bei einer Erhöhung der Temperatur das Gleichgewicht, z.B. zwischen Wasser, adsorbiert an der Oberfläche des Adsorbens, und Wasser, gelöst im Eluenten, gestört (vgl. VI.III.2). Ähnlich wie in der Gas-Chromatographie entspricht einem linearen Temperaturgradienten ein exponentieller Druck- bzw. Strömungsgradient.

Neben einer Heizung für die Trennsäule muß der Eluent *vor* der Trennsäule auf die gewünschte Temperatur gebracht werden. Als Wärmeaustauscher genügt ein ca. 1 m langes Kapillarrohr (0,25 mm Innendurchmesser), das sich im gleichen Thermostaten wie die Trennsäule befindet. (Ummantelung nach Art der Liebigkühler ist bei Umpump-Thermostaten ausreichend.)

L. Sicherheitsvorkehrungen

Der in der Apparatur verwendete Druck bedeutet keine Gefahr, da in den nicht-kompressiblen Flüssigkeiten keine Kompressionsenergie gespeichert ist. Es sollte jedoch immer an die leichte Brennbarkeit der meisten Eluenten gedacht werden. An jeder undichten Stelle, besonders häufig treten sie am Septum des Einspritzblockes auf, kann ein starker Strahl der mobilen Phase austreten. Wird ein Luftthermostat verwendet, sollte er mit einer Inertgasspülung ausgerüstet sein. Ein Überhitzungsschutz des Ofens ist sehr zu empfehlen, damit nicht bei zu hoher Temperatur und dem hohen Druck das überkritische Gebiet des Eluenten erreicht wird.

Ein Sicherheitsventil dient dazu, bei einer eventuell auftretenden Verstopfung der Apparatur einzelne Bauteile nicht durch zu hohe Druckbelastung zu schädigen. Am zweckmäßigsten ist der Einbau des Sicherheitsventils an der Stelle des höchsten Druckes, d.h. unmittelbar hinter der Pumpe.

An eventuelle gesundheitliche Schädigungen durch organische Lösungsmittel sei nur erinnert, z.B. an die carcinogenen Eigenschaften des Chloroforms.

Literatur zu Kapitel III

Übersichtsartikel:

Henry, R.A., in: Kirkland, J.J. (Ed.): Practice of High Speed Liquid Chromatography. New York: Wiley-Interscience 1971.

1. Schrenker, H.: CZ-Chemie-Technik *1*, 73 (1972).
2. Hupe, K.-P., Schrenker, H.: Chromatographia *5*, 44 (1972).
3. Orlita, F., Kaiser, R.: Chemiker-Ztg. *95*, 84 (1971).
4. Waters Assoc.: Chromatography Notes, Vol.2, No.1 (Feb. 1972).
5. Karger, B.L., Berry, L.V.: Anal. Chem. *44*, 93 (1972).
6. Halász, I., Kroneisen, A., Gerlach, H.O., Walkling, P.: Z. Anal. Chem. *234*, 81 (1968).
7. Deininger, G., Halász, I.: J. Chromatogr. *60*, 65 (1971).
8. Pearce, B., Thomas, W.L.: Anal. Chem. *44*, 1107 (1972).
9. Ecker, E.: Chemiker-Ztg. *95*, 511 (1971).
10. Karger, B.L., Conroe, K., Engelhardt, H.: J. Chromatogr. Sci. *8*, 242 (1970).

10a. Halász, I., Naefe, M.: Anal. Chem. *44*, 76 (1972).

11. Schneider, H., Rössler, G., Halász, I.: Chromatographia *6*, 237 (1973).

12. Halász, I.: Vortrag Toronto 1973.

13. Boehme, W.: Diplom-Arbeit Saarbrücken 1973.

14. Kirkland, J.J.: J. Chromatogr. Sci. *10*, 593 (1972).

15. Kirkland, J.J., in: Perry, S.G. (Ed.): Gas Chromatography 1972. S.39 ff. Barking, Essex, England: Applied Science Publ. 1973.

16. Majors, R.E.: Anal. Chem. *44*, 1722 (1972).

17. Strubert, W.: Chromatographia *6*, 50 (1973).

18. Wiedemann, H.: Dissertation Saarbrücken 1973.

19. Berry, L.V., Karger, B.L.: Anal. Chem. *45*, 819 A (1973).

20. Scott, R.P.W., Kucera, P.: J. Chromatogr. Sci. *11*, 83 (1973).

21. Snyder, L.R.: Chromatographic Rev. *7*, 1 (1965).

22. Aßhauer, J., Halász, I.: J. Chromatogr. Sci. *12*, 139 (1974).

23. Halász, I.: Z. Anal. Chem. *277*, 257 (1975).

24. Engelhardt, H., Elgass, H.: J. Chromatogr. *112*, 415 (1975).

25. Halász, I., Schmidt, H., Vogtel, P.: J. Chromatogr. *126*, 19 (1976).

Kapitel IV

Detektoren

Durch den Detektor wird am Säulenende der Eluentenstrom kontinuierlich auf seine Zusammensetzung hin überwacht. Leider gibt es für die Flüssigkeits-Chromatographie noch keinen allgemein anwendbaren Detektor. Die physikalisch-chemischen Eigenschaften der mobilen Phase unterscheiden sich nur sehr wenig von denen der Probensubstanzen, so daß entweder nur sehr spezifische Detektoren (z.B. UV-Detektoren) verwendet werden können, oder sehr geringe Unterschiede der Gesamteigenschaften im Differenzverfahren gemessen werden müssen (Differentialrefraktometer). Der geeignete Detektor muß für eine gegebene Proben-Eluenten-Kombination jedesmal neu ausgewählt werden. Aus diesem Grunde sollten für jedes Gerät zumindest zwei verschiedene Detektoren vorhanden sein. Einer von ihnen sollte aus der Gruppe der Detektoren sein, mit denen die Gesamteigenschaften des Elutionsmittels im Differenzverfahren gemessen werden (z.B. Refraktometer, Dielektrizitätskonstante), und einer sollte sehr spezifisch die untersuchten Substanzen anzeigen (wobei man hier hinsichtlich der Auswahl der mobilen Phase gewissen Beschränkungen ausgesetzt ist). Zur Gruppe der spezifischen Detektoren zählen die UV-Detektoren sowie polarographische und Radioaktivität messende Detektoren.

Der UV-Detektor und das Differentialrefraktometer sind die beiden heute in der Flüssigkeits-Chromatographie am häufigsten benutzten Detektoren. Die UV-Detektoren sind bei Proben mit genügend großem Absorptionskoeffizienten und der entsprechenden Wellenlänge die empfindlichsten Detektoren, allerdings ist man bei ihnen nicht mehr frei mit der Auswahl des Eluenten. Der Eluent muß bei der Wellenlänge des Detektors vollkommen UV-durchlässig sein. Differentialrefraktometer sind sehr empfindlich gegen Temperatur- und Druckschwankungen. Beide Detektoren-Typen zeigen die Konzentration der Probe im Eluenten an.

Zur Charakterisierung und Beschreibung der Detektoren werden folgende Gesichtspunkte herangezogen:

Der *Rauschpegel* beeinflußt die untere Nachweisgrenze. Ein Peak ist im Chromatogramm nur dann als solcher zu erkennen, wenn er mindestens doppelt so groß ist wie der höchste Rauschpeak. Neben rein elektrischem Rauschen können Luftblasen oder Verunreinigungen im Eluenten die Ursache für das Rauschen sein.

Ein *Driften* der Nullinie ist unerwünscht. Die Ursache ist meistens eine langsame Änderung der Umgebungstemperatur, der Strömungsgeschwindigkeit oder ein Auswaschen der stationären Phase aus der Trennsäule.

Bei der *Empfindlichkeit* muß man zwei Arten unterscheiden, einmal die absolute Empfindlichkeit des Detektors, abhängig vom Rauschen, der Konstruktion und der verwendeten Meßmethode, und die relative Empfindlichkeit, die angibt, welche Menge einer bestimmten Substanz unter chromatographischen Bedingungen noch nachweisbar ist. Daneben gibt es einige weitere Faktoren zu beachten, die Bandenverbreiterung im Detektor, die Abhängigkeit der Anzeige von äußeren Parametern und die Einfachheit der Bedienung. Für quantitative Analyse spielt die Linearität der Anzeige eine wichtige Rolle. Leider ist nicht bei allen Detektoren die Anzeige im Bereich der Verwendbarkeit vollkommen linear.

Verwendet man mehrere Detektoren, so ist es vorteilhaft, sie hintereinander zu schalten, wobei die Aneinanderreihung nach zunehmendem Totvolumen erfolgen sollte. Die Druckstabilität der Meßzelle muß jedoch ebenfalls berücksichtigt werden, da an einigen Detektoren (z.B. am Wärmeaustauscher des Differentialrefraktometers) vor allem bei höheren Strömungsgeschwindigkeiten ein merklicher Druckabfall entstehen kann.

A. UV-Detektoren

Wegen ihrer relativ geringen Anfälligkeit gegenüber Schwankungen der Temperatur und der Strömungsgeschwindigkeit werden UV-Detektoren sehr häufig benutzt. Die meisten dieser Geräte arbeiten mit nur einer Wellenlänge, nämlich der intensivsten Bande eines Quecksilber-Niederdruckbrenners bei 253,7 nm. Bei einigen Geräten kann durch Einbringen eines Fluoreszenzstabes noch eine Bande bei 280 nm angeregt werden. Die meisten Geräte sind so ausgerüstet, daß nur bei einer dieser Wellenlängen alternativ gemessen werden kann. Einige wenige Geräte erlauben das gleichzeitige Arbeiten bei verschiedenen Wellenlängen.

Prinzipiell ist auch die Verwendung von Photometern bzw. Spektralphotometern möglich, bei denen bei jeder beliebigen Wellenlänge gemessen werden kann. Eine besonders gute Auflösung ist nicht erforderlich. Bandbreiten von 10 - 20 nm sind durchaus genügend. Auch registrierende Zweistrahl-Spektralphotometer können verwendet werden [19], falls es möglich ist, ohne allzu große Erhöhung des Rauschens die Strahlen auf eine Blendenöffnung von etwa 1 mm Durchmesser zu begrenzen. Genügt das Gerät diesen Anforderungen, dann hat man die Möglichkeit, beim Durchtritt einer Substanzzone durch die Meßzelle den Eluentenstrom kurzzeitig zu stoppen und das UV-Spektrum der Substanz aufzunehmen. Eine solche Unterbrechung gibt kaum eine zusätzliche Bandenverbreiterung, da, wie bereits erwähnt, die Diffusion sehr gering ist. Optimal ist bei dieser Anordnung die Verwendung zweier Schreiber. Mit dem einen wird das übliche Chromatogramm registriert (Abhängigkeit der Extinktion von der Zeit bei konstanter Wellenlänge), während mit dem zweiten Schreiber bei unterbrochenem Eluentenstrom das Spektrum aufgenommen wird (Abhängigkeit der Extinktion von der Wellenlänge). Schnellregistrierende Spektralphotometer, die es erlauben, alle 20 Sekunden den gesamten Spektralbereich zu überstreichen, wurden ebenfalls als Detektoren verwendet [50,51]. Es ist allerdings fraglich, ob sich der Aufwand [51] als solcher lohnt, da die Identifizierungsmöglichkeiten mittels UV-Spektren begrenzt sind.

Die verwendeten Zellen sollen eine optische Weglänge von 5 - 10 mm bei recht kleinem Zellenvolumen aufweisen. Daher muß auch die Lichtdurchtrittsöffnung (Bohrung) klein (~ 1 mm) sein. Eine Anordnung zeigt Abb.IV.1. Die Zelle wird Z-förmig durchströmt. Wichtig ist, daß es in der Meßzelle keine Bereiche gibt, die nicht durchströmt werden. Die Zelle soll schnell wieder leergespült werden. Bei hohen Strömungsgeschwindigkeiten dürfen andererseits in der Zelle keine Turbulenzen auftreten. Das Rauschen sollte unabhängig von der Eluentengeschwindigkeit sein. Bei 10 mm Schichtdicke ist bei den meisten UV-Detektoren das Zellenvolumen kleiner als 10 µl (~ 8 µl). - Eine H-förmige Zelle wurde beschrieben [1].

An Geräten können sowohl Einstrahlgeräte als auch solche mit Referenzzelle verwendet werden. Die Referenzzelle muß aber nicht unbedingt gefüllt sein oder kontinuierlich durchströmt werden. Luftblasenfreie, mit der mobilen Phase gefüllte Referenzzellen erleichtern jedoch den Abgleich, vor allem dann, wenn der Eluent bei der verwendeten Wellenlänge bereits eine geringe Eigenabsorption zeigt. Eine Kompensa-

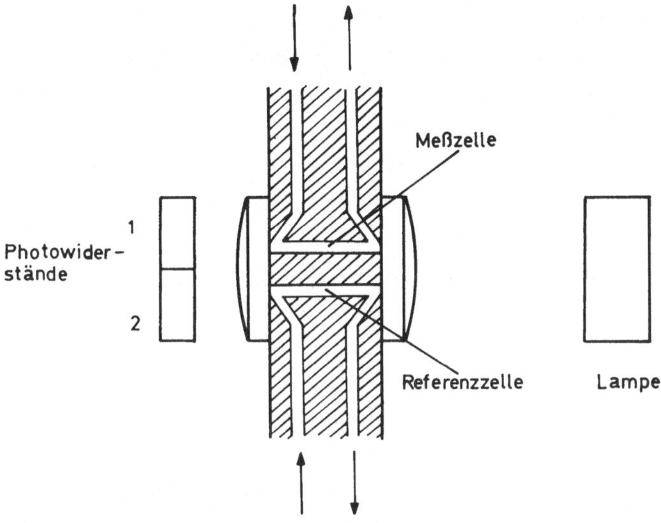

Abb.IV.1. Schematische Darstellung einer UV-Detektor-Zelle für die Flüssigkeits-Chromatographie.

tion von Lösungsmittelveränderungen des Eluentenstromes mit einem stetigen Referenzstrom gleicher Zusammensetzung ist nur schlecht möglich, da ein genauer Abgleich beider Ströme (auch bei Verwendung einer Referenzsäule) kaum glückt.

Der Nachteil der UV-Detektoren liegt in ihrer Spezifität. Es können nur solche Moleküle nachgewiesen werden, die im UV-Gebiet in der Nähe der Wellenlänge des Detektors absorbieren. Wegen der großen Empfindlichkeit der Detektoren muß nicht unbedingt am Absorptionsmaximum gemessen werden. Auch auf der Flanke der Bande erhält man noch eine ausreichende Empfindlichkeit. Mit einem Detektor mit der Wellenlänge 254 nm können alle Verbindungen, die einen aromatischen Ring im Molekül enthalten, nachgewiesen werden. Auch die meisten Ketone und Aldehyde, deren Absorptionsbande bis in dieses Gebiet reicht, sind damit nachweisbar. Kondensierte Aromaten, deren Hauptabsorption zu größeren Wellenlängen hin verschoben ist, zeigen in diesem Gebiet noch genügend Absorption und können mit ausreichender Empfindlichkeit registriert werden.

Spektrenkataloge oder Lehrbücher über UV-Spektroskopie geben Auskunft darüber, wo die zu messende Substanz ein Absorptionsmaximum besitzt und wie groß die molare Extinktion ist. Sie sollten stets zu Rate gezogen werden.

Auch bei der Auswahl der mobilen Phase bestehen Grenzen. In Abb.IV.2 sind die Durchlässigkeitsgrenzen der wichtigsten mobilen Phasen schematisch dargestellt. Die Angaben beziehen sich auf gereinigte Lösungsmittel. Bei einfachen Handelsprodukten ist die Durchlässigkeitsgrenze durch Verunreinigungen zu längeren Wellenlängen verschoben. Empfehlenswert sind Lösungsmittel "für Spektroskopie".

Die Empfindlichkeit der UV-Detektoren hängt sehr von den molaren Extinktionskoeffizienten der Probensubstanzen ab. Dieser Koeffizient kann im Bereich der verwendeten Wellenlängen (254 bzw. 280 nm) variieren zwischen etwa 20 für gesättigte Carbonylverbindungen und einigen 10 000 für Aromaten, Heterocyclen etc. Das Rauschen der UV-Detektoren liegt bei fast allen Geräten bei etwa 10^{-4} Extinktionseinheiten. Neuentwickelte UV-Detektoren haben noch ein geringeres Rauschen um 10^{-5} Extinktionseinheiten. Aus dem Lambert-Beer'schen Gesetz lassen sich die Mindestkonzentrationen berechnen, die mit dem Detektor gerade noch nachzuweisen sind, wenn die Bande doppelt so groß sein soll wie der Rauschpegel.

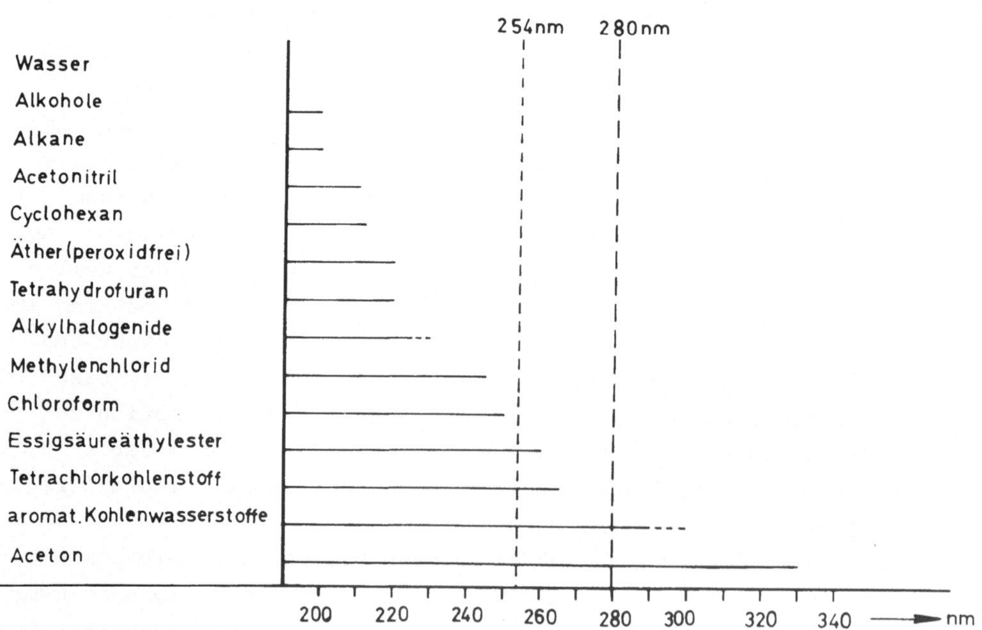

Abb.IV.2. Durchlässigkeit der wichtigsten Eluenten bei Verwendung von UV-Detektoren.

Tabelle IV.1. Theoretische Nachweisgrenzen bei UV-Detektoren.

Substanz	ε (2)	Nachweisgrenze (bei Rauschen v. $2 \cdot 10^{-4}$ EE) (g/ml)		Absolutmenge in 8 µl Zellvolumen[a] (g)
gesätt. Carbonyl-Verb. Mol.-Gew. 100	20	$2 \cdot 10^{-6}$	2 ppm	$1{,}6 \cdot 10^{-8}$
Benzol	200	$1{,}5 \cdot 10^{-7}$	0,1 ppm	$1{,}2 \cdot 10^{-9}$
Benzaldehyd	11 000	$3{,}8 \cdot 10^{-9}$	4 ppb	$3 \cdot 10^{-11}$
Anthracen	220 000	$3{,}5 \cdot 10^{-10}$	0,3 ppb	$2{,}8 \cdot 10^{-12}$

[a] Hier wird die Dichte des Eluenten willkürlich 1 g/ml gesetzt.

Tab.IV.1 enthält der Literatur [2] entnommene Extinktionskoeffizienten. Die Werte in der letzten Spalte geben an, welche Menge gerade noch nachzuweisen ist, wenn sie sich in einem Volumen von 8 µl gelöst in der Detektorzelle (Schichtdicke 1 cm) befindet. Bei einem chromatographischen Peak ist die Probenmenge am Ende der Säule jedoch in einem weitaus größeren Volumen verteilt, da während des chromatographischen Prozesses eine Verdünnung stattfindet. Das Volumen dürfte (abhängig vom k'-Wert und der Säulenpackung) zwischen 10 und 1000 µl betragen, eventuell kann es sogar noch größer sein. Bei der Probenaufgabe muß also mindestens die zehn- bis hundertfache Menge der in Tab.IV.1 angegebenen Mengen aufgegeben werden, um ein wahrnehmbares Signal zu erhalten.

Ein UV-Detektor ist ein sehr empfindlicher und ein sehr selektiver Detektor. So ist er auch für die Gradient-Elution nur dann verwendbar, wenn man Elutionsmittel verwendet, die keine UV-Absorption im Gebiet der verwendeten Wellenlängen besitzen. Aber selbst dann kann eine Drift der Nullinie auftreten, da in diesem Fall bei einer gegebenen Zellenkonstruktion häufig Änderungen der Brechungsindices mitbestimmt werden. Durch geeignete Zellenkonstruktion und durch optische Methoden kann diese Anzeige des Brechungsindexes unterdrückt werden. - Bei der Ionenaustausch-Chromatographie können der pH-Wert und die Ionenstärke variiert werden, wenn die verwendeten Ionen nicht im UV-Gebiet absorbieren.

B. Differential-Refraktometer

Beim Differential-Refraktometer wird der Gesamtbrechungsindex des Systems Probe-Eluent bestimmt. Um eine empfindliche Anzeige zu erhalten, muß der Brechungsindex der mobilen Phase im Differenzverfahren kompensiert werden. Angezeigt werden alle Substanzen, deren Brechungsindex von dem des Eluenten ausreichend verschieden ist. Das Differential-Refraktometer ist demnach viel universeller anwendbar als der UV-Detektor. Diese Vielseitigkeit bringt allerdings auch Nachteile. So zeigen die Geräte selbstverständlich *jede* Änderung der Eluentenzusammensetzung an und sind daher für die Gradient-Elution nicht zu gebrauchen, es sei denn, die Lösungsmittel sind so ausgewählt, daß sie in ihrem Brechungsindex übereinstimmen. Ein weiterer Nachteil ist die starke Temperaturabhängigkeit des Brechungsindexes, die bei ungefähr 10^{-4} Brechungsindexeinheiten (BIE) pro $1^{o}C$ liegt. Um genügend große Empfindlichkeiten (10^{-7} BIE) zu erhalten, muß die Temperatur des Eluenten und der beiden Meßzellen deshalb auf etwa ± $0{,}001^{o}C$ konstant gehalten werden [3]. Also braucht man wirksame Wärmeaustauscher und hohe Wärmekapazität (z.B. Metallblock), die geringfügige Temperaturschwankungen puffert. Die Anzeige der Differential-Refraktometer wird auch durch Schwankungen der Strömungsgeschwindigkeit gestört. Bei pulsierend fördernden Pumpen wird also eine sehr gute Dämpfung notwendig.

Die Geräte des Handels arbeiten mit zwei prinzipiell verschiedenen Meßanordnungen:

1. Fresnel-Refraktometer

Die Grundlage für diese Refraktometer ist das Fresnelsche Reflektionsgesetz, das besagt, daß die Menge des Lichtes, das an einer Phasengrenzfläche reflektiert wird, abhängig ist vom Einfallswinkel ($90 - \alpha$) und vom Brechungsindex der beiden die Phasengrenze bildenden Medien.

Eine schematische Meßanordnung zeigt Abb.IV.3. Meß- und Referenzzelle werden von der gleichen Lampe (B) beleuchtet. An der Grenzfläche zwischen Flüssigkeit (F) und Prismenoberfläche wird ein Teil des einfallenden Lichtes (R) reflektiert. Dieser Anteil wird nicht zur Messung herangezogen. Der andere Anteil des Lichtes durchdringt die Flüssigkeitsschicht und wird von der rückwärtigen Stahlplatte (S), die beide Zellen begrenzt und als Wärmeaustauscher dient, diffus zurückgestreut. Diese Lichtanteile fallen über ein optisches System auf für jede Zelle getrennte Photowiderstände (D). Ändert sich der Brechungsindex der die Meßzelle durchströmenden Flüssigkeit gegenüber dem der Flüssigkeit in der Referenzzelle, so stellt sich

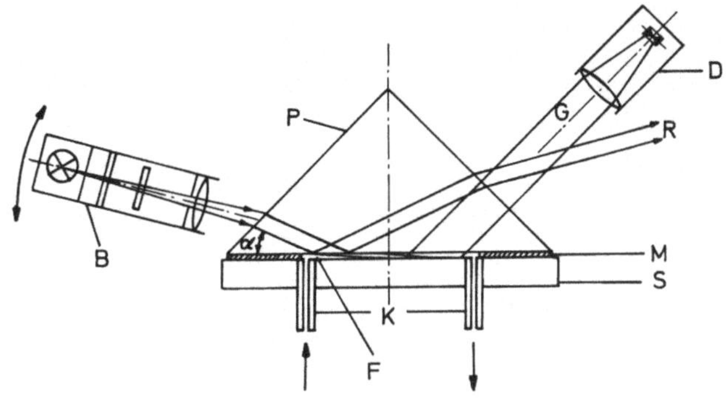

Abb.IV.3. Schematische Darstellung eines Refraktometers nach dem Fresnel-Prinzip (Erläuterungen im Text).

eine Helligkeitsdifferenz zwischen den beiden aus Meß- und Referenzzelle zurückgestreuten Lichtanteilen ein. Die Differenz der Widerstandswerte der beiden Photowiderstände wird dann registriert. Das Volumen der beiden Zellen zwischen Prisma (P) und Stahlplatte (durch eine Teflonmaske (M) abgegrenzt) kann sehr klein (~5 µl) gehalten werden.

Der Nachteil dieser Meßanordnung liegt darin, daß es nicht möglich ist, den gesamten Brechungsindexbereich der in der Flüssigkeits-Chromatographie verwendeten Lösungsmittel mit einem Prisma zu erfassen. Zu diesen Geräten werden deshalb Prismen für die Bereiche 1,31 - 1,44 und 1,40 - 1,55 angeboten. Leider ist es auch schwierig, genügende Temperaturkonstanz zwischen Eluent und Meßanordnung, vor allem bei höheren Strömungsgeschwindigkeiten (> 1 ml/min), herzustellen. Die Thermostatisierung der Stahlplatte allein ist nicht ausreichend.

Die Nachweisgrenze der Fresnel-Refraktometer liegt optimal bei $\pm\ 4\cdot 10^{-7}$ BIE, d.h. unter optimalen Bedingungen, z.B. Anilin in Hexan, können noch ca. $2\cdot 10^{-6}$ g/g (entsprechend 2 ppm) nachgewiesen werden.

2. Ablenkungs-Refraktometer

Wird ein Lichtstrahl durch eine Zelle geführt, die mit zwei Flüssigkeiten mit unterschiedlichem Brechungsindex gefüllt ist, so ist die Ablenkung des Lichtstrahls der Differenz der Brechungsindices proportional.

Abb.IV.4 zeigt eine schematische Darstellung dieses Refraktometertyps. Der Lichtstrahl der Lampe (A) wird durch eine Maske (B) begrenzt, durch eine Linse (C) fokussiert und trifft auf die Zelle, die zur Hälfte mit der Referenzflüssigkeit und zur anderen Hälfte mit dem Säuleneluat gefüllt ist. Der Strahl wird abgelenkt, vom Spiegel reflektiert und geht erneut durch die Zelle, wird wiederum abgelenkt und

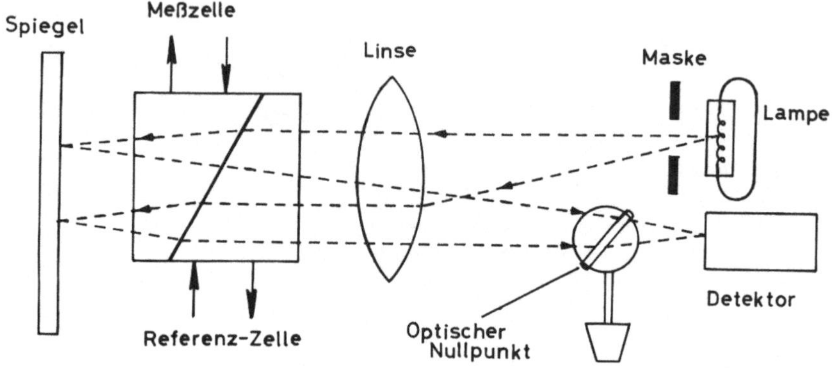

Abb.IV.4. Schematische Darstellung eines Ablenkungs-Refraktometers.

trifft auf den Detektor, einen Photowiderstand. Ist in den beiden Zellen Flüssigkeit mit gleichem Brechungsindex, so trifft der Strahl genau auf den schmalen Spalt des Detektors. Ändert sich der Brechungsindex in der Meßzelle, so wird der Strahl anders gebrochen und trifft nicht mehr genau auf den Detektor. Dadurch erhält man einen schwächeren Photostrom. (Zu Beginn der Messungen wird der Strahl mit einer drehbaren Glasplatte (D) zum Ausgleich der unterschiedlichen Brechungsindices fixiert.)

Mit dieser Meßanordnung können alle auftretenden Brechungsindices gemessen werden; ein Auswechseln der Zelle erübrigt sich. Die Zelle und die gesamte optische Einrichtung lassen sich bequem thermostatisieren. Am besten installiert man alles in einem Metallblock, in dem auch die Wärmeaustauscher untergebracht werden [3]. Die Meßzelle ist doppelt so groß wie bei den Fresnel-Typ-Refraktometern (10 µl). Die Empfindlichkeit der Ablenkungs-Refraktometer ist größer als bei den oben beschriebenen Refraktometern [4]. Unter optimalen Bedingungen beträgt das Rauschen weniger als $3 \cdot 10^{-8}$ BIE [3]. Für das Beispiel Anilin in n-Hexan ergibt sich eine theoretische Nachweisgrenze von etwa 10^{-7} g/g, entsprechend 0,1 ppm. Chromatographisch können Konzentrationen im ppm-Bereich ohne weiteres nachgewiesen werden. Immer bleibt indessen zu bedenken, daß am Säulenende die Konzentration der Probe stets wesentlich geringer ist als bei der Aufgabe! Die Verdünnung ist um so größer, je stärker die Probe in der Säule zurückgehalten wird (d.h. je größer der k'-Wert ist), je größer die Bodenhöhen in der Säule sind und je länger die Trennsäule selbst ist. Bei etwa gleicher Bodenhöhe für beide Substanzen konnten mit einem Ablenkungs-Refraktometer von einer Probe (Aldrin) mit k' = 0,2 noch 0,4 µg nachgewiesen werden. Im gleichen Chromatogramm konnten von einer zweiten Substanz (Endrin) mit k' = 9,2 gerade noch 2,2 µg, bei einem Zellenvolumen von 10 µl, nachgewiesen werden [4].

Der Vergleich dieser Werte und der Werte aus Tab.IV.1 zeigt, daß die UV-Detektoren bei der Trennung von Verbindungen mit einem Extinktionskoeffizienten $\varepsilon > 10^2$ meistens empfindlicher als die üblichen Differential-Refraktometer sind. Die Refraktometer zeigen jedoch *alle* Komponenten an, deren Brechungsindex von dem des Eluenten variiert, während zur Anzeige im UV-Detektor ein Chromophor im Molekül vorhanden sein muß.

Tab.IV.2 führt die wichtigsten Eluenten mit ihren Brechungsindices auf. Chromatographisch gleichwertige Lösungsmittel, z.B. Pentan-Hexan-Heptan, oder Chloroform und Methylenchlorid, unterscheiden sich durchaus in ihren Brechungsindices, so daß die Nachweisempfindlichkeit in kritischen Fällen durch Variation des Eluenten verbessert werden kann.

Tabelle IV.2. Brechungsindices der wichtigsten Eluenten bei 20°C [5].

Aceton	1,3588	
Acetonitril	1,3441	
Äthanol	1,3611	
Äthylbromid	1,4239	
Benzol	1,5011	
Chloroform	1,4433	bei 25°C
Cyclohexan	1,4266	bei 19,5°C
Diäthyläther	1,3526	
Di-isopropyläther	1,3679	
Dioxan	1,4224	
Essigsäureäthylester	1,3701	bei 25°C
Essigsäuremethylester	1,3617	
Heptan	1,38764	
Hexan	1,37486	
Methanol	1,3288	
Methylenchlorid	1,3348	bei 15°C
Pentan	1,3579	
i-Propylchlorid	1,3781	
n-Propylchlorid	1,3886	
Tetrachlorkohlenstoff	1,4664	
Tetrahydrofuran	1,4076	bei 21°C
Toluol	1,4961	
Wasser	1,3330	

Daneben wurden für die Anwendung in der HPLC noch andere Refraktometer beschrieben. Ein Detektor verwendet den Christiansen-Effekt zur Bestimmung von Änderungen des Brechungsindexes. In die Detektorzelle ist hier eine feste Substanz (z.B. Glas) gepackt, die den gleichen Brechungsindex besitzt wie die verwendete mobile Phase. Solange der Brechungsindex von Festkörper und Eluent gleich groß ist, erscheint die Zelle vollkommen lichtdurchlässig. Ändert sich, z.B. bei der Elution einer Probe, der Brechungsindex des Eluenten, so ändert sich auch die Lichtdurchlässigkeit der Zelle. Diese Änderung kann mit einer Photozelle gemessen werden. Die Empfindlichkeit dieser Anordnung soll in der gleichen Größenordnung sein wie die anderer Refraktometer. Ob allerdings für jedes Lösungsmittel bzw. -gemisch geeignete Festkörper mit entsprechenden Brechungsindices zur Verfügung stehen, läßt sich augenblicklich nicht feststellen.

Auch mit Interferometern können die Änderungen des Brechungsindex im Eluat bestimmt werden. Wegen der hohen Anforderungen, die dabei an den optischen Teil des Gerätes gestellt werden, sind derartige Geräte teuer.

C. Mikro-Adsorptionsdetektor

Als Grundlage der Messung dient die beim Durchtritt einer Substanzzone in der stationären Phase auftretende Sorptionswärme [6]. Da nach der Sorption stets die Desorption der Probe folgt, wobei aus dem Eluenten Wärme aufgenommen wird, folgt bei der Messung unmittelbar nach dem positiven Ausschlag ein im Idealfall gleich großer negativer Ausschlag. Theoretisch erhält man eine differenzierte Gauß-Kurve. Dieser Detektor-Typ ist in der Lage, alle Stoffe anzuzeigen. Leider ist er aber bis jetzt immer noch mit einigen systematischen Fehlern behaftet. Ein wesentlicher Mangel liegt im nicht-symmetrischen Signal; das Desorptionssignal ist weniger scharf als das Adsorptionssignal. Häufig ist auch die Fläche unterhalb des Desorptionssignals kleiner. Bei der elektronischen Integration erhält man daher keine Gauß-Kurve; ein S-förmiges Signal macht die Identifizierung nahe benachbarter Peaks unmöglich. Die genaue Bestimmung der Retentionszeiten (Elution des Massenschwerpunktes) ist kaum möglich. Die Peakhöhe des Adsorptionspeaks ist wohl eine Funktion der Probenmenge, doch ändert sich die

Signalhöhe sehr leicht durch Verschmutzung oder Desaktivierung der geringen Menge Adsorbens in der Meßzelle.

Darüber hinaus ist der Mikro-Adsorptionsdetektor gegen Schwankungen der Strömungsgeschwindigkeit empfindlich und zeigt sogar die Pulsationen schlecht gedämpfter Kolbenpumpen an.

Die Meßanordnung ist dafür sehr einfach. Die Thermistoren können am Säulenende angebracht werden und ein Totvolumen gibt es kaum. Temperaturschwankungen können dabei leider schlecht kompensiert werden, weshalb man eine getrennte Anordnung vorzieht: Unmittelbar nach dem im Adsorbens eingebetteten Thermistor wird in den Eluentenstrom ein zweiter eingebaut, der nur von Glaskugeln umgeben ist und der die Temperaturschwankungen des Eluenten und der Umgebungstemperatur kompensiert. Auch bei dieser Anordnung ist das Totvolumen minimal. Selbstverständlich muß die Anordnung auf mindestens $\pm$ 0,003 ^{o}C thermostatisiert werden. Geschieht das nicht, so ist zwischen Säule und Detektor ein Wärmeaustauscher einzubauen. Temperaturänderungen von 10^{-4} ^{o}C können mit der Meßanordnung noch bestimmt werden. Ein derartiges Gerät ist zur Zeit nicht mehr im Handel erhältlich.

D. Transport-Detektor (Flammenionisationsdetektor)

Bei diesem Detektor wird vor dem Nachweis der Probe das flüchtige Elutionsmittel entfernt. Zu diesem Zwecke wird die Probe auf eine Transportvorrichtung (Kette, Netz, Spirale oder Draht) aufgegeben. Nachdem das Elutionsmittel abgedampft ist, wird die nicht-flüchtige Probe in einen Flammenionisationsdetektor geführt. Der enorme Vorteil des Systems liegt darin, daß im Idealfall nur die Anzeige der Probe erfolgt. Die Anzeige ist daher von der Art der chromatographischen Entwicklung unabhängig. Die chemischen Eigenschaften, die Temperatur, die Pulsationen der mobilen Phase haben auf den Nachweis der Probe keinen Einfluß. Eine Bedingung müssen allerdings sowohl Eluent wie Probe erfüllen: Ihre Flüchtigkeiten müssen sehr unterschiedlich sein, damit beim Verdampfen des Eluenten von der Probe ein genügender Rest auf dem Transportsystem zurückbleibt.

Eine schematische Darstellung [8] zeigt Abb.IV.5. Der Edelstahldraht wird im Luftstrom bei hoher Temperatur oxidativ gereinigt und an der Oberfläche oxidiert. Dadurch erhält man eine sehr gleichmäßige Belegung des Drahtes auch mit Eluenten hoher Oberflächenspannung. Anschließend wird der Draht durch den Elutionsmittelstrom

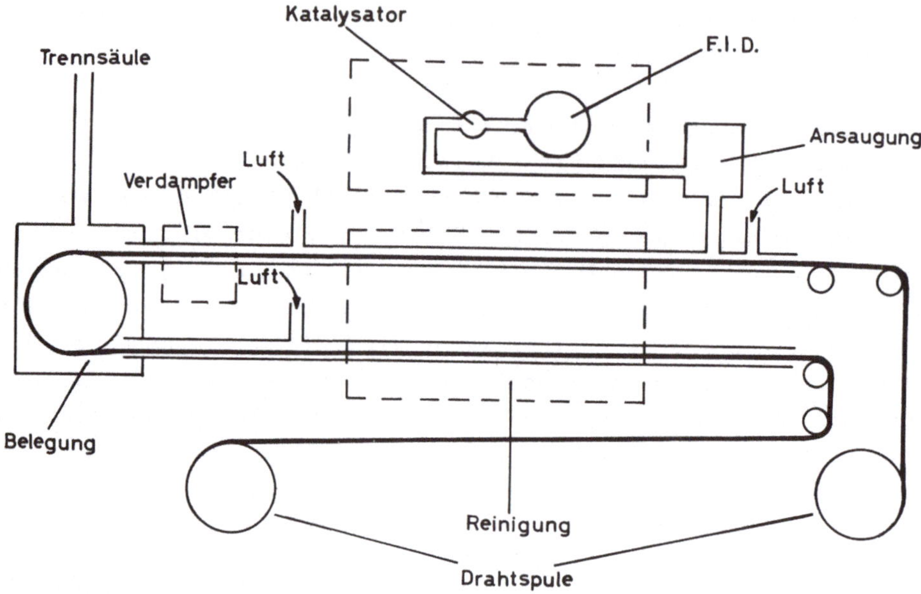

Abb.IV.5. Schematische Darstellung des Drahtdetektors (Erläuterungen im Text).

gezogen und mit Probe und Eluent belegt. In einem Verdampfungsofen mit exakt einstellbarer Temperatur wird das Elutionsmittel verdampft und mit Luft weggespült. Die Probe wird dann auf dem Draht in einen Oxidationsofen transportiert und bei 600 bis 800°C im Luftstrom verbrannt. Die Verbrennungsgase werden mit einer Art Wasserstrahlpumpe, betrieben mit Wasserstoff ("Molekular-Entrainer") aus dem Verbrennungsofen herausgesaugt und nach katalytischer Umwandlung in Methan in einem Flammenionisationsdetektor (FID) nachgewiesen. Der Umweg über Verbrennung und Umwandlung in Methan hat gegenüber dem ursprünglichen Pyrolysesystem Vorteile, da die Verbrennung vieler organischer Stoffe einheitlicher und reproduzierbarer abläuft als ihre Pyrolyse. Der Spezialdraht, der in Längen von 10 km mit 0,12 mm Dicke verwendet wird, muß natürlich mit konstanter Geschwindigkeit transportiert werden.

Die Empfindlichkeit ist, verglichen mit der des FID in der Gas-Chromatographie, nicht sehr groß, liegt aber im gleichen Konzentrationsbereich wie bei fast allen flüssig-chromatographischen Detektoren, nämlich bei 1 bis 3 µg/ml (etwa 1 ppm). Verglichen mit der geringen Probenmenge, die auf dem Draht haften bleibt, ist diese Empfindlichkeit ausgezeichnet. Nicht zu übersehen ist, daß ein Teil der Probe beim Verdampfen des Lösungsmittels verlorengeht. Dabei können Flüchtigkeitsunterschiede der Probenkomponenten das quantitative Ergebnis verfälschen. Außerdem gelangen nicht alle Verbrennungsgase zum FID. Dieser Detektor wäre für die HPLC ideal, da hiermit ausschließlich die Eigenschaften der Probe, unabhängig vom Eluenten, bestimmt werden könnten und damit Trennungen mit Gradient-Elution ohne weitere Überlegungen möglich wären.

E. Fluoreszenz-Detektor

Mit einem Fluoreszenz-Detektor können Substanzen im Eluenten nachgewiesen werden, die durch Bestrahlung, meistens im nahen UV-Gebiet, zur Fluoreszenz angeregt werden und ihre Strahlung im sichtbaren Gebiet aussenden. Die Anregungswellenlängen sind entweder durch die verwendete Lampe (z.B. Quecksilber-Mittel- oder -Hochdruckbrenner) vorgegeben oder können durch einen Monochromator beliebig eingestellt werden. Gemessen wird in den meisten Fällen senkrecht zur Anregungsrichtung. Gestreutes Licht von der Anregungswellenlänge muß durch geeignete Filter abgeblendet werden.

Der Fluoreszenz-Detektor ist sehr spezifisch, und bei seiner Anwendung müssen noch mehr Vorsichtsmaßnahmen getroffen werden als z.B. bei UV-Detektoren. So kann z.B. die Fluoreszenz durch nicht sichtbare Begleitstoffe gelöscht bzw. unterdrückt werden. Auch manche Lösungsmittel (z.B. sauerstoffhaltige Verbindungen) löschen die Fluoreszenz und können daher nicht verwendet werden. Selbstverständlich können Eluenten, die im Bereich der Anregungsstrahlen absorbieren, ebenfalls nicht verwendet werden.

Die Empfindlichkeit der Fluoreszenz-Detektoren ist in vielen Fällen größer als die der UV-Detektoren. Von Chininsulfat, einem beliebten Standard bei Fluoreszenzmessungen, können noch 10^{-9} g/ml = 1 ppb nachgewiesen werden. Der Linearitätsbereich der Anzeige bei Fluoreszenz-Detektoren ist größer als bei UV-Detektoren und geht über fünf Größenordnungen.

Viele Substanzklassen lassen sich in fluoreszierende Derivate überführen, wobei sich die Nachweisempfindlichkeit wesentlich erhöhen läßt. So können z.B. Aminosäuren, Alkaloide, Katecholamine als Dansyl-Derivate (1-Dimethylaminonaphthalin-8-sulfonsäure) mit dem Fluoreszenz-Detektor bis in den Nanogramm-Bereich nachgewiesen werden [27,28,29]. Die Trennung der Dansyl-Derivate gelingt ohne große Schwierigkeiten, obwohl die Moleküleigenschaften durch die Derivatisierung sehr ähnlich werden (vgl. Abb.VII.9 und VII.10).

F. Andere Detektoren

1. Elektrochemische Detektoren

Auch die Anwendung elektrochemischer Oxidations- bzw. Reduktionsverfahren (polarographische und amperometrische Methoden) zur Detektion von Proben im Eluat wurde beschrieben [9,10,23,30,31,52-58]. Man gibt im allgemeinen eine konstante Spannung vor und bestimmt den zwischen den Elektroden fließenden Strom, der auftritt, wenn eine Probe oxidiert bzw. reduziert wird, als Funktion der Zeit. Die Oxidationsmethode ist praktisch einfacher durchzuführen, da die Eluenten ohne Vorbehandlung (Entfernung des gelösten Sauerstoffs) verwendet werden können. Arbeitet man mit der Reduktionsmethode, so muß der gelöste Sauerstoff aus dem Eluenten entfernt werden. Die Oxidations- bzw. Reduktionsspannung und damit die Nachweismöglichkeit hängt vom Oxidations- bzw. Reduktionspotential des Eluenten ab. Selbstverständlich muß der Eluent eine gewisse Eigenleitfähigkeit besitzen. Für wäßrige Systeme genügen 0,05 m KNO_3. Für organische Eluenten wird Tetraäthylammoniumperchlorat (0,05 m) empfohlen. Mit Wasser und wäßrigen Alkoholen kann man mit einem Potential von 1 Volt (gegenüber S.C.E.) arbeiten. Mit dieser Spannung lassen sich u.a. organische Stickstoffverbindungen (z.B. Amine, Aminosäuren, heterocyclische Stickstoffverbindungen u.ä.), Nitroverbindungen, Phenole, Aldehyde und Ketone nachweisen. Da die Abscheidungsspannung für jede Verbindungsklasse anders ist, kann man durch Variation derselben den Detektor entweder sehr selektiv für eine bestimmte Verbindungsklasse einstellen, oder wenn man diese sehr hoch wählt, werden alle Verbindungsklassen nachgewiesen.

Neben der klassischen Quecksilber-Tropfelektrode [9] werden auch spezielle Elektroden, z.B. kohlenstoffhaltige Silikongummi-Elektroden [10] oder reine Kohlenstoff-Elektroden [30], verwendet. Feststoff-Elektroden müssen von den oxidierten Produkten gereinigt werden. Am elegantesten gelingt dies durch pulsierendes Arbeiten, wobei z.B. neben der positiven Arbeitsspannung kurzzeitig eine negative Reinigungs-(Reduktions-)spannung angelegt wird. Das Aufsprühen des Eluenten auf die Elektrode [30] verstärkt diesen Reinigungsschritt.

Die Nachweis-Empfindlichkeit dieses Detektors hängt stark von der Oxidations- bzw. Reduktionsfähigkeit der Probesubstanzen ab. Die bisher vorliegenden Daten lassen diesen Detektor als vielversprechend erscheinen, da wichtige Substanzen, z.B. Adrenalin und seine Abkömmlinge, im biologisch wichtigen Konzentrationsbereich nachzuweisen sind.

2. Leitfähigkeitsdetektor

Der Leitfähigkeitsdetektor ist in seiner Anzeige sehr spezifisch, da nur Ionen nachgewiesen werden. Dadurch bleibt er allerdings in seiner Anwendung auch auf Wasser und polare Eluenten beschränkt. Mit kommerziellen Geräten kann die Leitfähigkeit sowohl absolut als auch im Differenzverfahren zum reinen Eluenten bestimmt werden, wobei die Genauigkeit bei relativen Messungen größer ist als bei der Bestimmung der absoluten Leitfähigkeit. Um auch in Eluenten mit großer Eigenleitfähigkeit mit ausreichender Empfindlichkeit messen zu können, sind die Geräte mit Nullpunktunterdrückung ausgestattet. Die Messung der Leitfähigkeit selbst wirft einige Probleme auf:

Verwendet man eine Gleichstromquelle, so wird die Leitfähigkeit bei höheren Ionenkonzentrationen durch Polarisationseffekte behindert. Mit einer Wechselstromquelle wird die Polarisation wohl weitgehend unterdrückt, aber mit der gleichen Meßanordnung können auch Änderungen der Dielektrizitätskonstanten gemessen werden. Dadurch wird, vor allem bei geringen Ionenkonzentrationen, die Leitfähigkeitsmessung verdeckt. Geräte mit Wechselstromquelle sollten daher einen Detektor haben, der nur beim Phasenanstieg mißt und die durch die DK bedingte Störung, die beim Phasenabstieg auftritt, unterdrückt.

Das Volumen der Zellen kann sehr klein gehalten werden, es liegt bei etwa 2 µl. Zur automatischen Temperaturkompensation werden die Zellen noch mit einem Thermistor ausgerüstet. Eine gute Temperaturkonstanz sollte gewährleistet sein, da sich die Leitfähigkeit einer Lösung um etwa 2 % pro ^{o}C ändern kann. Günstig ist eine Eichung auf spezifische Leitfähigkeit, da sich dann die Bestimmung von Zellkonstanten erübrigt. Eine solche Eichung muß allerdings bei Verwendung einer anderen Zelle jeweils wiederholt werden. Die Geräte sind sehr empfindlich, man kann noch Leitfähigkeitsunterschiede von $5 \cdot 10^{-4}$ $\mu\Omega^{-1}$ cm^{-1} bestimmen. Solche Änderungen werden in Wasser schon von 5 bis 10 ppb Kochsalz hervorgerufen. In Pufferlösungen ist die Empfindlichkeit in Konzentrationseinheiten ausgedrückt, bedingt durch die Eigenleitfähigkeit natürlich geringer.

Der lineare Bereich liegt zwischen etwa 0,01 bis 100 000 $\mu\Omega^{-1}$ cm^{-1}.

3. Kapazitätsdetektor

Kapazitätsmessungen sind ebenfalls zur Bestimmung der Probenkonzentrationen im Eluenten verwendet worden. Große Veränderungen der DK und damit eine hohe Empfindlichkeit der Anzeige sind dann zu erwarten, wenn sich die DKs von Eluent und Substanz stark unterscheiden. Zur Kompensation des Temperatureinflusses kann mit einer Referenzzelle im Differenzverfahren gemessen werden. Ein spezieller DK-Detektor für die Hochdruck-Flüssigkeits-Chromatographie ist bislang nicht im Handel, doch wurden verschiedene Meßanordnungen beschrieben [11-13] und die theoretischen Möglichkeiten diskutiert [14,15]. Die Zellen sind so zu konstruieren, daß der Elektrodenabstand sehr stabil ist. Trotz der für die beiden Elektroden benötigten relativ großen Oberfläche kann das Zellvolumen sehr gering gehalten werden. Derartige Detektoren sollten, bei gleichem Rauschpegel, empfindlicher sein als Differential-Refraktometer. Unabhängig ist die Empfindlichkeit von der Strömungsgeschwindigkeit. Angaben für die Empfindlichkeit liegen bei 0,9 ppm für Chloroform in Isooctan ($\Delta\varepsilon \sim 3$) [13], bei 0,4 ppm für Aceton in n-Hexan ($\Delta\varepsilon = 19{,}9$) und bei 260 ppm für n-Octan in n-Hexan ($\Delta\varepsilon = 0{,}06$).

4. Radioaktivität

Radioaktivitätsmessungen sind nur dann möglich, wenn ausreichend markierte Verbindungen getrennt werden. Der Nachweis ist sehr spezifisch und wird durch Veränderungen der Eluentenzusammensetzung nicht gestört. Spezielle Scintillationszähler für die Hochdruck-Flüssigkeits-Chromatographie gibt es mit einem Zellvolumen von 200 µl. Jedoch können handelsübliche Geräte mit großem Totvolumen (~ 1 ml) ebenfalls verwendet werden, wenn die durch das Totvolumen hervorgerufene Bandenverbreiterung toleriert werden kann [60]. Bei den beschriebenen Arbeitsweisen wurden die Scintillatoren in direkten Kontakt mit dem Eluenten gebracht [16,17]. U.U. kann der Eluentenstrom gestoppt werden, wenn sich die Hauptmenge der markierten Substanz in der Meßzelle befindet, um so bei sehr schwachen Strahlern die Zählausbeute zu verbessern. Das Elutionsmittel muß selbstverständlich für die Scintillationsstrahlung durchlässig sein. Verunreinigungen, Druck auf die Zelle und eine Änderung der Strömungsgeschwindigkeit sowie Faktoren, die auch die stationär bestimmte Zählausbeute verunsichern, stören die Anzeige der Detektoren.

5. Direkte Kopplung HPLC - Massenspektrometrie

Die direkte Kopplung eines Flüssigkeits-Chromatographen an ein Massenspektrometer wirft bei weitem mehr Probleme auf als die Kopplung eines Gas-Chromatographen an das Massenspektrometer. Zwei grundlegende Merkmale der Flüssigkeits-Chromatographie stellen sich der direkten Kopplung entgegen. Die Menge des Eluenten ist so groß, daß sie von den üblichen Vakuumsystemen der Massenspektrometer nicht bewältigt werden kann. Bei einer Strömungsgeschwindigkeit des Eluenten von 1 ml/min entstehen (bei Normalbedingungen) zwischen 150 und 1200 ml/min Dampf, während für ein modernes MS-Vakuumsystem (unter Normalbedingungen) zwischen 1 ml/min und 20 ml/min bei chemischer Ionisierung maximal zulässig sind. Außerdem liegt das größte Anwendungsgebiet der HPLC auf der Trennung der nicht oder nur schwer flüchtigen Proben. Die unzersetzte Verdampfung der Proben in das Massenspektrometer stellt das zweite Problem dar, ist aber wegen der relativ kurzen Verweilzeit der Probe in der Verdampfungszone einfacher zu lösen.

Mehrere Arten der Kopplung wurden bereits verwendet:

1. Verdampfung von Eluent und Probe bei atmosphärischem Druck und Ionisierung unter diesen Bedingungen [21,22]. Nur ein Bruchteil der Ionen wird durch einen Spalt in das Vakuumsystem gezogen. Massenspektren wurden im Nanogrammgebiet aufgenommen.

2. Aufspaltung des Eluentenstroms, von dem etwa 10 µl/min direkt in die Ionenquelle des Massenspektrometers gelangen und dort verdampfen [25,32]. Wird chemische Ionisierung verwendet, so stört der relativ hohe Lösungsmittelfluß nicht, jedoch muß dann der Eluent den erforderlichen Bedingungen angepaßt werden. Daneben entstehen auch Ionen mit höheren Massenzahlen, als dem Molekulargewicht der Probe entspricht, da an das Molekülion (bzw. auch an seine Bruchstückionen) Eluentenmoleküle (bzw. deren Bruchstücke) angelagert werden können. Die Deutung und Interpretation derartiger Massenspektren gestaltet sich sehr schwierig.

3. Die Verwendung von Anreicherungssystemen, bei denen eine Vortrennung von Eluent und Probe erfolgt, scheint aussichtsreicher zu sein. Am naheliegendsten war, den Transportmechanismus des Drahtdetektors (vgl. Abschn.D) zum Transport der Probe in das Massenspektrometer nach Entfernung des Eluenten zu verwenden [24] bzw. ein Band mit großer Probenaufnahmemöglichkeit zu verwenden [33]. Mit dem Transportmechanismus gelangen etwa nur noch 10^{-7} g/sec Eluent in das Massenspektro-

meter, während von der nichtflüchtigen Probe (z.B. Methylstearat) zwischen 20 und 40 % (bei einer Ausgangsprobenmenge von 10^{-8} g) in das Massenspektrometer transportiert werden [33]. Die Empfindlichkeit bei der Bestimmung des totalen Ionenstroms liegt bei 10^{-6} g/ml, d.h. man hat für die Aufnahme eines Massenspektrums um 1 ng zur Verfügung, eine Menge, die im allgemeinen ausreichend ist. Auch Membrananreicherungssysteme zwischen Säulenausgang und Massenspektrometereinlaß wurden verwendet [34]. Die Felddesorptions-Massenspektrometrie, bei der neben dem Molekülion nur wenige Bruchstückionen entstehen, dürfte bei der Kopplung LC - MS weitere Vorteile bieten [18].

6. Andere Meßmethoden

Neben den oben beschriebenen Meßanordnungen wurden u.a. auch die Änderung der Dichte, der Viskosität, der Wärmeleitfähigkeit, des Dampfdrucks und der Schallgeschwindigkeit zur Bestimmung der Substanzkonzentrationen im Eluenten herangezogen. Auch ein Massendetektor wurde beschrieben, bei dem die nach dem Verdampfen des Eluenten auf einer Mikrowaage zurückbleibende Substanzmenge kontinuierlich bestimmt und registriert wird [20].

Alle derartigen Detektoren (z.B. auch ein Ionisationsdetektor [26]) befinden sich mehr oder weniger am Anfang ihrer Entwicklung, so daß noch nichts Näheres über Anwendbarkeit und Nachweisempfindlichkeit ausgesagt werden kann.

Die Anwendung des Elektron-Capture-Detektors (ECD), der in der gas-chromatographischen Pestizid-Analyse weit verbreitet ist, für den Nachweis halogenhaltiger Substanzen im Eluat der Trennsäule wurde beschrieben [35] und seine Anwendung in der Rückstandsanalyse von Milch diskutiert [36]. Dabei wird das gesamte Eluat der Säule verdampft, mit Spülgas (z.B. Stickstoff) in den ECD geführt und anschließend werden die Dämpfe wieder kondensiert. Selbstverständlich darf der Eluent bzw. seine Verunreinigungen nicht selbst Elektronen-Einfang-Reaktion zeigen. Bis jetzt wurden nur Trennungen mit n-Hexan als Eluent beschrieben, dem maximal bis 5 % aliphatische Alkohole bzw. Äther zugesetzt waren.

Zum Nachweis anorganischer Verbindungen wurde ein Atom-Absorptions-Spektralphotometer ebenfalls mit einem Flüssigkeits-Chromatographen gekoppelt [59].

G. Vergleich der wichtigsten Detektoren; Reaktions-Detektoren

Die wichtigsten Angaben über Detektoren sind in Tab.IV.3 zusammengefaßt. Von den im Handel erhältlichen Detektoren sind nur drei allgemein anwendbar, d.h. sie zeigen mehr oder weniger alle Substanzen an. Leider sind sie nicht gerade die empfindlichsten Detektoren. Sie besitzen darüber hinaus auch eine starke Temperaturabhängigkeit der Anzeige.

Tabelle IV.3

Detektor	Allgemein anwendbar	Physikal. Einheiten	Max. Empfindlichkeit (günstigster Fall)	Temperaturabhängigkeit
UV-Detektor	nein	EE	10^{-10} g/ml	vernachlässigbar
Refraktometer	ja	BIE	10^{-7} g/ml	10^{-4} BIE/°C
Adsorption	ja	°C	10^{-9} g/sec	5.10^{-5} °C
Transportdetektor	ja	A	10^{-7} g/ml	keine
Leitfähigkeit	nein	$\Omega^{-1}cm^{-1}$	10^{-8} g/ml	2 %/°C
Fluoreszenz	nein	EE	10^{-9} g/ml	keine
Kapazität	ja	DK	10^{-7} g/ml	10^{-3}/°C
Polarographie	nein	A	10^{-9} g/ml	1,5 %/°C

Die angegebenen maximalen Empfindlichkeiten sind Firmenmitteilungen entnommen und stellen meist statisch gemessene Werte dar, d.h. die angegebenen Konzentrationen wurden direkt in die Meßzelle gegeben.

Das Zellenvolumen aller Detektoren beträgt zwischen 2 und 10 µl und entspricht damit weitgehend den Forderungen des Praktikers. Bei einigen Konstruktionen ist durch die Art der Durchströmung das Rauschen von der Strömungsgeschwindigkeit abhängig. Dadurch bedingt hängt dann die Nachweisempfindlichkeit von der Strömungsgeschwindigkeit ab (s.o.).

Der lineare Bereich liegt bei fast allen Detektoren bei 1 : 1000 und dürfte für die quantitative Analyse ausreichen. Für den UV-Detektor gilt, daß, je monochromatischer das UV-Licht ist, desto größer auch der lineare Bereich ist.

Die Anzeige fast aller hier beschriebenen Detektoren ist konzentrationsspezifisch. Die Größe des Signals hängt also nicht von der Strömungsgeschwindigkeit ab. Nur der Mikro-Adsorptionsdetektor zeigt den Mengenfluß an. Hier wird das Signal um so größer, je höher die Strömungsgeschwindigkeit ist. Der FID zählt in der Gas-Chromatographie ebenfalls zu den mengenflußanzeigenden Detektoren; da in unserem Fall aber ein Transportsystem vorgeschaltet ist, das die Substanzmenge in Abhängigkeit von ihrer Konzentration im Säuleneluat zum FID transportiert, ist dieser Detektor insgesamt ebenfalls konzentrationsspezifisch.

Für viele wichtige Substanzen, etwa Aminosäuren, reicht im Augenblick die Nachweisempfindlichkeit der Detektoren noch nicht aus, um sie in der Konzentration direkt nachweisen zu können, in der sie in natürlichen Gemischen vorkommen. Man muß sich deshalb noch mit einer chemischen Modifizierung behelfen und Derivate herstellen, die mit einem empfindlicheren Detektor nachgewiesen werden können. Im erwähnten Falle kann man z.B. Dansylderivate herstellen, die mit einem UV-Detektor oder mit einem Fluoreszenz-Detektor viel besser angezeigt werden als die aliphatischen Aminosäuren mit einem Refraktometer [27,37]. Selbstverständlich können dazu sämtliche in der organischen Analytik verwendeten Derivate benutzt werden, z.B. Phenolisocyanate [38] oder Anilide [39] von Fettsäuren, Nitrobenzoate von Zuckern oder Alkoholen [40] u.ä.m.

Durch eine chemische *Reaktion nach der Trennsäule* und vor dem Detektor kann die Nachweisempfindlichkeit erhöht werden. Dabei treten zunächst einige prinzipielle Schwierigkeiten auf: Die in der Säule erzielte Trennung der Substanzzonen sollte bei der Reaktion nicht zerstört werden. Gute Durchmischung von Reagenz und Eluat ist wesentlich. Die Reaktion wird im strömenden Medium durchgeführt, d.h. während der Reaktionszeit muß Eluent- und Reagenzvolumen gespeichert werden, und erst nach möglichst vollkommenem Abschluß der Reaktion sollte das Gemisch in den photometrischen Detektor gespült werden.

Die Anwendung des Technicon-Prinzips, wo der Eluent durch Luftblasen in Segmente unterteilt wird, verbietet sich wegen der großen Bandenverbreiterung bei der HPLC mit hoher Trennleistung. Mittels elektronischer Unterdrückung der Luftblasen im Detektor kann man jedoch auch hier ein geglättetes Chromatogramm erhalten [48]. Durch sehr selektive Nachweisreaktionen können trotzdem derartige Systeme zum spezifischen Nachweis z.B. von Organophosphaten mittels Cholin-Esterase-Methode verwendet werden [41].

Schnell ablaufende Reaktionen, wie z.B. der Nachweis von Aminosäuren oder Aminen mit Fluram®, das sehr schnell, aber auch nur kurzzeitig Fluoreszenz im Sichtbaren ergibt, wodurch keine lange Reaktionsstrecke benötigt wird, haben trotz der relativ hohen Kosten für das Reagenz weite Verbreitung gefunden.

Die klassische Ninhydrin-Reaktion läßt sich in geeigneten verformten Röhren ohne zusätzliche Bandenverbreiterung durchführen [42]. Die Nachweisgrenze bei der Trennung der Säuren an Säulen, gepackt mit 10 µm Teilchen, liegt bei 0,1 - 1 ng. Mit dem allgemein anwendbaren Prinzip der verformten Röhren [43] können auch andere Reaktionen durchgeführt werden [42].

Die Umsetzung des Eluats mit Ce(IV)-Ionen, wobei durch Reduktion fluoreszierende Ce(III)-Ionen entstehen, wurde ebenfalls zum Nachweis von Proben durch Reaktion nach der Trennung verwendet [44,45].

Auch gepackte Trennsäulen eignen sich als Reaktor, um Umsetzungen nach der chromatographischen Trennung durchzuführen. Der Druckabfall am gesamten System (Trennsäule und Reaktionssäule) ist jedoch größer, als wenn die Reaktion in einer verformten Röhre durchgeführt wird. Auch hierbei wurden Reaktionen untersucht, bei denen ebenfalls fluoreszierende oder gefärbte Substanzen entstehen [46,49]. Auch zum Nachweis von Zuckern im Eluat von Ionenaustauschersäulen (Borat-Komplexe) wurde ein Reaktionsdetektor beschrieben [47].

Die prinzipiellen Schwierigkeiten mit diesen Reaktionsdetektoren sind sehr groß. Der Detektor muß für jede einzelne Reaktion konzipiert und optimiert werden. Kommerzielle Reaktionsdetektoren im Handel dürften in allernächster Zeit nicht zu erwarten sein, vielmehr dürften komplette Systeme für ein spezielles Trennproblem (z.B. Zuckeranalyse, Aminosäurenanalyse) entwickelt werden.

Literatur zu Kapitel IV

Übersicht

Byrne, S.H., jr., in: Kirkland, J.J. (Ed.): Practice of High Speed Liquid Chromatography. New York: Wiley-Interscience 1971.

Polesek, J., Howery, O.G.: J. Chromatogr. Sci. *11*, 226 (1973).

1. Felton, H.: J. Chromatogr. Sci. *7*, 13 (1969).
2. Williams, D.H., Fleming, I.: Spektroskopische Methoden in der organischen Chemie. Stuttgart: Thieme-Verlag 1968.
3. Deininger, G., Halász, I.: J. Chromatogr. Sci. *8*, 499 (1970).
4. Bombaugh, K.J., Levangie, R.F., King, R.N., Abrahams, L.: J. Chromatogr. Sci. *8*, 657 (1970).

5. Handbook of Chemistry and Physics. 46th Edition. Chemical Rubber Co. 1965.

6. Hupe, K.-P., Bayer, E.: J. Chromatogr. Sci. *5*, 197 (1967).

7. Lapidus, B.M., Karmen, A.: J. Chromatogr. Sci. *10*, 103 (1972).

8. Scott, R.P.W., Lawrence, J.G.: J. Chromatogr. Sci. *8*, 65 (1970).

9. Koen, J.G., Huber, J.F.K., Poppe, H., Den Boef, G.: J. Chromatogr. Sci. *8*, 192 (1970).

10. Joynes, P.L., Maggs, R.S.: J. Chromatogr. Sci. *8*, 427 (1970).

11. Haderka, S.: J. Chromatogr. *52*, 213 (1970).

12. Vespalec, R., Hana, K.: J. Chromatogr. *65*, 53 (1972).

13. Poppe, H., Kuysten, J.: J. Chromatogr. Sci. *10*, 16 A (1972).

14. Haderka, S.: J. Chromatogr. *54*, 357 (1971).

15. Haderka, S.: J. Chromatogr. *57*, 181 (1971).

16. Schram, E., in: Bransome, E.D., jr. (Hrsg.): Current Status of Liquid Scintillation. New York: Grune and Stratton 1970.

17. Hant, J.A.: Anal. Biochem. *23*, 289 (1968).

18. Schulten, H.R., Beckey, H.H.: J. Chromatogr. *83*, 315 (1973).

19. Carr, D.: Varian Instrument Applications *7*, 14 (1973).

20. Schulz, W.W., King, W.H., jr.: J. Chromatogr. Sci. *11*, 343 (1973).

21. Horning, E.C., Horning, M.G., Carrol, D.J., Dzidic, J., Stillwell, R.N.: Anal. Chem. *45*, 936 (1974).

22. Horning, E.C., Carrol, D.J., Dzidic, J., Haegele, K.D., Horning, M.G., Stillwell, R.N.: J. Chromatogr. Sci. *12*, 725 (1974).

23. Davenport, R.J., Johnson, D.C.: Anal. Chem. *46*, 1971 (1974).

24. Scott, R.P.W., Scott, C.G., Munroe, M., Hess, J., jr.: J. Chromatogr. *99*, 395 (1974).

25. Arpino, P.J., Dawkin, B.G., McLafferty, F.M.: J. Chromatogr. Sci. *12*, 574 (1974).

26. Mowery, R.A., jr., Juvet, R.S., jr.: J. Chromatogr. Sci. *12*, 687 (1974).

27. Bayer, E., Grom, E., Kaltenegger, B., Uhmann, R.: Anal. Chem. *48*, 1106 (1976).

28. Frei, R.W., Santi, W., Thomas, M.: J. Chromatogr. *116*, 365 (1976).

29. Schwedt, G., Bussemas, H.H.: Chromatographia *9*, 17 (1976).

30. Application sheet, Edt. Research, 65 Ivy Crescent, London W 4.

31. Blank, C.L.: J. Chromatogr. *117*, 35 (1976).

32. Baldwin, M.A., McLafferty, F.W.: Org. Mass Spectrom. *7*, 1111 (1973).

33. McFadden, W.H., Schwartz, H.L., Evans, S.: J. Chromatogr. *122*, 389 (1976).

34. Jones, P.R., Yang, S.K.: Anal. Chem. *47*, 1000 (1975).

35. Willmott, F.W., Dolphin, R.J.: J. Chromatogr. Sci. *12*, 695 (1974).

36. Dolphin, R.J., Willmott, F.W., Mills, A.D., Hoogeveen, L.P.J.: J. Chromatogr. *122*, 259 (1976).

37. Lawrence, J.F., Frei, R.W.: Chemical derivatization in liquid chromatography. Amsterdam: Elsevier 1976.

38. Borch, R.F.: Anal. Chem. *47*, 2437 (1975).

39. Hoffmann, N.E., Lino, J.C.: Anal. Chem. *48*, 1104 (1976).

40. Nachtmann, F., Spitzy, H., Frei, R.W.: J. Chromatogr. *122*, 293 (1976).

41. Ramsteiner, K.A., Hormann, W.R.: J. Chromatogr. *104*, 438 (1975).

42. Neue, U.: Dissertation Saarbrücken 1976.

43. Halâsz, I., Walkling, P.: Ber. Bunsenges. *74*, 66 (1970).

44. Katz, S., Pitt, W.W., jr., Mrochetz, J.E., Dinsmore, S.: J. Chromatogr. *101*, 193 (1974).

45. Katz, S., Pitt, W.W., jr., Mrochetz, J.E.: J. Chromatogr. *104*, 303 (1975).

46. Muusze, R.G., Huber, J.F.K.: J. Chromatogr. Sci. *12*, 779 (1974).

47. Zech, K., Voelter, W.: Chromatographia *8*, 7, 350 (1975).

48. Snyder, L.R.: J. Chromatogr. *125*, 287 (1976).

49. Deelder, R.S., Kroll, M.G.F., van den Berg, J.H.M.: J. Chromatogr. *125*, 307 (1976).

50. Denton, M.S., De Angelis, T.P., Yacynych, A.M., Heinemann, W.R., Gilbert, T.W.: Anal. Chem. *48*, 20 (1976).

51. Milano, M.J., Lam, S., Grushka, E.: J. Chromatogr. *125*, 315 (1976).

52. Kissinger, P.T., Refshange, C., Dreiling, R., Adams, R.N.: Anal. Lett. *6*, 465 (1973).

53. Kissinger, P.T., Felice, L.J., Riggin, R.M., Pachla, L.A., Wenke, D.C.: Clin. Chem. *20*, 992 (1974).

54. Riggin, R.M., Rau, L., Alcorn, R.L., Kissinger, P.T.: Anal. Lett. *7*, 791 (1974).

55. Riggin, R.M., Schmidt, A.L., Kissinger, P.T.: J. Pharm. Sci. *64*, 680 (1975).

56. Buchta, R.C., Papa, L.J.: J. Chromatogr. Sci. *14*, 213 (1976).

57. Tjaden, U.R., Lankelma, J., Poppe, H.: J. Chromatogr. *125*, 275 (1976).

58. Lankelma, J., Poppe, H.: J. Chromatogr. *125*, 375 (1976).

59. Jones IV, D.R., Tung, H.C., Manahan, S.E.: Anal. Chem. *48*, 7 (1976).

60. Figge, K., Piater, H., Kolbe, W.: G-I-T, Fachz. Lab. *19*, 192 (1975).

Kapitel V

Trägermaterialien und stationäre Phasen

Die Füllmaterialien für die Säulen der Hochdruck-Flüssigkeits-Chromatographie müssen druckstabil sein. Die Permeabilität einer gepackten Trennsäule darf keinesfalls eine Funktion des Druckabfalls an der Säule sein. Die meisten anorganischen Trägermaterialien sind bis etwa 600 at stabil. Dennoch kann bei hochporösen Materialien (Porenvolumen > 2 ml/g) bereits bei diesen Drücken das Porengerüst zusammenbrechen.

Bei quellbaren Materialien, etwa bei den Ionenaustauschern mit organischer Matrix, wird die Permeabilität der Trennsäule mit zunehmendem Druck immer geringer, d.h. schlechter. Das kann so weit gehen, daß schließlich die Eluentengeschwindigkeit abnimmt. Es sind jedoch einigermaßen druckstabile rein organische Ionenaustauscher erhältlich (Abschn.C).

Für die Hochdruck-Flüssigkeits-Chromatographie verwendet man zwei Klassen von Trägermaterialien:

1. Vollkommen *poröse Materialien* (z.B. Kieselgel, Aluminiumoxid) mit großer spezifischer Oberfläche (50 - 500 m^2/g) und großem Porenvolumen (0,2 - 2 ml/g), wie sie auch in der klassischen Säulenchromatographie verwendet werden, jedoch mit Teilchendurchmessern zwischen 5 und 50 μm. Man verwendet vorteilhaft Siebfraktionen um 10 μm bzw. 5 μm. Derartige Materialien geben sehr wirksame Trennsäulen (vgl.II.F).

2. *Porous layer beads* = PLB (= "Dünnschichtteilchen"). Hier ist auf einen undurchlässigen Kern (z.B. Glas) eine dünne, poröse, aktive Schicht aufgebracht. Im allgemeinen beträgt die Dicke der porösen Schicht 1 - 3 μm (1/30 - 1/40 des Teilchendurchmessers). Neben Kieselgel, Aluminiumoxid werden Ionenaustauschharze, Polyamid u.ä. auf die Glaskugeln aufgebracht. Derartige Materialien sind druckstabil. Die Menge an aktiver stationärer Phase ist jedoch gering. Bei Kieselgelschichten beträgt die spezifische Oberfläche, bezogen auf die Gesamtmasse, 0,2 - 15 m^2/g. Die tatsächliche Oberfläche des Kieselgels in der dünnen Schicht dagegen ist wesentlich größer und entspricht der von porösen Teilchen. Die Austauschkapazität von PLB-Ionenaustauschern

ist pro Gramm stationäre Phase niedrig (~ 10 μeg/g). PLB werden dann mit Vorteil eingesetzt, wenn Trennungen schnell durchgeführt werden sollen oder wenn die Substanzen an porösen Materialien zu stark retardiert werden. Der Teilchendurchmesser von PLB liegt zwischen 25 und 50 μm. Die Trennleistung von Säulen, gepackt mit PLB, ist meist größer als die von Säulen mit porösen Teilchen gleichen Durchmessers (vgl. Tab.III.1). Die Bedeutung der PLB ist in dem Maße zurückgegangen, wie es gelang, poröse Teilchen mit Durchmessern um 5 μm bzw. 10 μm gut und reproduzierbar zu packen.

Die Siebfraktion sollte möglichst eng sein. Teilchen mit größerem Durchmesser als 20 μm können ohne Schwierigkeit noch durch Sieben klassifiziert werden, wobei das Naß-Sieben bei Teilchen mit Durchmessern < 40 μm vorzuziehen ist. Teilchen unter 20 μm Durchmesser können nur durch Windsichten klassifiziert werden, wobei man vor allem bei Teilchendurchmessern < 10 μm saubere Fraktionen nur durch Sedimentation erhält. Man sollte es sich zur Regel machen, daß alle stationären Phasen vor der Verwendung durch Sedimentation in Wasser (Methanol bzw. Aceton bei sehr kleinen Teilchen) von sehr feinen Beimengungen (Abrieb usw.) befreit werden. Damit wird vor allem die Permeabilität der Trennsäule verbessert. Aber auch Störungen durch Verstopfung der Zuleitungen zu den Detektoren mit den kleinen Teilchen können vermieden werden. Bei relativ breiten Siebfraktionen scheint es so zu sein, daß stets der ungünstigste Fall eintritt: Auf die Permeabilität der Trennsäule haben die kleinsten Anteile der Siebfraktion den größten Einfluß, während die Trennleistung durch die Anteile mit dem größten Teilchendurchmesser beeinflußt wird.

A. Packungsmaterialien für Adsorptions- und Verteilungschromatographie

Prinzipiell sind alle Materialien für die Adsorptions- und für die Verteilungschromatographie verwendbar, wenn die spezifische Oberfläche der Teilchen größer als etwa 2 m^2/g ist. Manche PLB-Materialien haben eine sehr geringe spezifische Oberfläche (z.B. Zipax®), so daß mit ihnen Trennungen häufig nur nach Belegung mit einer Trennflüssigkeit möglich werden. Für die Adsorptionschromatographie sind derartige Teilchen nicht geeignet.

In Tab.V.1 sind die wichtigsten handelsüblichen PLB-Teilchen zusammengestellt. PLB-Teilchen können mit etwa 1 - 2 % ihres Gewichts an Trennflüssigkeiten belegt werden, ohne daß sie klebrig werden.

Tab.V.2 enthält die handelsüblichen porösen Trägermaterialien mit ihren wichtigsten physikalischen Daten.

Diese stationären Phasen sind für die Adsorptionschromatographie (Kap.VI) bzw. nach Belegen mit einer Trennflüssigkeit auch für die Verteilungschromatographie geeignet (vgl. Kap.VII). Der mittlere Porendurchmesser der Trägermaterialien scheint dann keinen Einfluß auf das chromatographische Verhalten zu zeigen, wenn er größer als 60 Å und kleiner als 700 Å ist. Je kleiner die spezifische Oberfläche eines Trägermaterials ist, desto kleiner werden die k'-Werte von gegebenen Probesubstanzen (gleiche Qualität des Eluenten vorausgesetzt). Eine ausführliche Besprechung der Eigenschaften der stationären Phasen erfolgt in den Kap.VI und VII. Die maximale Belegung mit Trennflüssigkeit bei Verwendung für die Verteilungschromatographie entspricht in etwa dem Porenvolumen der Festkörper. (Z.B. kann Kieselgel mit einem Porenvolumen von 1 ml/g mit etwa 1 g Trennflüssigkeit pro Gramm Kieselgel belegt werden. In der Chromatographie spricht man dann von "100 % Belegung".)

B. Chemisch modifizierte Trägermaterialien

Die Hydroxylgruppen an der Oberfläche von Kieselgel oder Aluminiumoxid bestimmen die Adsorptionseigenschaften und die Selektivität der stationären Phasen. Diese Gruppen können mit organischen Verbindungen umgesetzt werden, wobei das chromatographische Verhalten des Festkörpers mehr oder weniger verändert werden kann. Die Struktur des Festkörpers (darunter versteht man z.B. spez. Oberfläche, Porendurchmesser etc.) bestimmt die Eigenschaften der chemisch gebundenen stationären Phase. Fast ausschließlich wird Kieselgel für die Herstellung chemisch modifizierter Trägermaterialien verwendet. Liegt kein spezifischer, selektiver Einfluß des organischen Restes vor, so sind die k'-Werte an einer derartigen Phase, gleiche Eluentenqualität vorausgesetzt, stets niedriger als am "nackten" Kieselgel.

Durch Variation der organischen Komponente, z.B. durch Einführung von funktionellen Gruppen in den organischen Rest, vorzugsweise in

Tabelle V.1. Zusammenstellung der wichtigsten handelsüblichen Dünnschichtteilchen.

Handelsname	chem. Natur	Oberfläche m^2/g	Porendurchm. Å	Teilchengröße µm	Form	Belegbarkeit stat. Phase	Lieferfirma	Bemerkung
Corasil	SiO_2	I 7 II 14	50 - 70	37 - 50	sphärisch	I 0,9 - 1,2 % II 1,9 - 2,5 %	7	Durch Adsorptionswirkung gibt es minimale Belegbarkeit bei LLC.
Pellosil	SiO_2	HS 4 HC 8		37 - 44	sphärisch	~ 1 %	5	Siehe Corasil.
Perisorb A	SiO_2	~ 10	60	30 - 40	sphärisch	max. 3 %	4	Siehe Corasil.
Vydac	SiO_2	12	~ 60	30 - 44	sphärisch	~ 2 %	6	Siehe Corasil. Nicht für Methanol geeignet.
Zipax	SiO_2	~ 1	400	25 - 37	sphärisch	1 - 1,5 %	3	Für LSC wegen geringer Oberfläche nicht geeignet.
Pellumina	Al_2O_3	HS 4 HC 8		37 - 44	sphärisch	1 - 1,5 %	5	Siehe Corasil.
Pellidon	Polyamid	~ 1		~ 45	sphärisch		5	Polyamidschicht auf Glaskugeln.
Sil X-II	SiO_2	12		35 ± 15	sphärisch	~ 1 %	2	Siehe Corasil.
Actichrom	SiO_2	25		40	irregulär	3 - 6 %	13	Glaspulver, kein echtes PLB.
Liquachrom	SiO_2	10		44 - 53	irregulär	1 - 6 %	13	Glaspulver, kein echtes PLB.

Tabelle V.2. Zusammenstellung der wichtigsten handelsüblichen porösen Adsorbenzien.

		Oberfläche [m^2/g]	Porendurchm. Å	Porenvolumen ml/g	Teilchengröße µm	Form	Lieferfirma	Bemerkungen
Lichrosorb	Si 60	500	60	0,8	5, 7, 10, 30	irregulär		
	Si 100	400	100	1,0				
LiChrospher	Si 100	250	100	1,2	5, 10, 20			
	Si 300	250	250	2,0			4	
	Si 500	50	500	0,8	10	sphärisch		
	Si 1000	20	1000	0,8				
	Si 4000	6	4000	0,8				
								identisch mit
Porasil	A	~ 400	< 100	1,05				Spherosil XOA 400
	B	200	~ 150	0,9				XOA 200
	C	75	~ 300	0,7	< 40	sphärisch, Teilchen < 40 µm irregulär	7	XOB 075
	D	30	~ 600	0,6	40 - 60			XOB 030
	E	~ 10	~ 1000	0,4				XOB 015
	F	~ 2	> 2000	0,25				XOC 005
								von Pecheney - St. Gobain, Aubervillers, France
Silica Woelm 18		500	60	~ 0,8	18 - 32	irregulär	8	
					32 - 64			
Zorbax SIL		250 - 350	75		6 - 8	sphärisch	3	

Partisil	400	55 - 60		5 10 20	irregulär	5	
Spherisorb S 5 W S 10 W S 20 W	200 200 200	80 80 80		5 10 20	sphärisch	9	
Silica A Sil-XI	400 400	~ 100 ~ 100		13 ± 5 13 ± 5	irregulär	2	"chemisch desaktiviert"
SIL 60-5	~ 500	60	0,75	5 ± 2,5 10 ± 2,5 20 ± 2,5	irregulär	6	
µ-Porasil	400	~ 100	1,0	8 - 12	irregulär	7	
Spherosil	600	60	0,8	5, 10, 20	sphärisch		vgl. Porasil
MikroPak Si	400	60	0,8	5, 10	irregulär	14	nur in gepackten Trennsäulen erhältlich
Nucleosil 50	500	50	0,8	5, 7,5, 10	sphärisch	6	
Nucleosil 100	300	100	1,0	5, 7,5, 10	sphärisch	6	
Nucleosil 100 V	430	100	1,5	5, 7,5, 10	sphärisch	6	

Anm.: Einige der hier angeführten Adsorbenzien sind nur in gepackten Trennsäulen erhältlich.

Tabelle V.2a. Zusammenstellung der wichtigsten handelsüblichen porösen Adsorbenzien (Aluminiumoxide).

	Oberfläche [m²/g]	Porendurchm. Å	Porenvolumen ml/g	Teilchengröße µm	Form	Lieferfirma	Bemerkungen
Alox T	70-90	100-200	0,3	5, 10 und 30	nahezu rund	4	basische Oberfläche
BioRad Aluminiumoxid	200	100-200	0,3		nahezu sphärisch	1	basische Oberfläche
Woelm Aluminium Oxid N 18	200	100-200	0,3	18-32	nahezu sphärisch	8	in drei verschiedenen Oberflächenformen, basisch, neutral, sauer, erhältlich
Spherisorb							
A 5 y	95	150		5			
A 10 y	95	150		10	sphärisch	9	
A 20 y	95	150		20			
Alox 60-D	60	60	0,3	5, 10, 20	nahezu rund	6	
MikroPak Al	70-90	100-200	0,3	5, 10	nahezu rund	14	nur in getesteten Trennsäulen erhältlich
Chromosorb LC-1 LC-1	0,5-1			37-44		5a	nur für Verteilungschromatographie geeignet

ω-Stellung zur Verknüpfung mit der Kieselgeloberfläche, kann die Selektivität der Phasen verändert werden. Nachdem es unmöglich ist, *alle* Hydroxyl-(Silanol-)gruppen an der Oberfläche von Kieselgel zur Reaktion zu bringen, wird die Selektivität der Phase zusätzlich von den verbliebenen Hydroxylgruppen mitbeeinflußt. Daher ist es sehr schwierig, von einzelnen funktionellen Gruppen wie z.B. Ionenaustauschergruppen abgesehen, die Selektivität einer Phase eindeutig dem gebundenen organischen Rest zuzuordnen.

Die Silanolgruppen an der Kieselgeloberfläche können mit verschiedenen organischen Verbindungen bzw. siliciumorganischen Verbindungen umgesetzt werden. In Abb.V.1 sind die Reaktionsschemata für die Darstellung der chemisch modifizierten Silikagele zusammengestellt.

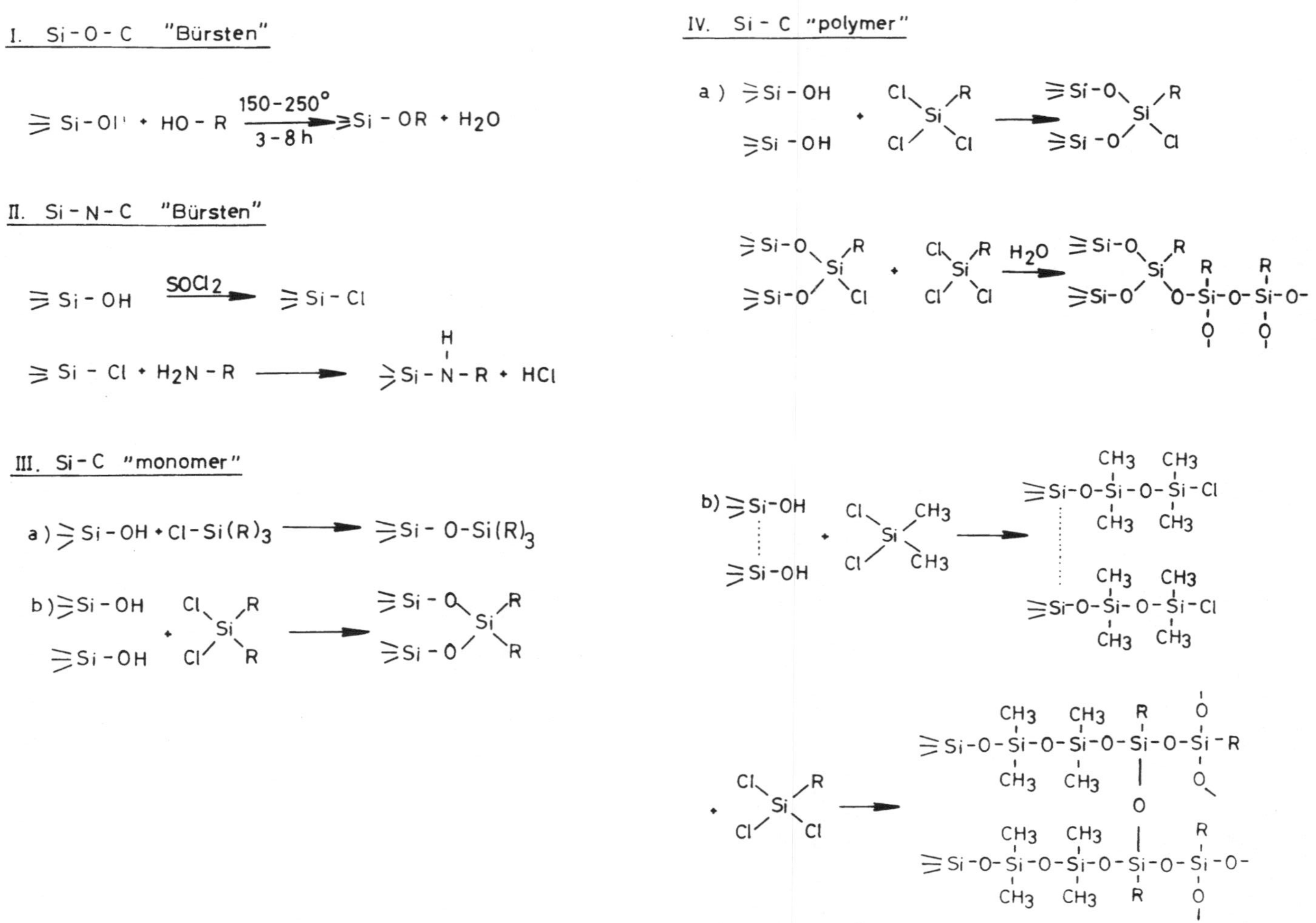

I. Si-O-C "Bürsten"

$\equiv Si-OH + HO-R \xrightarrow[3-8\,h]{150-250^\circ} \equiv Si-OR + H_2O$

II. Si-N-C "Bürsten"

$\equiv Si-OH \xrightarrow{SOCl_2} \equiv Si-Cl$

$\equiv Si-Cl + H_2N-R \longrightarrow \equiv Si-NH-R + HCl$

III. Si-C "monomer"

a) $\equiv Si-OH + Cl-Si(R)_3 \longrightarrow \equiv Si-O-Si(R)_3$

b) $2\ \equiv Si-OH + Cl_2SiR_2 \longrightarrow (\equiv Si-O)_2SiR_2$

IV. Si-C "polymer"

a) $2\ \equiv Si-OH + Cl_3SiR \longrightarrow (\equiv Si-O)_2Si(R)Cl$

$(\equiv Si-O)_2Si(R)Cl + Cl_3SiR \xrightarrow{H_2O} (\equiv Si-O)_2Si(R)-O-Si(R)(O-)-O-Si(R)(O-)-O-$

b) $2\ \equiv Si-OH + Cl_2Si(CH_3)_2 \longrightarrow \equiv Si-O-Si(CH_3)_2-O-Si(CH_3)_2-Cl$ (2×)

$+ Cl_3SiR \longrightarrow \equiv Si-O-Si(CH_3)_2-O-Si(CH_3)_2-O-Si(R)(O-)-O-Si(R)(O-)...$

Abb.V.1. Reaktionsmöglichkeiten der Silanolgruppen an der Kieselgeloberfläche.

Eine "monomere" Bedeckung der Oberfläche mit organischen Molekülen erhält man z.B. nur bei der Veresterung der Silanolgruppen mit primären Alkoholen [2]. Der organische Rest ist durch echte kovalente Bindung an der Oberfläche gebunden. Derartige "Bürsten" mit Si-O-C-Bindung zeigen bei der Anwendung in der Gas-Chromatographie einige Vorteile [2,3], sind jedoch gegen Hydrolyse nicht stabil und daher für die Flüssigkeits-Chromatographie nur bedingt verwendbar. Stabiler sind modifizierte Kieselgele, bei denen der organische Rest über Stickstoff am Silicium gebunden ist [4,5]. Derartige Phasen mit Si-N-C-Bindung können ebenfalls mit großer Variationsbreite des organischen Restes hergestellt werden, indem man "chloriertes" Silikagel mit Aminen, die eine zweite funktionelle Gruppe tragen, umsetzt (Weg II). Diese Phasen sind im pH-Bereich 4 bis 7,5 gegen Hydrolyse stabil.

Vollkommen gegen Hydrolyse stabile chemisch-modifizierte Trägermaterialien erhält man bei der Umsetzung von Silikagel mit Chlor- bzw. Alkoxysilanen. Bei dieser Reaktion wird eine neue Si-O-Si-Bindung geknüpft. Eine eindeutige Umsetzung zu monomerer Bedeckung erhält man ausschließlich bei der Umsetzung des Silikagels mit Monochlor- bzw. Monoalkoxysilanen (Weg IIIa). Diese Reaktion wird in der Gas-Chromatographie zur Beseitigung der Restaktivität des Trägermaterials bei bestimmten Trennproblemen verwendet. Der Umsetzungsgrad ist aus sterischen Gründen nicht sehr gut, daher kann nur sehr wenig Kohlenstoff und damit auch sehr wenig an funktionellen Gruppen an das Kieselgel gebunden werden. Verwendet man Dichlor- bzw. Trichlor-silane, oder die entsprechenden Alkoxysilane, so kann man die Reaktion in zwei verschiedene Richtungen lenken. Arbeitet man unter vollkommenem Ausschluß von Feuchtigkeit [6], d.h. man verwendet gut getrocknetes Silikagel, hochgetrocknete Lösungsmittel und arbeitet zusätzlich unter Ausschluß von Luftfeuchtigkeit, so ist man in der Lage, die Bildung von Polysiloxanen (gebundene Polymere) zurückzudrängen, wenn nicht vollkommen auszuschließen (z.B. Weg IIIb). Durch definierte Zugabe von Wasser (z.B. als Dampf oder in Lösung) ist man andererseits in der Lage, eine gezielte Polymerisation der Silane zu Polysiloxanen (gebundene Silikonöle) durchzuführen [7,8] (Weg IVa und b). Diese Umsetzungen lassen sich auch mit PLB-Teilchen durchführen. Durch Polymerisation werden hierbei relativ dicke Filme erhalten [9,10]. Während die chemisch modifizierten Phasen mit "monomerer" Bedeckung ("Bürsten") in ihren chromatographischen Eigenschaften (z.B. Massentransportgeschwindigkeit) den reinen Festkörpern sehr ähnlich sind, ähneln die Phasen mit gebundenen Polysiloxanen mehr den Verteilungssystemen, bei denen der Festkörper mit einer im Eluenten unlöslichen Trennflüssigkeit belegt ist. Da bei der Polymerisation teilweise sehr stark vernetzte Polysiloxane entstehen, ist die Diffusion im Polymeren langsam und behindert, der Massentransport niedrig, d.h. die h-Werte steigen mit zunehmender Eluentengeschwindigkeit stark an [10]. In der Praxis wird man eine so klare Unterscheidung zwischen "monomeren" und "polymeren" chemisch gebundenen Phasen nicht durchführen können. Welche der beiden Typen vorteilhafter ist, hängt vom jeweiligen Trennsystem ab [11]. Gegenüber konventionell mit flüssiger Phase belegten Teilchen haben chemisch gebundene Phasen einige Vorteile:

1) Der Eluent braucht nicht mit der flüssigen stationären Phase gesättigt zu werden.

2) Die bei Verteilungssystemen unerläßliche Vorsäule entfällt.

3) Bei der Isolierung von Proben aus dem Eluenten sind diese nicht mit der stationären Phase verunreinigt, was normalerweise den präparativen Einsatz von Verteilungstrennsäulen erschwert.

4) Die stationäre Phase kann nicht ausgewaschen werden, da sie kovalent am Festkörper gebunden ist. Das Problem der mechanischen Erosion bei höheren Geschwindigkeiten entfällt demnach.

5) Die verschiedenen Programmiertechniken, einschließlich der Gradient-Elution, können bei derartig gebundenen Phasen durchgeführt werden, was bei konventionell belegten Trägern nicht der Fall ist.

6) Durch äußere Einflüsse (Temperatur, Eluentenfeuchtigkeit etc.) wird das Gleichgewicht in der Trennsäule nicht so leicht gestört.

Die beiden letzten Punkte zeigen auch die Vorteile gegenüber den reinen, polaren stationären Phasen wie Silikagel und Aluminiumoxid auf, bei denen die Regenerierung nach erfolgter Gradient-Elution oft länger dauert als der Gradient selbst, da die Einstellung des Gleichgewichts mit dem stets in den Eluenten vorhandenen Wasser nur sehr langsam erfolgt (vgl. Kap.VI.E.4).

Enthält der organische Rest keine funktionellen Gruppen, d.h. werden Alkylsilane verwendet, wobei die Alkylgruppen üblicherweise Kettenlängen von 4 bis 18 C-Atomen haben, so erhält man stationäre Phasen für die "reversed-phase"-Chromatographie. Bei einem "reversed-phase"-System ist im Gegensatz zur herkömmlichen Adsorptionschromatographie (vgl. Kap.VI) die stationäre Phase unpolar (hydrophob) und die mobile Phase polar (hydrophil). Mit der Umkehrung der Phaseneigenschaften kehrt sich auch die Reihenfolge der Elution der Probensubstanzen um, d.h. unpolare Verbindungen werden stärker zurückgehalten als polare. "Reversed-phase"-Systeme sind dann vorteilhaft, wenn

Probensubstanzen nur in relativ polaren Lösungsmitteln löslich sind, aus denen sie an polaren Adsorbenzien nicht mehr festgehalten werden. Auch sehr unpolare Verbindungen, die auch aus unpolaren Eluenten nicht an den polaren Adsorbenzien retardiert werden, können an "reversed-phase"-Systemen getrennt werden (z.B. Fette). Echte "reversed-phase"-Systeme sind hydrophob, werden von Wasser nicht benetzt und sollten keine für Probemoleküle zugängliche Silanol-Gruppen mehr haben. Einen qualitativen Nachweis freier, nicht umgesetzter und nicht abgeschirmter Silanol-Gruppen gibt die Adsorption von Methylrot aus benzolischer Lösung [12]: Erscheint das Kieselgel nach dem Schütteln mit einer Methylrot-Lösung und Waschen mit reinem Benzol noch rot-violett gefärbt, so sind freie Silanol-Gruppen vorhanden. Bei einer "echten" Umkehrphase sollten darüber hinaus die Retentionszeiten polarer Verbindungen mit unpolaren Eluenten sehr klein sein [13].

Durch Verwendung geeigneter Chlor- bzw. Alkoxysilanen mit funktionellen Gruppen können auch andere chemisch gebundene stationäre Phasen hergestellt werden. Auch ein schrittweiser Aufbau von Derivaten, ausgehend von "reversed-phase"-Systemen, ist möglich [6]. Dazu zählen u.a. auch Kationenaustauscher (mit Alkyl- bzw. Arylsulfonsäuregruppen) und Anionenaustauscher (mit Amino-, Dialkylamino- bzw. quartären Ammoniumgruppen). Die Selektivität von chemisch gebundenen stationären Phasen mit anderen funktionellen Gruppen ist schwierig und nur mit größter Vorsicht zu bestimmen, da die Zahl der nicht umgesetzten Silanolgruppen oft einen größeren Einfluß auf die Selektivität ausübt als die mit viel Mühe eingeführte funktionelle Gruppe.

Die Vorteile der chemisch gebundenen stationären Phasen hatten zur Folge, daß eine Vielzahl Übersichtsartikel und Arbeiten auf diesem Gebiet in letzter Zeit erschienen sind [11,13-21]. In Tab.V.3 sind die wichtigsten handelsüblichen chemisch gebundenen stationären Phasen zusammengestellt, und soweit aus der Literatur es zu entnehmen ist, wird die funktionelle Gruppe mit angegeben. Einige der hier aufgeführten stationären Phasen sind nur in gepackten Trennsäulen zu beziehen. Anwendungen dieser Phasen sind in Kap.VI.IV.B aufgeführt.

Tabelle V.3a. Zusammenstellung handelsüblicher chemisch modifizierter Trägermaterialien.

Handelsname	funktionelle Gruppen	Träger	Teilchengröße [µm]	Lieferfirma	Bemerkung
Durapak-Carbowax-Corasil	Carbowax 400	PLB	37 - 50	7	Si-O-C-Bindung
Bondapak Phenyl/ Corasil	Diphenylgruppen	PLB	37 - 50	7	reversed phase
Bondapak C 18/ Corasil	Octadecylgruppen	PLB	37 - 50	7	reversed phase
Vydac 201 RP	Octadecylgruppen	PLB	30 - 44	6	reversed phase
Vydac 501 PP	Propionitrilgruppen	PLB	30 - 44	6	
CO : PELL ODS	Octadecylgruppen	PLB	44 - 53	5	reversed phase
CO : PELL PAC	Nitrilgruppen	PLB	44 - 53	5	
Permaphase ETH	Siloxanäther	PLB	< 30	3	mittelpolare Phase
Permaphase ODS	Octadecylgruppen	PLB	< 30	3	reversed phase
Perisorb RP 2	mit Dimethyldichlorsilan umgesetzt	PLB	30 - 44	4	reversed phase
Perisorb RP 8	Octylgruppen	PLB	30 - 44	4	reversed phase
Perisorb RP 18	Octadecylgruppen	PLB	30 - 44	4	reversed phase
Perisorb PA 6	mit Polyamid 6 belegt	PLB	30 - 44	4	Polycaprolactamschicht
ODS SIL-X-2	Octadecylgruppen	PLB	35 ± 15	2	reversed phase
Durapak OPN Porasil	Oxydipropionitril	porös	35 - 75	7	Si-O-C-Bindung
Durapak Carbowax 400 Porasil C	Carbowax 400	porös	37 - 75	7	Si-O-C-Bindung
Bondapak C 18/ Porasil B	Octadecylgruppen	porös	37 - 75	7	reversed phase
Bondapak Phenyl/ Porasil D	Phenylgruppen	porös	37 - 75	7	etwas polarere reversed phase

Einige der hier angeführten Phasen sind nur in gepackten Trennsäulen erhältlich.

Tabelle V.3b. Zusammenstellung handelsüblicher chemisch modifizierter Trägermaterialien (auf Kieselgel $d_p \leq 10$ µm).

Handelsname	funktionelle Gruppen	Träger	Teilchengröße [µm]	Lieferfirma	Bemerkung
ODS SIL-X-1	Octadecylgruppen	porös	13 ± 5	2	reversed phase
Phenyl SIL-X-1	Phenylgruppen	porös	13 ± 5	2	etwas polarere reversed phase
Fluoräther SIL-X-1	Fluoräthergruppen	porös	13 ± 5	2	
Alkylphenyl SIL-X-1	Alkylphenylgruppen	porös	13 ± 5	2	
Amino SIL-X-1	Alkylaminogruppen	porös	13 ± 5	2	schwach basischer Ionenaustauscher
Cyano SIL-X-1	Nitrilgruppen	porös	13 ± 5	2	
Zorbax ODS	Octadecylgruppen	porös	6 - 8	3	reversed phase
µ Bondapak C 18	Octadecylgruppen	porös	< 10	7	reversed phase
µ Bondapak NH_2	Alkylaminogruppen	porös	< 10	7	schwach basischer Ionenaustauscher
µ Bondapak CN	Nitrilgruppe	porös	< 10	7	
µ Bondapak Carbohydrat		porös	< 10	7	für die Trennung von Zuckern
SIL 60 - CN	Nitrilgruppen	porös	5, 10	6	für polare Verbindungen
SIL 60 - NO_2	Nitrogruppen	porös	5, 10	6	für polare Verbindungen, Aromaten
SIL 60 - NH_2	Aminogruppen	porös	5, 10	6	Zucker, Peptide
Nucleosil C 8	Octylgruppen an Nucleosil 100	porös	5, 7,5, 10	6	reversed phase
Nucleosil C 18	Octadecylgruppen	porös	5, 7,5, 10	6	reversed phase
Nucleosil CN	Nitrilgruppen	porös	5, 10	6	für polare Verbindungen
Nucleosil NO_2	Nitrogruppen	porös	5, 10	6	z.B. für Aromaten

Handelsname	funktionelle Gruppen	Träger	Teilchengröße [µm]	Lieferfirma	Bemerkung
Nucleosil NH_2	Aminogruppen	porös	5, 10	6	z.B. für Zucker, Peptide
Nucleosil $N(CH_3)_2$	Dimethylaminogruppen	porös	5, 10	6	Aromaten, Phenole (schwach bas. Anionenaustauscher)
Lichrosorb RP 2	Dimethyldichlorsilan an Lichrosorb SI 60	porös	5, 10, 30	4	Dimethylgruppen, chem. gebunden
Lichrosorb RP 8	Octylgruppen	porös	5, 10	4	reversed phase
Lichrosorb RP 18	Octadecylgruppen	porös	5, 10	4	reversed phase, auch als MicroPak CH von 15
Lichrosorb DIOL	Vicinale Hydroxylgruppen	porös	10	4	
Lichrosorb NH_2	Aminogruppen	porös	10	4	auch als MikroPak NH_2 von 15
Partisil ODS	Octadecylgruppen	porös	10	5	reversed phase
Spherisorb ODS	Octadecylgruppen	porös		9	reversed phase
Vydac TP Reverse Phase	Octadecylgruppen	porös	10	6	reversed phase
Partisil PAC	Alkylnitrilgruppen	porös	10	9	
Vydac TP Polar	Alkylnitrilgruppen	porös	10	6	
MikroPac - CN	Alkylnitrilgruppen	porös	10	14	

Einige der hier angeführten stationären Phasen sind nur in gepackten Trennsäulen erhältlich.

C. Ionenaustauscher

Tab.V.4 enthält die wichtigsten handelsüblichen, speziell für die Hochdruck-Flüssigkeits-Chromatographie entwickelten Ionenaustauscher auf der Basis von PLB. Die Ionenaustauscherteilchen sind fast alle kugelförmig und besitzen wegen der dünnen Diffusionsschicht gute chromatographische Eigenschaften. Ihr großer Nachteil ist ihre geringe Kapazität, die zwischen 10 - 50 µeq/g beträgt. Da sie bei einer Änderung der Ionenstärke bzw. des pH-Wertes ihr Volumen nicht ändern, können sie gut in Säulen verwendet werden. Die Permeabilität der entsprechenden Trennsäulen verändert sich während des Betriebes kaum. Die Herstellung der Austauscher erfolgt durch chemische Substitution geeigneter Silan-Derivate, entweder vor oder nach dem Aufbringen auf die Teilchen. Die pH-Stabilität ist ausreichend. Beim Arbeiten im alkalischen Medium (pH > 8) ist jedoch der Angriff der Hydroxyl-Ionen auf das Trägermaterial Kieselgel zu bedenken. Es soll darauf hingewiesen werden, daß die stark basischen Anionenaustauscher auf Kieselgelbasis, falls sie in der Hydroxylform vorliegen, in Wasser ihre Selbstauflösung katalysieren.

Tabelle V.4. Zusammenstellung der wichtigsten Ionenaustauscher für die Hochdruck-Flüssigkeits-Chromatographie auf PLB- bzw. Kieselgel-Basis.

Handelsname	Typ	Träger	Kapazität µeq/g (trocken)	Eigenschaften	Teilchengröße [µm]	Herst.	Bemerkungen
µ Bondapak-NH_2	Anion	poröses Kieselgel		schwach basisch	~ 10	7	
Bondapak AX-Corasil	Anion	PLB chem. gebunden	30	stark basisch	30 - 50	7	
AS-Pellionex-SAX	Anion	Glas mit Polystyrol belegt	10	stark basisch	44 - 53	5	kann auch in Alkohol verwendet werden
AE-Pellionex-SAX	Anion	Glas mit aromat. Polyester	10	stark basisch	44 - 53	5	
AL-Pellionex-WAX	Anion	Glas mit aliph. Matrix	10	schwach basisch	44 - 53	5	pH 2 - 7
Permaphase AAX	Anion	PLB chem. gebunden		stark basisch	25 - 37	3	

Handelsname	Typ	Träger	Kapazität µeq/g (trocken)	Eigenschaften	Teilchengröße [µm]	Herst.	Bemerkungen
Perisorb AN	Anion	PLB chem. gebunden	30	stark basisch	30 - 40	4	stabil pH 1 - 9
Vydac 301 SB	Anion	PLB chem. gebunden	100	stark basisch	30 - 44	6	
Zipax AAX	Anion	PLB mit Multilayer	12	stark basisch	25 - 37	3	polymer belegtes Zipax, nicht geeignet für organische Lösungsmittel
Zipax WAX	Anion	PLB mit Multilayer	12	schwach basisch	25 - 37	3	polymer belegtes Zipax, nicht geeignet für organische Lösungsmittel
Partisil 10 SAX	Anion	porös		stark basisch	10	5	wird in Phosphatform geliefert
Nucleosil SB	Anion	porös	1000	stark basisch	5, 10	6	quart.Ammoniumchlorid
Lichrosorb AN	Anion	porös		stark basisch	10	4	
Vydac TP Anion	Anion	porös		stark basisch	10	6	quart.Ammoniumgruppen
Bondapak CX-Corasil	Kation	PLB chem. gebunden	30	stark sauer	37 - 44	7	
HS-Pellionex-SCX	Kation	Polystyrol auf Glaskugeln	10	stark sauer	44 - 53	5	
HC-Pellionex-SCX	Kation	Polystyrol auf Glaskugeln	60	stark sauer	44 - 53	5	
Perisorb KAT	Kation	PLB chem. gebunden	50	stark sauer	30 - 40	4	stabil pH 1 - 9
Vydac 401 SA	Kation	PLB chem. gebunden	100	stark sauer	30 - 44	6	
Zipax SCX	Kation	PLB Multilayer	5	stark sauer	25 - 37	3	Vorsicht bei nichtwäßrigen Eluenten
Lichrosorb KAT	Kation	porös	850	stark sauer	10	4	
Nucleosil SA	Kation	porös	1000	stark sauer	5, 10	6	Sulfonsäuregruppen
Partisil 10 SCX	Kation	porös		stark sauer	10	5	Sulfonsäuregruppen
Vydac TP Cation	Kation	porös		stark sauer	10	6	Sulfonsäuregruppen

In letzter Zeit wurden Ionenaustauscher beschrieben, bei denen auf porösem Silikagel (nach Art der "Bürsten") Alkyl- oder Arylgruppen kovalent gebunden sind und in die wiederum Ionenaustauschgruppen eingeführt werden [22-26]. Geht man von Silikagel mit kleinen Teilchendurchmessern (5 - 10 µm) aus, so erhält man Ionenaustauscher mit guten chromatographischen Eigenschaften und ausreichender Kapazität (200 - 1000 µeq/g). Da die Kapazität eine Funktion der spezifischen Oberfläche des Ausgangssilikagels ist, kann bei diesen Austauschern die Kapazität praktisch jedem Trennproblem angepaßt werden. Die Handelsprodukte sind in Tab.V.4 mitenthalten.

Bei den ersten, speziell für die Hochdruck-Chromatographie entwickelten Ionenaustauschern hatte man auf eine undurchlässige Glaskugel einen Polystyrol-Film aufpolymerisiert und in ihn die funktionellen Gruppen eingeführt [27]. Die Kapazität dieser sog. "*pellicular*"-Ionenaustauscher ist "ausreichend". Bei Verwendung nichtwäßriger Lösungsmittel kann die Polymerschicht quellen oder aufgelöst werden. Die gleichen Vorsichtsmaßnahmen sind bei Verwendung von Ionenaustauschern geboten, die auf *Zipax*® aufgebracht sind. Das Methacrylat-Polymere ist in organischen Lösungsmitteln löslich.

Die klassischen porösen Ionenaustauscher sind für die Hochdruck-Flüssigkeits-Chromatographie wegen ihrer Kompressibilität nur bedingt geeignet. Speziell zur Verbesserung der Aminosäurenanalyse gibt es neuerdings einigermaßen druckstabile Ionenaustauscher mit Teilchendurchmessern < 20 µm. Mit ihnen sind Trennungen mit höheren Drücken (bis etwa 200 at) möglich geworden. Die Austauschkapazität dieser Ionenaustauscher liegt bei 3 - 5 meq/g und ist damit um den Faktor 100 größer als bei den Austauschern, die auf PLB aufgebracht sind. Die allgemein üblichen Austauscher ändern ihr Volumen bei Veränderung des pH-Wertes, der Ionenkonzentration und der Temperatur des Eluenten. Sie können nur in vorgequollenem Zustand in die Säule gepackt werden.

Eine Zusammenstellung der am häufigsten in der schnellen Flüssigkeits-Chromatographie verwendeten organischen Ionenaustauscher gibt die Tab.V.5.

Tabelle V.5. Ionenaustauscher mit organischer Matrix für die Hochdruck-Flüssigkeits-Chromatographie.[a]

Typ	Handelsname (Bezeichnung)		Versetzung (% Divinyl-benzol)	Kapazität meq/g (trocken)	Eigen-schaften	funkt. Gruppe	Teilchen-größe [µm]	Bezugs-quelle
Anion	Aminex	A 14	4 %	3,4	stark basisch	$-\overset{\oplus}{N}R_3$	17 - 23	1
		A 25	8 %	3,2	"	$-\overset{\oplus}{N}R_3$	17,5 ± 2	
		A 27	8 %	3,2	"	$-\overset{\oplus}{N}R_3$	12 - 15	
		A 28	8 %	3,2	"	$-\overset{\oplus}{N}R_3$	7 - 11	
	Durrum	DA x 8	8 %	4	"	$-\overset{\oplus}{N}R_3$	20 ± 2	10
		x 8 A	8 %	4	"	$-\overset{\oplus}{N}R_3$	8 ± 2	
		DA x 4	4 %	2	"	$-\overset{\oplus}{N}R_3$	20 ± 5	
	Hamilton	7800 Series	4, 6, 8 %	5	"	$-\overset{\oplus}{N}R_3$	20 ± 5	12
Kation	Aminex	A 4	8 %	5,0	stark sauer	$-SO_3H$	16 - 24	1
		A 5	8 %	5,0	"	$-SO_3H$	13 ± 2	
		A 6	8 %	5,0	"	$-SO_3H$	17,5 ± 2	
		A 7	8 %	5,0	"	$-SO_3H$	7 - 11	
	Beckman	AA 15	8 %	5	"	$-SO_3H$	22 ± 6	12
		PA 28	7,5 %	5	"	$-SO_3H$	16	
		PA 35	7,5 %	5	"	$-SO_3H$	13	
	Durrum	DC - 1 A	8 %	5	"	$-SO_3H$	18 ± 3	10
		2 A	8 %	5	"	$-SO_3H$	12 ± 3	
		4 A	8 %	5	"	$-SO_3H$	8 ± 2	
		6 A	8 %	5	"	$-SO_3H$	11 ± 1	
	Hamilton	HP AN 90	7 %	5,2	"	$-SO_3H$	22 ± 6	12
		B 80	7,75 %	5,2	"	$-SO_3H$	15 ± 5	
		H 70	8 %	5,2	"	$-SO_3H$	24 ± 6	

[a] Aufgenommen wurden nur Ionenaustauscherharze, die mit $d_p < 20$ µm erhältlich sind.

D. Stationäre Phasen für die Ausschluß-Chromatographie

Bei der Ausschluß-Chromatographie beruht die Trennung auf der unterschiedlichen Zugänglichkeit der inneren Porenstruktur des Trägermaterials (vgl. Kap.IX). Ursprünglich wurden für diese Art der Chromatographie mit Eluenten gequollene Polymere (= Gele) verwendet. Für wäßrige Systeme wurden z.B. vernetzte Dextrane (Sephadex®), Polyacrylamide (Bio-Gel P®) oder Agarose (Bio-Gel A®) benutzt. Mit organischen Eluenten wurden zur Trennung von hydrophoben Polymeren mehr oder weniger vernetzte Polystyrole (Styragel®, Poragel®, Bio-Beads S®)verwendet. Auch vernetzte Polyvinylacetatgele (z.B. ®Merckogel Typ OR) sind brauchbar. Derartige hydrophobe Gele zeigen nur dann gute Trenneigenschaften, wenn der Eluent die Oberfläche des Trägers benetzt und das Polymer quillt.

Die Gele (gequollene Polymere) sind nicht sehr druckstabil. Trennungen sind nur bei sehr niedrigen Eluentengeschwindigkeiten (kleiner Druckabfall) möglich. Das Quellen und Schrumpfen der Säulenpackung in der Trennsäule kann darüber hinaus zu einer Verschlechterung der Permeabilität und (oder) der Trennleistung führen. Die "klassischen" Gele sind deshalb für die Ausschluß-Chromatographie unter den Bedingungen der Hochdruck-Chromatographie kaum geeignet.

Verwendet man jedoch feine Siebfraktionen solcher Gele ($d_p < 15$ µm), so kann die Ausschluß-Chromatographie auch mit größeren Trenngeschwindigkeiten durchgeführt werden. Derartige Polystyrole sind unter der Bezeichnung Styragel® (Waters Assoc., Milford, Mass.) im Handel. Einige andere Gele (z.B. Merckogel Typ OR® bzw. das hydrophile Merckogel PGM® Polyäthylenglykolmethacrylat) [27] sind noch bis zu mäßigen Drücken (~ 60 at) stabil. Für wäßrige GPC geeignet ist Spheron®, ebenfalls ein Polyäthylenglykolacrylat.

Keine Probleme mit der Druckstabilität treten bei den porösen Gläsern und Kieselgelen auf. In beiden Fällen handelt es sich um fast reines SiO_2, nur werden die Poren auf verschiedenen Wegen hergestellt. Kieselgel wird entweder aus Wasserglas oder durch die Polymerisation von Kieselsäuretetraäthylester gewonnen. Durch nachträgliche hydrothermale Behandlung können die vorhandenen Porendurchmesser erweitert werden [28]. Poröse Gläser erhält man aus entmischten Borsilicat-Gläsern, aus denen mit Wasserdampf die ausgeschiedene Borsäure entfernt wird. Beide Trägermaterialien tragen an der Oberfläche saure Gruppen (Silanol- bzw. Lewis-saure Gruppen), deren Einfluß auf zu trennende Proben gelegentlich nicht zu vernachlässigen ist (z.B. kann die Tertiärstruktur von Proteinen dadurch zerstört werden).

Kieselgele (z.B. Lichrosorb®, Lichrospher®, Porasil®, Spherosil®) bzw. poröse Gläser (z.B. CPG®-10 oder "Bio-Glass"®) sind mit Porendurchmessern von 60 - 2500 Å im Handel. Lichrosorb® gibt es bis zu Porendurchmessern von 25 000 Å. Bei Kieselgelen und porösen Gläsern können sowohl polare als auch unpolare Eluenten verwendet werden. Verwendet man unpolare Eluenten, so ist darauf zu achten, daß die zu trennenden Substanzen nicht an der Oberfläche des Festkörpers adsorbiert werden. Für die wäßrige Ausschluß-Chromatographie von biologischen Substanzen verwendet man chemisch modifiziertes Kieselgel [18,29-32], vornehmlich mit Glykoläthergruppierung am Ende. Derartige Phasen werden von Wasser benetzt, jedoch kann bei der Trennung neben Ausschluß auch noch eine reversed-phase-Wechselwirkung mitwirken. Sie sind im Handel unter der Bezeichnung Glycophase® bzw. μ-Bondagel E® mit verschiedener Porendurchmesserverteilung erhältlich.

Literatur zu Kapitel V

Allgemeine Beschreibung von Trägermaterialien für Hochdruck-Flüssigkeits-Chromatographie und Gelpermeation:

Majors, R.E.: American Laboratory *1972*, 27-39; International Laboratory Nov./Dec. 1975.

Leitch, R.E., DeStefano, J.J.: J. Chromatogr. Sci. *11*, 105 (1973).

Locke, D.C.: J. Chromatogr. Sci. *11*, 120 (1973).

Dark, W.A., Limpert, R.J.: J. Chromatogr. Sci. *11*, 114 (1973).

1. Karger, B.L., Engelhardt, H., Conroe, K., Halász, I., in: Stock, R. (Ed.): Gas Chromatography 1970. London: Institute of Petroleum 1971.
2. Halász, I., Sebestian, I.: Angew. Chemie *81*, 464 (1969).
3. Halász, I., Sebestian, I.: J. Chromatogr. Sci. *12*, 161 (1974).
4. Brust, O.E., Sebestian, I., Halász, I., in: Perry, S.G.: Gas Chromatography 1972. Ec. Applied Science. Barking, Essex 1973.
5. Brust, O.E., Halász, I.: J. Chromatogr. *83*, 15 (1973).
6. Sebestian, I., Halász, I.: Chromatographia *7*, 371 (1974).
7. Aue, W.A., Hastings, C.R.: J. Chromatogr. *42*, 319 (1969).
8. Hastings, C.R., Aue, W.A., Augl, J.M.: J. Chromatogr. *42*, 487 (1970).
9. Kirkland, J.J., DeStefano, J.J.: J. Chromatogr. Sci. *8*, 309 (1970).
10. Kirkland, J.J.: J. Chromatogr. Sci. *9*, 206 (1971).
11. Sebestian, I., Halász, I., in: Giddings, J.C., et al.: Advances in Chromatography. Vol.14. New York: Dekker 1976.

12. Kolthoff, I.M., Shapiro, I.: J. Am. Chem. Soc. *72*, 776 (1950).

13. Karch, K., Sebestian, I., Halász, I.: J. Chromatogr. *122*, 3 (1976).

14. Grushka, E. (Ed.): Bonded Stationary Phases in Chromatography. Ann Arbor, Mich.: Ann Arbor Science Publ. 1974.

15. Řehák, V., Smolkova, E.: Chromatographia *9*, 219 (1976).

16. Kirkland, J.J.: Chromatographia *8*, 661 (1975).

17. Boksanyi, L., Liardon, O., Kovats, E.sz.: Adv. Coll. Interfac. Sci. *6*, 95 (1976).

18. Chang, S.H., Gooding, K.M., Regnier, F.E.: J. Chromatogr. *120*, 321 (1976).

19. Unger, K., Becker, N., Roumeliotis, P.: J. Chromatogr. *125*, 115 (1976).

20. Horváth, C., Melander, W., Molnár, J.: J. Chromatogr. *125*, 129 (1976).

21. Karger, B.L., Gant, J., Hartkopf, A., Weiner, P.H.: J. Chromatogr. *128*, 65 (1976).

22. Unger, K., Nyamah, D.: Chromatographia *7*, 63 (1974).

23. Weigand, N.: Dissertation Saarbrücken 1974.

24. Weigand, N., Sebestian, I., Halász, I.: J. Chromatogr. *102*, 325 (1974).

25. Saunders, D.H., Barford, R.A., Magidman, P., Olszewski, L.T., Rothbart, H.L.: Anal. Chem. *46*, 834 (1974).

26. Asmus, P.A., Low, C.-E., Novotny, M.: J. Chromatogr. *119*, 25 (1976).

27. Heitz, H.: Angew. Chemie *82*, 675 (1970).

28. Iler, R.K.: The Colloid Chemistry of Silica and Silicates. Ithaca, N.Y.: Cornell Univ. Press 1955.

29. Chang, S.H., Gooding, K.M., Regnier, F.E.: J. Chromatogr. *125*, 103 (1976).

30. Wu, A.C.M., Bough, W.A., Conrad, E.C., Alden jr., K.E.: J. Chromatogr. *128*, 87 (1976).

31. Regnier, F.E., Noel, R.: J. Chromatogr. Sci. *14*, 316 (1976).

32. Persiani, C., Cukor, P., French, K.: J. Chromatogr. Sci. *14*, 417 (1976).

Bezugsquellen für stationäre Phasen (Tab.V.1 - 5)

1. BioRad Laboratories, 8000 München
2. Bodenseewerk Perkin-Elmer, 7770 Überlingen
3. DuPont de Nemours, Deutsche Niederlassung, 6360 Friedberg (Hessen)
4. Merck AG, 6100 Darmstadt
5. Whatman SA, Zone Industrielle, 45210 Ferrières, Loiret, Frankreich

   In Deutschland zu beziehen bei:

   5a. WGA, W. Guenther Analysentechnik, Sentaweg, 4000 Düsseldorf

   5b. Vetter KG, Malscher Straße, 6837 St. Leon - Rot
6. Macherey-Nagel + Co., Werkstraße 6 - 8, 5160 Düren
7. Waters GmbH, Herzog-Adolf-Straße 4, 6240 Königstein/Ts.
8. Woelm PHARMA GmbH & Co., Postfach, 3440 Eschwege
9. Phase Separation Ltd., Deeside Industrial Estate, Queensferry, Flintshire, U.K.

   In Deutschland zu beziehen bei:

   9a. Latek, Labortechnik-Geräte GmbH, Wielandstraße 21, 6900 Heidelberg
10. Durrum Chemical Corporation, 3950 Fabian Way, Palo Alto, CA 94303, U.S.A.
11. Beckman Instruments GmbH, Frankfurter Ring, 8000 München
12. Hamilton Micromeasure AG, CH-7402 Bonaduz, Schweiz
13. Applied Science Laboratories, State College, PA 16801, U.S.A.
14. Varian GmbH, Alsfelder Straße 6, 6100 Darmstadt

Kapitel VI

Adsorptionschromatographie

I. Polare stationäre Phasen

A. Allgemeines

Weitaus die meisten Trennungen in der Flüssigkeits-Chromatographie beruhen auf Adsorptionseffekten. Dabei wird die Trennung durch das Zusammenwirken von Adsorbens, Probe und Eluent, durch das Adsorptionsmilieu, beeinflußt. Die Sorption beruht bei den oxidischen Sorbenzien auf spezifischen Wechselwirkungen zwischen der polaren Oberfläche des Adsorbens und den polaren Gruppen des adsorbierten Moleküls. Zu diesen Wechselwirkungen zählen die Dipol-Dipol-Wechselwirkung zwischen permanenten oder induzierten Dipolen sowie Wasserstoffbrückenbindung bis hin zur *charge transfer*- oder π-Komplex-Bildung. Die gelegentlich auftretende Chemisorption ist im allgemeinen unerwünscht, da sie zu extrem hohen Retentionszeiten bzw. irreversibler Sorption oder zur Zersetzung der Substanz führen kann.

Voraussetzung für ein reproduzierbares chromatographisches Arbeiten ist eine lineare Sorptionsisotherme. Nur in diesem Falle ist die Retentionszeit von der Probenmenge unabhängig. Leider sind in allen praktischen Fällen die Sorptionsisothermen mehr oder weniger gekrümmt. Meist hat man es mit Isothermen des Langmuir-Typs zu tun. Hier nimmt die adsorbierte Menge mit steigender Probenkonzentration ab, d.h. die Retentionszeit nimmt ab (Abb.VI.1). Darüber hinaus verlagert sich die Zone höchster Konzentration immer mehr an den Anfang der Substanzbande (Bereich der Sättigungskonzentration) und ergibt den bekannten asymmetrischen Elutionspeak (*Tailing*). Diese Asymmetrie der Verteilung ist bei der Adsorptionschromatographie fast ausschließlich auf eine Nicht-Linearität der Isotherme zurückzuführen.

Bei Trennungen im nicht-linearen Gebiet der Adsorptionsisotherme hängen die Retentionszeiten von der Probenmenge ab. Eine qualitative

Art der Isotherme

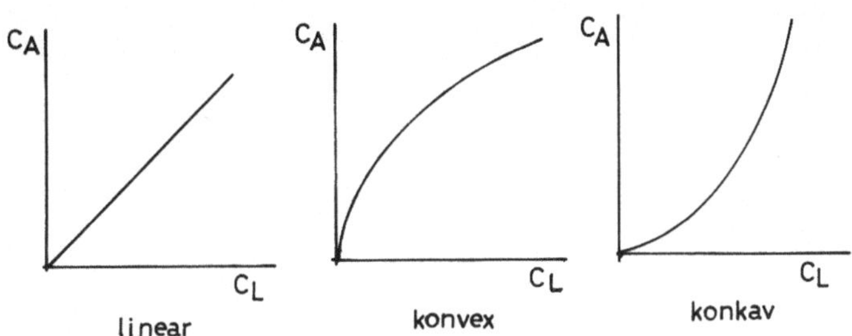

Zonenform im Eluent

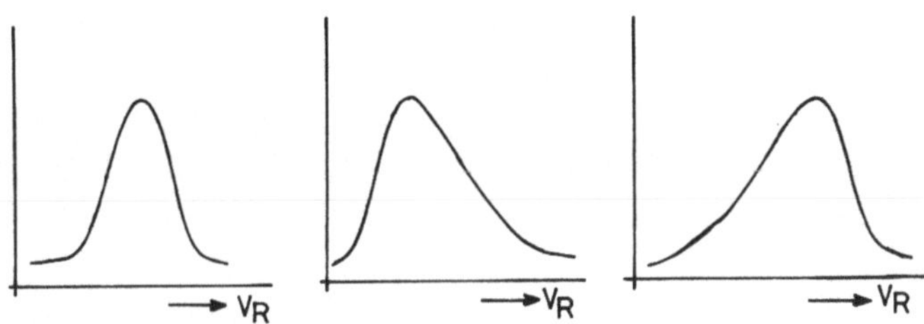

Einfluß der Probemenge

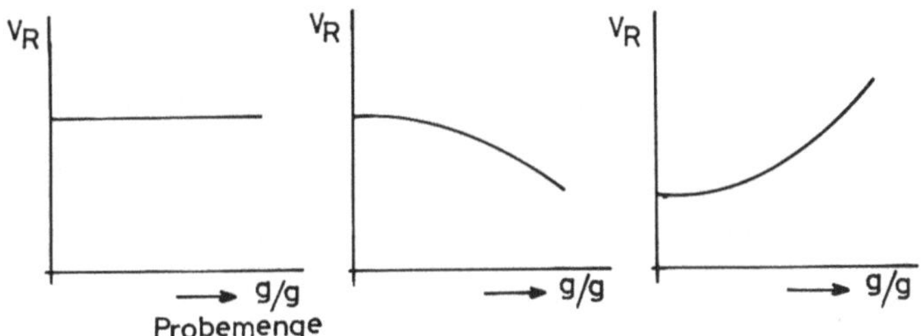

Abb.VI.1. Einfluß der Sorptionsisotherme auf Bandenform und Retentionsvolumen.

Identifizierung ist hier nur bedingt möglich. Die Trennung zweier benachbarter Zonen ist unvollständig, eine Isolierung von Rein-Substanzen eventuell unmöglich.

Die Erfahrung hat gezeigt, daß der lineare Bereich der Adsorptionsisotherme für viele Adsorbenzien identisch ist. Man kann davon ausgehen, daß bei Probenmengen unter 10^{-4} g/g Adsorbens oder 0,1 mg Probe/g Adsorbens die Retentionszeiten von der Probenmenge unabhängig sind und man sich im linearen Bereich der Isotherme befindet [1].

Diesen Bereich bezeichnet man auch als die "lineare Kapazität" eines Adsorbens. Die lineare Kapazität ist um so geringer, je inhomogener die Oberfläche des Adsorbens ist. Durch Belegung der Adsorbensoberfläche mit polaren Verbindungen (z.B. Wasser) vergrößert sich der lineare Bereich der Isotherme.

Neben der Desaktivierung mit Wasser oder anderen polaren Stoffen kann auch durch die Modifikation der Oberfläche mittels chemischer Reaktionen der lineare Bereich der Isotherme vergrößert werden. Der Vorteil dieser Art der Homogenisierung der Oberfläche gegenüber der üblichen Belegung mit Wasser liegt darin, daß die chemisch gebundenen Verbindungen bei Änderung des Eluenten nicht herausgewaschen werden.

In kritischen Fällen sollte die lineare Kapazität des Adsorbens experimentell bestimmt werden. Dazu trägt man die k'-Werte bzw. h-Werte gegen den Logarithmus der Probenmenge pro Gramm Adsorbens auf. In Abb. VI.2 ist eine derartige experimentelle Kurve für Kieselgel angegeben. Wie man deutlich sieht, verändern sich ab einer bestimmten Probenmenge

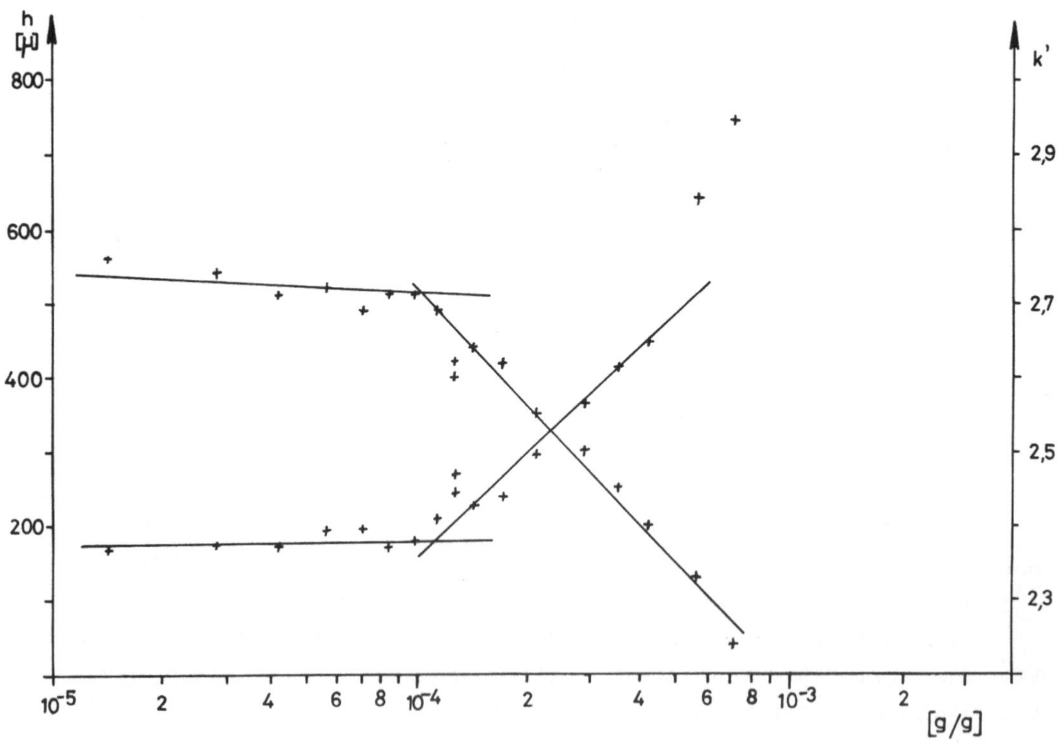

Abb.VI.2. Bestimmung der linearen Kapazität eines Adsorbens. Kieselgel Merckogel Si 100, Eluent n-Heptan, Probe: Nitrobenzol.

sowohl die Bandenverbreiterung als auch der k'-Wert. Nach Snyder [1] ist eine 10-prozentige Änderung der k'-Werte noch tolerierbar (Definition der linearen Kapazität). Dieser Wert aus der klassischen Säulenchromatographie erscheint für die Hochdruck-Flüssigkeits-Chromatographie etwas zu weit gegriffen. Die ermittelte Höchstmenge sollte nicht überschritten werden. Die Vergrößerung der Bandenbreite ist auf Tailing zurückzuführen.

Das Flüssigkeits-Volumen, in dem die Probenmenge gelöst ist, sollte bei analytischen Arbeiten möglichst gering sein, damit die Substanzaufgabe nicht Ursache einer zusätzlichen Bandenverbreiterung wird. Sie kann dann auftreten, wenn das Volumen der mobilen Phase in der Trennsäule klein ist und die k'-Werte der Probenbestandteile niedrig sind ($k' < 2$). Bei höheren k'-Werten oder beim Arbeiten mit der Gradient-Elution macht sich das Volumen, in dem die Probe gelöst ist, nicht mehr bemerkbar.

Das auf die nicht-lineare Isotherme zurückzuführende Tailing kann sehr wohl von dem Tailing unterschieden werden, das auf apparative Mängel (z.B. zu großes Totvolumen) zurückzuführen ist. Durch die Apparatur bedingtes Tailing macht sich vor allem beim Inertpeak und bei Substanzen mit niedrigen k'-Werten ($k' < 5$) bemerkbar. Substanzen mit großen k'-Werten zeigen im allgemeinen kein Tailing, das auf apparative Mängel zurückgeführt werden kann (eine lineare Sorptionsisotherme sei in diesem Falle vorausgesetzt). Ist die Nicht-Linearität der Isotherme die Ursache des Tailings, so zeigt die Inertsubstanz selbstverständlich kein Tailing. Die Asymmetrie der Banden nimmt in diesem Falle mit steigendem k'-Wert zu, nicht allein deshalb, weil die Probenmenge mit steigender Retention zunehmen muß, damit der Peak bei gegebener Detektorempfindlichkeit noch als solcher erkannt werden kann.

Der in Abb.VI.1 ebenfalls dargestellte Fall einer konkaven Sorptionsisotherme ist sehr selten. Er kann z.B. bei der Adsorption an Flüssigkeitsoberflächen auftreten. Das Erscheinungsbild des Peaks im Chromatogramm, langsamer Anstieg und steiler Abfall, wird als *"leading"* bezeichnet. Derartige Elutionsbanden erhält man allerdings auch bei schlechter Löslichkeit der Substanz im Eluenten. Über einen großen Konzentrationsbereich vollkommen lineare Isothermen sind selten. Daher sollte man sich bei einem neuen System stets experimentell durch Aufgabe unterschiedlicher Probenmengen davon überzeugen, ob die Retentionszeiten von der Probenmenge unabhängig sind. Nur dann ist eine Identifizierung von Bestandteilen des Gemisches über die ermittelten Retentionszeiten möglich.

B. Polare Adsorbenzien und ihre Eigenschaften

Von den vielen in der klassischen Säulenchromatographie verwendeten Sorbenzien werden in der Hochdruck-Flüssigkeits-Chromatographie praktisch nur Kieselgel und Aluminiumoxid verwendet, entweder direkt als poröses Trägermaterial oder in Form von PLB (Festschichtmaterialien). Stets handelt es sich um typisch oxidische, polare Adsorbenzien. In den meisten Fällen ist auch die Elutionsreihenfolge der Stoffe gleich. Man kennt jedoch in der Selektivität einige Unterschiede. So ist Aluminiumoxid für die Trennung kondensierter aromatischer Kohlenwasserstoffe besser geeignet als Kieselgel. Neben den polaren Adsorbenzien werden heute mehr und mehr chemisch modifizierte Sorbenzien verwendet, am häufigsten sog. "Reversed-phase"-Systeme mit unpolarer Oberfläche. Ihr Einsatzgebiet entspricht dem der Aktivkohle in der klassischen Säulenchromatographie. Aktivkohlen sind wegen ihrer schlechten mechanischen Eigenschaften (und auch wegen der schlechten Reproduzierbarkeit der Herstellung) für die Hochdruck-Flüssigkeits-Chromatographie ohne weiteres nicht geeignet.

Im übrigen sei daran erinnert, daß es sich bei den aktiven Adsorbenzien um mehr oder minder amorphe Gele handelt, deren Eigenschaften nicht nur von Charge zu Charge variieren können, sondern sich auch während der Lagerung oder bei Umsetzung, Reinigung etc. verändern können.

1. Kieselgel

Kieselgel ist das am häufigsten verwendete Adsorbens. Oft dient es auch als Trägermaterial für flüssige stationäre Phasen in der Verteilungschromatographie (vgl. S.87, s.a. Kap.VII). Kieselgele, einschließlich der manchmal verwendeten porösen Gläser, sind amorph und können sehr rein und mit verschiedenen physikalischen Eigenschaften (spez. Oberfläche, Porenvolumen und Porendurchmesser) hergestellt werden [2,3]. Für unsere Zwecke werden hauptsächlich solche mit relativ großer spezifischer Oberfläche (> 200 m^2/g), großem Porenvolumen (> 0,7 ml/g) und mittlerem Porendurchmesser (80 - 150 Å) verwendet.

Den Einfluß der Porenstruktur des Kieselgels auf eine chromatographische Trennung zeigt Abb.VI.3. Die Trennung der Oligophenylen wurde unter identischen Bedingungen (n-Heptan, 20 % relative Feuchtigkeit) an Kieselgelen mit unterschiedlicher Porenstruktur durchgeführt [16]. Die spezifische Oberfläche nimmt dabei von 250 m^2/g (SI 100) auf 6 m^2/g (SI 4000) ab. Die optimale Trennung wird dabei mit einem Kieselgel mit 50 m^2/g (SI 500) erzielt. Die absoluten Retentionen sind eine Funktion der spezifischen Oberfläche, die relativen Retentionen sollten davon unabhängig sein, wenn sich die Struktur der Oberfläche dabei nicht ändert. Bei kleineren Porendurchmessern (< 60 Å) als den hier verwendeten können auch bei relativ kleinen Molekülen schon Ausschlußeffekte auftreten.

Die Hydroxy-Gruppen auf der Oberfläche (Silanolgruppen) können entweder so angeordnet sein, daß sie vollkommen allein stehen, oder daß sie in der Lage sind, mit benachbarten Gruppen Wasserstoffbrücken zu bilden. Durch Wasserstoffbrücken wird Wasser adsorbiert. Eine thermische Behandlung unterhalb 150°C entfernt nur das

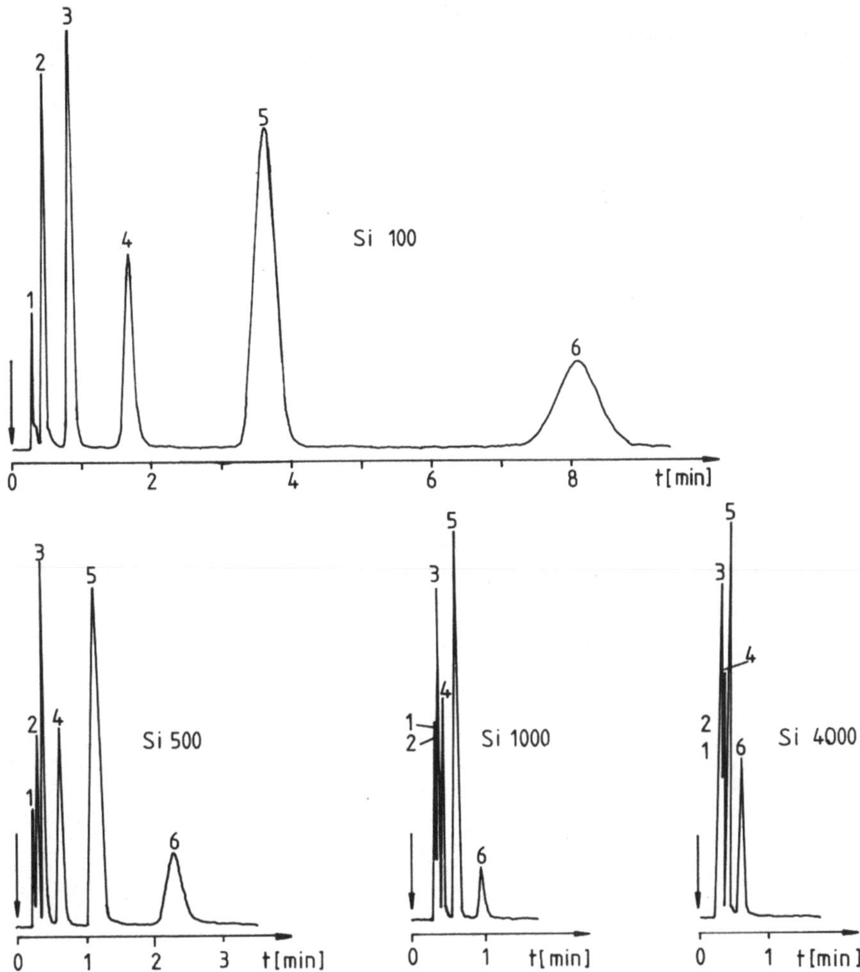

Abb.VI.3. Einfluß der Porenstruktur des Kieselgels auf die Trennung von Oligophenylen [Merck Applikation 75-36]. Stationäre Phasen: Lichrospher Si 100, Si 500, Si 1000, Si 4000, $d_p \sim 10$ µm. Säulenlänge: 20 cm, 3 mm i.d.; Eluent: n-Heptan (20 % rel. Feuchte). F = 5 ml/min; Δp = 125 at. Proben: 1 = Benzol; 2 = Diphenyl; 3 = m-Terphenyl; 4 = m-Quaterphenyl; 5 = m-Quinquephenyl; 6 = m-Sexiphenyl [16].

physikalisch adsorbierte Wasser. Oberhalb 200°C finden Oberflächenreaktionen statt. Zwischen 300 und 500°C kondensieren benachbarte Hydroxy-Gruppen unter Wasseraustritt zu Siloxan-Gruppen. Bei noch höheren Temperaturen werden auch die allein stehenden sog. freien Hydroxy-Gruppen abgespalten. Derartig hoch erhitztes Kieselgel ohne Hydroxy-Gruppen ist für die Adsorptionschromatographie nicht mehr geeignet. Kieselgel, das bei hohen Temperaturen dehydratisiert wurde, ist hydrophob [4] und besitzt keine Selektivität mehr für die Adsorption von polaren Molekülen. Bei der Zugabe von Wasser zu getrocknetem Kieselgel, das auch teilweise dehydratisiert wurde, wird das Wasser nur physikalisch adsorbiert. Bei Raumtemperatur findet kaum eine Rehydratisierung von Siloxan-Gruppen statt.

Die Angaben über die Anzahl der Hydroxy-Gruppen pro Oberflächeneinheit streuen sehr weit, abhängig von den Eigenschaften des Kieselgels und der Bestimmungsmethode [2]. Ein guter Wert scheint 5 Hydroxy-Gruppen/100 $Å^2$ zu sein, das entspricht etwa 8 µMol OH/m^2 Oberfläche. Die Adsorption von ungesättigten und polaren Molekülen an Kieselgelen findet fast ausschließlich an diesen Oberflächen-Hydroxy-Gruppen statt.

Durch chemische Modifikation der Oberflächensilanole erhält man hydrophobe stationäre Phasen mit "Reversed-phase"-Eigenschaften. Enthalten die Derivate funktionelle Gruppen, so werden die Eigenschaften und Selektivität der Kieselgele entsprechend variiert [5-7] (vgl. V.B).

Da die Oberfläche des Kieselgels schwach sauer ist, werden basische Substanzen, vor allem in polaren Eluenten, stärker zurückgehalten als saure und neutrale Substanzen. Handelsprodukte sind häufig durch Zugabe von Basen neutral gestellt. In polaren Medien, besonders in Wasser, kann die saure Reaktion der Kieselgeloberfläche zu Störungen führen, doch sind Substanzveränderungen bei der Chromatographie an Kieselgel relativ selten [8].

2. Aluminiumoxid

Für die Chromatographie geeignetes Aluminiumoxid wird durch Entwässern von Bayerit und anschließendes Aktivieren bei 200-500°C gewonnen. Das erhaltene Aluminiumoxid ist kristallin (γ-Al_2O_3) und geht beim Erhitzen auf 900-1000°C in Hochtemperaturformen über, die bei 1100°C alle in α-Aluminiumoxid übergehen, das keine chromatographische Aktivität mehr besitzt ("totgebranntes" Al_2O_3).

Die Oberfläche von Aluminiumoxid liegt zwischen 100 und 200 m^2/g, bei einem Porenvolumen von 0,2 - 0,3 ml/g. Der durchschnittliche Porendurchmesser beträgt zwischen 100 und 200 Å. Bei höheren Temperaturen hergestellte Aluminiumoxide besitzen eine geringere spezifische Oberfläche (70 - 90 m^2/g).

Der Sorptionsmechanismus an Aluminiumoxid ist komplexer als an Kieselgel. Neben der Ausbildung von Wasserstoffbrücken zu Oberflächen-Hydroxy-Gruppen bzw. Sauerstoffatomen gibt es die Möglichkeit der Wechselwirkung von basischen (elektronenreichen) Molekülen mit Lewis-sauren Zentren an Aluminiumatomen. Diese Lewis-sauren Zentren adsorbieren teilweise irreversibel. Durch Belegung mit Wasser geht diese Aktivität verloren.

Die stark aktiven Lewis-sauren Zentren sind mit die Ursache für die Zersetzung von empfindlichen Substanzen während der Trennung. Durch Zugabe von 1-3 Gew.-% Wasser zu aktivem Aluminiumoxid wird ihr Einfluß ausgeschaltet [9]. Eine andere Ursache für Zersetzungsreaktionen an Aluminiumoxid kann die basische oder saure Oberflächenreaktion sein. Bei der Herstellung von Aluminiumoxid wird der Restalkaligehalt des Bayerits in Form von Natriumaluminat an der Oberfläche gebunden. Eine wäßrige Suspension von solchem Aluminiumoxid hat einen pH-Wert von 9. Man bezeichnet es daher als "basisch". Die Na-aluminat-Zentren an der Oberfläche können in polaren Medien, besonders in Wasser, als Kationenaustauscher wirken. Das kann zu irreversibler Adsorption von kationoiden Verbindungen bzw. zur Zersetzung alkaliempfindlicher Substanzen führen. Behandelt man basisches Aluminiumoxid mit starken Säuren, etwa HCl, so erhält man einen Austausch:

$$> AlO^{\ominus} \; Na^{\oplus} + 2\,HCl \rightarrow \; > Al\text{-}Cl + NaCl + H_2O.$$

Das behandelte Aluminiumoxid zeigt in wäßriger Suspension einen pH-Wert von 3 und wird daher "saures" Aluminiumoxid genannt; es ist ein Anionenaustauscher. Durch vorsichtige Neutralisation erhält man ein "neutrales" Aluminiumoxid, das weder Kationen- noch Anionenaustauscher ist. Bei ihm (wäßrige Suspension pH ~ 6,8) gibt es keine Störungen durch basische oder saure Oberflächenreaktionen. Ein "neutrales" Aluminiumoxid darf aus wäßriger Lösung weder Methylenblau (wird von "basischen" kationischen Zentren adsorbiert) noch Naphtholorange (wird von "sauren" anionischen Zentren adsorbiert) zurückhalten. Für die Chromatographie empfindlicher Substanzen ist das "neutrale" Aluminiumoxid auch in unpolaren Medien vorzuziehen, da an seiner Oberfläche fast immer Wasser adsorbiert ist, in dem retardierte Substanzen gelöst werden und damit mit der sauren oder basischen Oberfläche in einem polaren Medium in Berührung kommen.

Aluminiumoxid zählt zu den polaren Adsorbenzien und seine Trenneigenschaften sind denen des Kieselgels sehr ähnlich. Ungesättigte Moleküle werden aber an Aluminiumoxid im allgemeinen stärker zurückgehalten als an Kieselgel. Auch gelingt die Trennung von kondensierten Aromaten an Aluminiumoxid leichter als an Kieselgel. Störungen durch irreversible Adsorption ("Chemisorption") oder durch die besprochenen Oberflächenreaktionen sind bei Trennungen an Aluminiumoxid häufiger als an Kieselgel.

3. Polyamide

Polyamide eignen sich zur Trennung von Verbindungen, die Wasserstoffbrücken bilden können (Phenole, Chinone, Zucker etc.). Das Ausmaß der Sorption ist von der Zahl der Peptidgruppierungen im Polymeren abhängig (z.B. ob Nylon 4, Nylon 6 oder Nylon 11). Gelegentlich ist es notwendig, die freien Amino-Endgruppen am Polyamid zu acetylieren, um eine irreversible Adsorption zu vermeiden.

Ein reines Polyamid ist für die Hochdruck-Flüssigkeits-Chromatographie ungeeignet. Es kann aber sehr leicht auf unporöse wie auf poröse Träger niedergeschlagen werden, und derartige Phasen sind im Handel erhältlich.

Die Sorption ist an Polyamid am stärksten aus Lösungsmitteln, die nicht zur Ausbildung von Wasserstoffbrücken in der Lage sind. Die Elution erfolgt mit Lösungsmitteln wie Alkoholen, Wasser oder Dimethylformamid. Eine vollständige Verdrängung der sorbierten Stoffe ist mit Natronlauge möglich.

4. Gruppenselektive Adsorbenzien

Es ist bekannt, daß z.B. Kieselgele, die mit Silbernitrat belegt wurden, zur selektiven Trennung von gesättigten und ungesättigten organischen Molekülen in der Lage sind. Derartige Systeme, aus der klassischen Säulenchromatographie bekannt, können selbstverständlich auch in der Hochdruck-Flüssigkeits-Chromatographie verwendet werden. Gelegentlich ist das auch bereits geschehen (Silbernitrat [10], Trinitrofluorenon [11]).

Chemisch modifizierte stationäre Phasen mit geeigneten funktionellen Gruppen zeigen analoge Selektivität wie die physikalisch belegten Phasen [6]. Diese Phasen haben gegenüber den physikalisch belegten alle Vorteile der chemisch gebundenen stationären Phasen (vgl. Kap.V) [12].

C. Einfluß von Wasser auf die Trennung

Die oxidischen Adsorbenzien wie Aluminiumoxid und Kieselgel sind bekanntlich gute Mittel zur Trocknung unpolarer organischer Lösungsmittel. Das aufgenommene Wasser beeinflußt wesentlich ihre chromatographischen Eigenschaften. Das wurde schon frühzeitig erkannt und es fehlte nicht an Versuchen, den Wassergehalt der Adsorbenzien zu standardisieren [9,13,14] und mit dem im Gleichgewicht vorhandenen Wassergehalt des Eluenten in Beziehung zu setzen [9,15]. Diese Verfahren, bei denen zum Adsorbens definierter Ausgangsaktivität bestimmte Mengen Wasser zugegeben werden, sind für die Hochdruck-Flüssigkeits-Chromatographie nur bedingt geeignet. Bei der gegenüber der klassischen Säulenchromatographie beträchtlich höheren Durchflußmenge des Eluenten pro g Adsorbens bestimmt stärker der Wassergehalt des Eluenten die Aktivität des Adsorbens als das zuvor zugegebene Wasser. Die Einstellung des Gleichgewichtes zwischen im Eluenten gelöstem Wasser und adsorbiertem Wasser erfolgt rasch. Werden die Säulen mit einer der beschriebenen Suspensionstechniken gepackt, so ist die Aktivitätseinstellung sogar nur noch über den Eluenten möglich.

Wie stark der Wassergehalt des Adsorbens die Trennung beeinflußt, zeigt Abb.VI.4 anhand der Trennung von Oligophenylen [16]. Eine optimale Trennung erhält man in diesem Beispiel, wenn man 1 Teil wassergesättigtes Heptan mit 2 Teilen trockenem Heptan mischt und dieses Gemisch als Eluenten verwendet (b). Bei zu großem Wassergehalt (c) ist eine Trennung nicht mehr möglich.

Auch der umgekehrte Effekt kann auftreten, daß die Trennung durch den Wassergehalt des Eluenten erst möglich wird. Abb.VI.5a zeigt die Trennung von Steroiden an Kieselgel; das Chloroform wurde über einem Molekularsieb getrocknet. Die Trennung ist unvollständig, die Peaks zeigen starkes Tailing. Arbeitet man mit wassergesättigtem Chloroform (0,2 % Wasser), so vermindert sich nicht nur die Analysendauer beträchtlich, sondern nun werden alle drei Substanzen voneinander getrennt und als scharfe Peaks eluiert (Abb.VI.5b). Hier baut sich ein Verteilunssystem auf (vgl. Kap.VII.B.3).

Wegen des starken Einflusses des Wassergehaltes des Eluenten auf die chromatographische Trennung ist die Adsorptionschromatographie gelegentlich als schlecht reproduzierbar bezeichnet worden. Einen ähnlichen Einfluß wie das Wasser haben indessen auch alle anderen polaren Verunreinigungen, auch wenn sie nur in Spuren im Eluenten enthalten sind. Es sei z.B. darauf hingewiesen, daß Halogenkohlenwasserstoffen zur Stabilisierung geringe Mengen (0,2 - 2 %) Äthanol zugesetzt werden. Man sollte daher nur gereinigte und getrocknete Lösungsmittel definierter Qualität als Eluenten verwenden. Die Vorreinigung der Eluenten durch Filtration über aktive Adsorbenzien [9], bei der alle polaren Verunreinigungen entfernt werden, müßte in jedem chromatographischen Laboratorium zur Standardmethode werden.

Die Reproduzierbarkeit der Experimente kann man dadurch verbessern, daß man bei sauberen Lösungsmitteln den Wassergehalt überwacht und kontrolliert und ein genügend großes Volumen an mobiler Phase im Kreislauf umpumpt (recycling). Die Trennsäule bleibt dann im Gleichgewicht mit dem Eluenten.

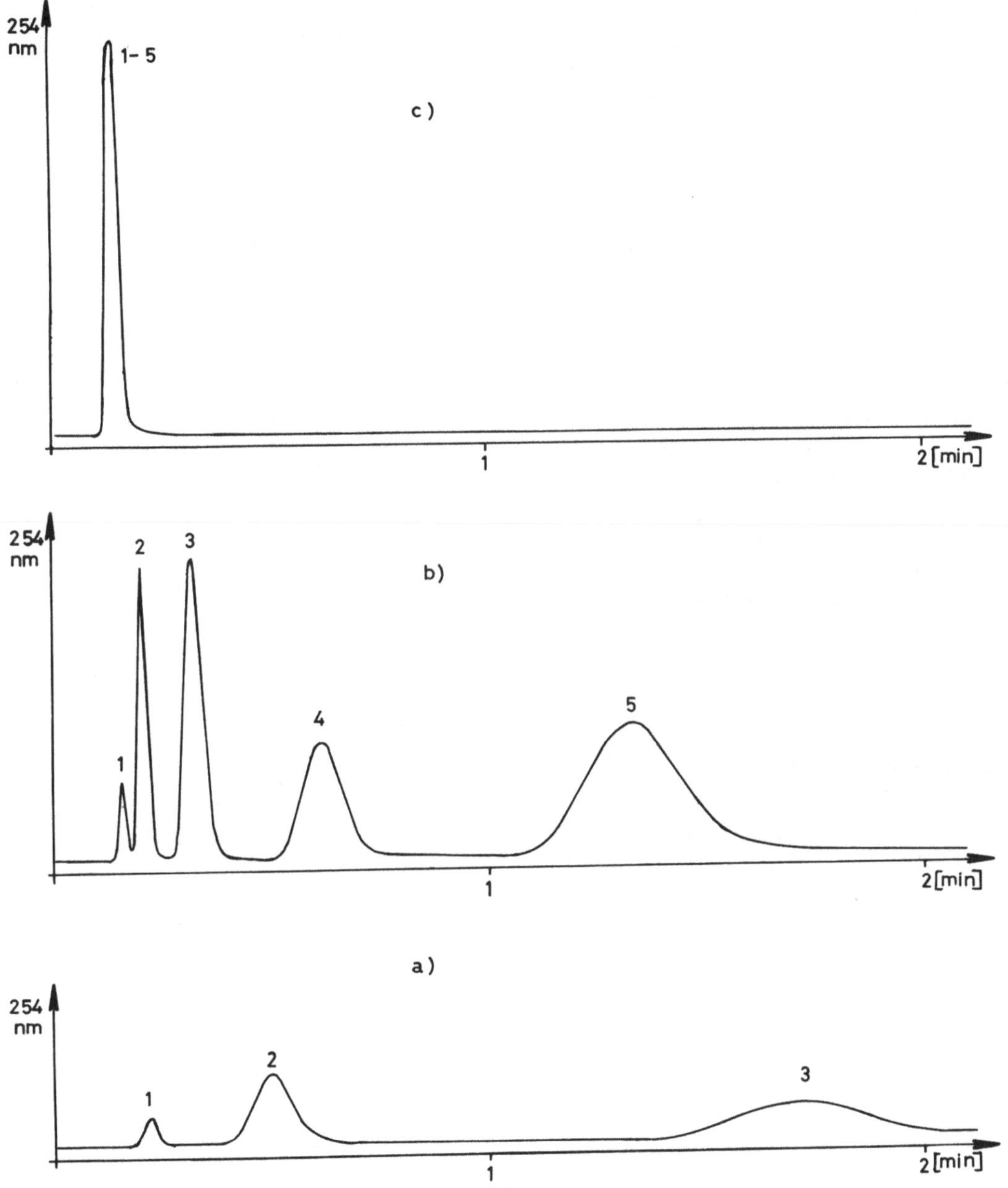

Abb.VI.4. Einfluß des Wassergehaltes im Eluenten auf die Trennung von Oligophenylen [16]. PLB: Perisorb A; d_p ~ 30 µm; Eluent: n-Heptan: a) über Molekularsieb getrocknet. b) 100 ml Heptan, wassergesättigt, + 200 ml Heptan, getrocknet über Molekularsieb. c) Heptan, wassergesättigt. Säule 50 cm, 2 mm i.d.; u = 6,2 cm/sec; Δp = 56 at. 1 = Benzol; 2 - 5 = m-Oligophenyle.

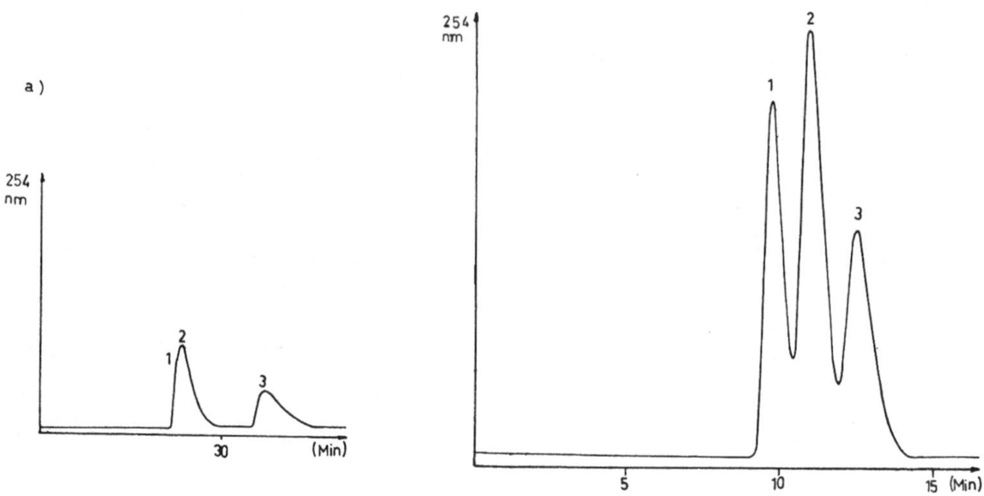

Abb.VI.5. Trennung von Steroiden an Kieselgel [16]. Merckogel Si 60, Eluent: Chloroform + 0,5 % Stabilisierungsalkohol, a) über Molekularsieb getrocknet, b) wassergesättigt (~ 0,2 % H_2O). Säule: 200 cm, 2 mm i.d.; F = 0,75 ml/min; Δp = 185 at. 1 = Dexamethason; 2 = Fluorhydrocortison; 3 = Hydrocortison.

Bei den aliphatischen Kohlenwasserstoffen ist die exakte Bestimmung der sehr niedrigen Wassergehalte durch Karl-Fischer-Titration mit Schwierigkeiten verbunden, da man z.B. eine ausreichende Genauigkeit nur dann erhält, wenn relativ große Eluentenmengen (ab 200 ml) titriert werden. Es ist schwierig, zwei verschiedene Chargen von unpolaren Eluenten herzustellen und aufzubewahren, mit denen identische k'-Werte erzielt werden können. Die k'-Werte zeigen eine empfindliche Abhängigkeit von Schwankungen im Wassergehalt, die mittels Karl-Fischer-Titration nicht feststellbar sind [17]. Je größer die Löslichkeit von Wasser im Eluenten ist, desto geringer wird dieser Einfluß. Bei Methylenchlorid (max. Wasserlöslichkeit ca. 0,2 %) kann der Wassergehalt um einige ppm schwanken, ohne daß die k'-Werte wesentlich verändert werden.

Wesentlich höhere Reproduzierbarkeit erhält man aber, wenn in das Umlaufsystem ein Puffersystem eingebaut wird, das in der Lage ist, an den Eluenten und damit an die analytische Trennsäule definierte und konstante Mengen Wasser im Gleichgewicht abzugeben bzw. daraus aufzunehmen. Der Eluent wird dazu im Kreislauf über eine mit Aluminiumoxid bzw. Kieselgel beschickte Säule gepumpt, die zweckmäßigerweise zwischen Detektor und Ansaugleitung der Pumpe installiert wird [17].

Eine aus handelsüblichen Glasgeräten zusammengestellte Apparatur zeigt Abb.VI.6. Dieses Feuchtigkeitskontrollsystem besteht aus einer Woulffschen Flasche von 500 - 1000 ml Inhalt. Auf einem Auslaß befindet sich ein thermostatisierbarer Tropftrichter (100 - 200 ml Inhalt), der unten mit einer Siebplatte und Filterpapier bzw. Glasfritte abgeschlossen ist. In diesen Tropftrichter füllt man nun ca. 100 g Aluminiumoxid oder 50 g Kieselgel, das entweder getrocknet (aktiviert) wurde oder mit der gewünschten Menge Wasser belegt wird. Als Anhaltspunkt können diejenigen Wassermengen verwendet werden, die man zur Einstellung der Aktivitätsstufen nach Brockmann benötigt. Jedoch kann zur Optimierung der Trennung das Adsorbens im Trichter mit jeder beliebigen Wassermenge vorbelegt werden (vgl. Abb.VI.7).

Der Eluent und die analytische Trennsäule werden durch Umpumpen in den jeweiligen der Wassermenge im Trichter entsprechenden Gleichgewichtszustand gebracht. Im Gleichgewicht sind die k'-Werte der Probesubstanzen konstant. Der Wassergehalt im Trichter des FKS, die Temperatur des Trichters und die der Trennsäule bestimmen die absolute und relative Höhe der k'-Werte.

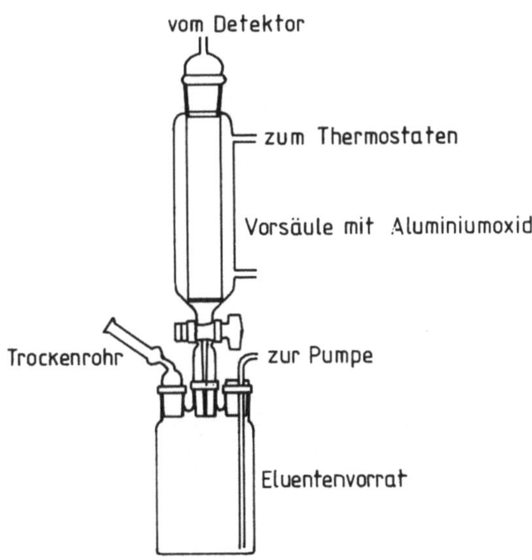

Abb.VI.6. Schematischer Aufbau des Feuchtigkeitskontrollsystems (Erläuterungen im Text).

Eine Trennung von kondensierten aromatischen Kohlenwasserstoffen, bei denen der Wassergehalt des Eluenten (n-Heptan) über die Belegungen des FKS kontrolliert wurde, zeigt Abb.VI.7. Die Wasserkonzentrationen, ermittelt durch Karl-Fischer-Titration, wurden zum Vergleich mit angegeben.

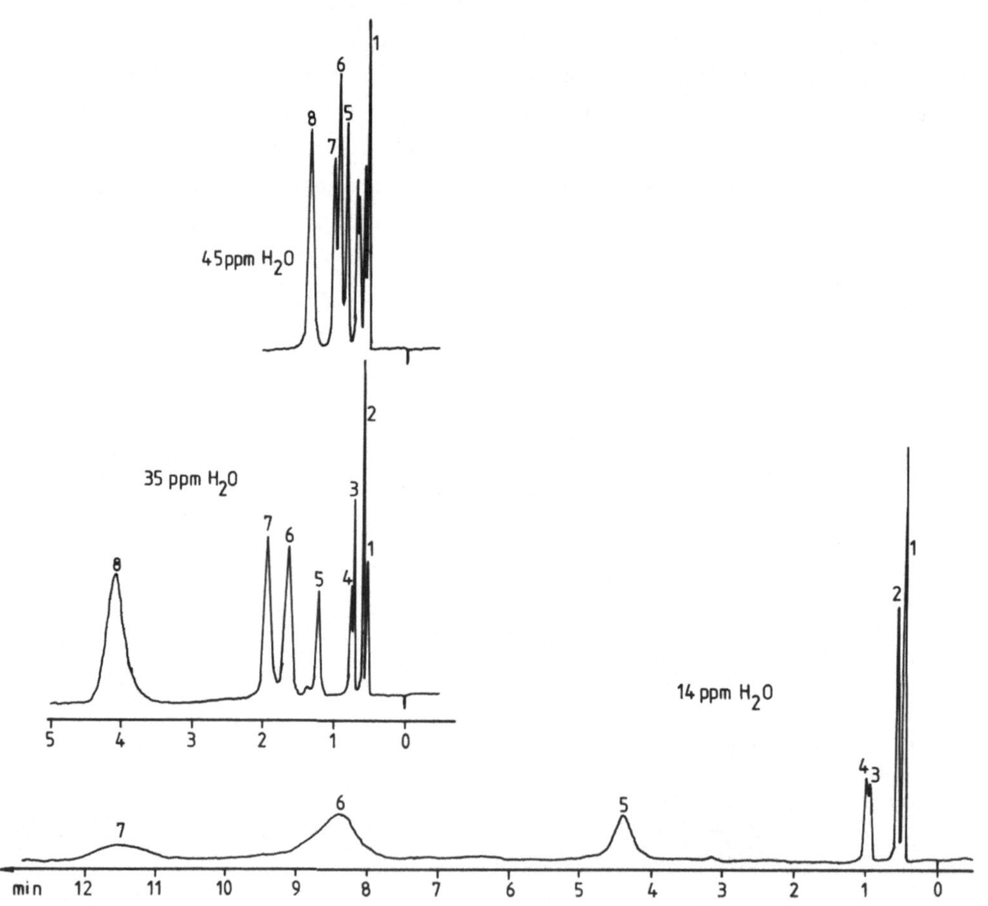

Abb.VI.7. Trennung von Aromaten bei verschiedenen Wasserkonzentrationen im Eluenten. Einstellung mit FKS. FKS: Aluminiumoxid Woelm neutral zur SC, belegt mit 4,5, 6 und 9 % (w/w) Wasser; Temperatur: 25°C; Eluentenvorrat 500 ml. Trennsäule: Aluminiumoxid Woelm neutral, $d_p \sim 5$ µm; T = 25°C; Eluent: n-Heptan mit 14, 35 und 45 ppm Wasser; F = 2,8 ml/min; $\bar{u}$ = 4,2 mm/sec; Δp = 100 at. Proben: 1 = Inert (Tetrachloräthylen); 2 = Benzol; 3 = Naphthalin; 4 = Diphenyl; 5 = Anthracen; 6 = Pyren; 7 = Fluoranthen; 8 = 1,2-Benzanthracen.

Die Dauer der Einstellung des Gleichgewichts hängt selbstverständlich von der Volumengeschwindigkeit des Eluenten und von der Löslichkeit des Wassers im Eluenten ab. Der Zeitaufwand zum "Trocknen" einer Trennsäule (Erhöhung der k'-Werte) ist stets größer als beim "Naßfahren". Als Richtwerte gelten für n-Heptan etwa 18 Stunden für das "Naßfahren" und 48 Stunden für extremes Trocknen (bei einem Fluß von ca. 4 ml/min). Bei Methylenchlorid ist der Zeitbedarf wesentlich geringer (6 - 14 Stunden). Die eingespritzten Probesubstanzen werden durch das FKS entfernt und stören nicht bei der Trennung. Ohne Probleme können einige hundert Trennungen mit einer FKS-Füllung (500 - 1000 ml) durchgeführt werden.

Tab.VI.1 gibt die Größenordnung der Wasserkonzentrationen in den verschiedenen Eluenten wieder [15,17,18]. Der Einfachheit halber wurden die Belegungen des Aluminiumoxids im FKS entsprechend den Aktivitätsstufen nach Brockmann [13] gewählt. Darüber hinaus kann das System zusätzlich über die k'-Werte einiger Standardsubstanzen charakterisiert werden.

Tabelle VI.1. Wasserkonzentrationen [ppm] der Eluenten im Gleichgewicht mit der Wasserbelegung des Al_2O_3.

	Wasserbelegung des Al_2O_3 [% w/w]				
	0	3	6	10	15 %
n-Heptan [17]	< 5	15	35	55	60
Tetrachlorkohlenstoff [18]	< 5	40	120	150	160
Benzol [18]	< 5	100	340	400	460
Diisopropyläther [18]	< 10	250	1050	2400	3200
Chloroform [18]	< 10	140	700	900	1200
Methylenchlorid [17]	< 10	700	1200	1500	1800

In einigen Fällen, bedingt durch System oder Apparatur, kann die Recycling-Methode nicht angewendet werden. In solchen Fällen ist das Trennsystem nur mit chromatographischen Daten zu standardisieren. Dazu verwendet man ein Standardgemisch mit Proben, deren k'-Werte zwischen 1 und 10 liegen. Bei jeder neuen Charge des Eluenten bestimmt man die k'-Werte dieses Standardgemisches, sobald die Säule im Gleichgewicht ist. Sind die k'-Werte höher, so ist die neue Charge des Eluenten trockener als die ursprüngliche. Durch Zugabe von wassergesättigten Eluenten kann man die k'-Werte auf den gewünschten Wert erniedrigen. Sind die k'-Werte kleiner als ursprünglich, so muß man sinngemäß ein stärker getrocknetes Elutionsmittel verwenden. Besondere Vorsicht und Sorgfalt ist angebracht, wenn Trennungen in Systemen durchgeführt werden, bei denen Adsorbenzien hoher spezifischer Oberfläche und unpolare Eluenten mit relativ niedrigem Wassergehalt verwendet werden.

Wie aus der Tab.VI.1 ersichtlich ist, hat jedes Lösungsmittel einen anderen Gleichgewichtswassergehalt für eine bestimmte Aktivitätsstufe. Besonders unübersichtlich werden daher die Verhältnisse bei der Gradient-Elution. Hier ändert sich die Menge des adsorbierten Wassers ständig. Je nach dem Wassergehalt der polareren Lösungsmittel wird Wasser vom Adsorbens herausgespült oder adsorbiert. Bei der Rückkehr zum Ausgangslösungsmittel dauert es einige Zeit, bis die ursprünglichen Bedingungen hinsichtlich adsorbierter Wassermengen wieder hergestellt sind. Bevor eine neue Analyse begonnen wird, muß die Einstellung konstanter Bedingungen unbedingt abgewartet werden! Die chemisch modifizierten stationären Phasen vom Bürstentyp scheinen gegenüber den "nackten" Adsorbenzien bei dem skizzierten Vorgehen einige Vorteile zu besitzen. Da die Oberflächen-Silanolgruppen umgesetzt sind, ist der Einfluß des Wassergehaltes der Eluenten auf die Retentionen geringer. Aus diesem Grunde lassen sich mit derartigen stationären Phasen z.B. auch temperaturprogrammierte Analysen durchführen (vgl. VI.III.2).

Die rasche Einstellung des Konzentrations-Gleichgewichtes einer polaren Verbindung, einmal gelöst im Eluenten und gleichzeitig adsorbiert vom aktiven Träger, kann man dazu benutzen, um aktive Träger mit mehr oder weniger stationärer Phase zu beladen. Im Endeffekt kann man eine Trennsäule mit aktivem Adsorbens zu einer "Verteilungstrennsäule" umfunktionieren. In manchen Fällen ist dies die einzige Möglichkeit, um ein verteilungschromatographisches System herzustellen. Praktisch kann so ein aktiver Festkörper mit jeder beliebigen polaren Trennflüssigkeit belegt werden. Aus ternären Gemischen werden dabei bevorzugt die polaren Bestandteile adsorbiert und bilden die stationäre flüssige Phase (vgl. Kap.VII).

Durch Zugabe von geringen Mengen von Wasser oder anderen polaren Verbindungen (z.B. Alkohole) zum Adsorbens oder zum Eluenten werden die Retentionsvolumina erniedrigt. Unpolare Verbindungen werden nicht mehr zurückgehalten. "Aktiviert" man das Adsorbens, in der Säule am besten durch Verwendung von trockeneren bzw. gereinigten Eluenten, so werden die im "nassen" System nicht zurückgehaltenen Substanzen retardiert und getrennt. Die Elutionsreihenfolge wird in den meisten Fällen nicht verändert. Die Zusammensetzung des Eluenten bleibt konstant, nur die "Aktivität" des Adsorbens in der Säule wird variiert.

D. Einfluß des Lösungsmittels auf die Trennung

Die Auswahl des richtigen Lösungsmittels hat oft einen entscheidenderen Einfluß auf das Gelingen einer Trennung als die Auswahl der stationären Phase. Je nach den Eigenschaften des Eluenten wird bei einem gegebenen Adsorbens die Probe sehr stark oder überhaupt nicht zurückgehalten oder kann ihre Retentionszeit in der gewünschten Größenordnung liegen. Darüber hinaus werden an den Eluenten aber weitere Forderungen gestellt:

Der Nachweis der Probe im Säuleneluat muß möglich sein. Bei der Verwendung eines UV-Detektors darf z.B. der Eluent bei der Wellenlänge des Detektors keine Eigenabsorption besitzen.

Die Proben müssen im Eluenten löslich sein. Bei der analytischen Anwendung, die mit sehr kleinen Probenmengen auskommt, spielt dies weniger eine Rolle als im präparativen Bereich. Manchmal sind die Substanzen nur in Eluenten löslich, aus denen ihre Retention am gegebenen Adsorbens nur sehr gering ist (geringe Löslichkeit und große Elutionskraft). Dann muß das System und damit die stationäre Phase geändert werden. Entweder verwendet man dann ein "reversed-phase"-System, oder man versucht die Trennung durch Verteilungschromatographie.

Der Eluent sollte, vor allem beim präparativen Arbeiten, ohne Schwierigkeiten und quantitativ entfernt werden können.

Die Viskosität des Eluenten kann in kritischen Fällen aus apparativen Gründen ein weiteres Auswahlkriterium sein. Je geringer die Viskosität des Eluenten ist, desto niedriger ist der für eine gegebene Eluentengeschwindigkeit benötigte Druckabfall. Stehen zwei Eluenten bzw. Eluentengemische etwa gleicher "Polarität" zur Verfügung, so ist dem mit niedrigerer Viskosität der Vorzug zu geben.

Selbstverständlich darf der Eluent weder mit der Probe noch mit dem Adsorbens irreversible Wechselwirkungen geben. So sollte z.B. bei der Verwendung von Aceton oder anderen aliphatischen Ketonen daran gedacht werden, daß diese Verbindungen an aktiven Adsorbenzien, wie

Aluminiumoxid, Kondensationsreaktionen eingehen können. Dadurch verändert sich das eluotrope Verhalten des Eluenten.

1. Eluotrope Reihen

Die empirische Ordnung der Lösungsmittel nach steigender Elutionskraft nennt man eine *eluotrope Reihe*. Solche Reihen werden ermittelt, indem man bei konstantem Adsorbens und Probenmaterial die Abhängigkeit der Retentionszeit vom Lösungsmittel bestimmt. Je kürzer die Retentionszeit der Probe ist, desto größer ist die "Polarität" des Lösungsmittels. Für alle oxidischen Adsorbenzien (z.B. Al_2O_3, Kieselgel etc.) wurde, von einigen graduellen Unterschieden abgesehen, die gleiche Reihenfolge gefunden. Tab.VI.2 zeigt eine Anordnung nach Snyder [1]. Sie unterscheidet sich nur unwesentlich von der ersten eluotropen Reihe von Trappe [19]. Die Reihenfolge ist stets so, daß aus den Lösungsmitteln am Anfang der Reihe die Adsorption der Proben am stärksten ist (große Retentionszeiten, hohe k'-Werte). Je weiter unten der Eluent in der Reihe steht, desto kürzer werden die Retentionszeiten, bis schließlich die Elutionskraft ("Polarität") des Eluenten so groß wird, daß die Probe überhaupt nicht mehr zurückgehalten wird. Allgemein kann man sagen, daß dasjenige Lösungsmittel stärker eluierend wirkt, das selbst stärker vom Festkörper adsorbiert wird. Da der Eluent gegenüber der Probe immer in großem Überschuß vorhanden ist und um die aktiven Zentren an der Oberfläche konkurriert, kann man bereits mit relativ unpolaren Eluenten polarere Substanzen eluieren.

Tab.VI.2 faßt die wichtigsten organischen Lösungsmittel zusammen. Die Ordnung entspricht dem steigenden ε^o-Wert (solvent strength parameter [1] = Elutionskraft). Die numerischen Werte für ε^o (bestimmt für Aluminiumoxid) sollen nur dazu dienen, die Unterschiede zu verdeutlichen. Sind große Differenzen von ε^o gegeben, so ist evtl. ein Lösungsmittelgemisch zu empfehlen. Für Kieselgel sind die ε^o-Werte bei unveränderter Reihenfolge etwas geringer. Diese Reihenfolge ist der nach steigender Dielektrizitätskonstante analog. Daher ist in der Tabelle neben dem ε^o-Wert auch die DK mitangegeben. Die in einigen Fällen auftretenden Unterschiede sind auf selektive bzw. spezifische Wechselwirkungen der einzelnen Eluenten mit den Adsorbenzien zurückzuführen. Geringste Mengen polarer Verunreinigungen können die Stellung des Lösungsmittels in der eluotropen Reihe bereits vollkommen verändern. Sie sind gewiß auch die Ursache für die Unterschiede in der Einordnung

Tabelle VI.2. Eluotrope Reihe. Eigenschaften der wichtigsten Lösungsmittel für die Adsorptions-Chromatographie.[a]

	Lösungs-mittel-stärke (a) ε_0	Dielektrizitätskonstante (b)	Viskosität η [c.P.] (20°C) (b)	Brechungsindex (20°C) (b)	niedrigste verwendbare Wellenlänge [nm]
n-Pentan	0,00	1,84	0,235	1,358	200
n-Hexan	0,01	1,88	0,33	1,375	200
n-Heptan	0,01	1,92	0,42	1,388	200
Isooctan	0,01	1,94	0,50	1,391	200
Cyclohexan	0,04	2,02	0,98	1,426	210
Tetrachlorkohlenstoff	0,18	2,24	0,97	1,466	265
Di-iso-Propyläther	0,28	3,88	0,37	1,368	220
Toluol	0,29	2,38	0,59	1,496	290
n-Propylchlorid	0,30	7,7	0,35	1,389	225
Benzol	0,32	2,28	0,65	1,501	290
Äthylbromid	0,37	9,34	0,39	1,421	230
Di-Äthyläther	0,38	4,33	0,23	1,353	220
Chloroform	0,40	4,8	0,57	1,443	250
Methylenchlorid	0,42	8,93	0,44	1,424	250
Tetrahydrofuran	0,45	7,58	0,46	1,407	220
Äthylendichlorid	0,49	10,7	0,79	1,445	230
Methyläthylketon	0,51	18,5	0,4	1,379	330
Aceton	0,56	21,4	0,32	1,359	330
Dioxan	0,56	2,21	1,54	1,422	220
Essigsäureäthylester	0,58	6,11	0,45	1,370	260
Essigsäuremethylester	0,60	6,68	0,37	1,362	260
Nitromethan	0,64	35,9	0,65	1,382	380
Acetonitril	0,65	37,5	0,37	1,344	210
Pyridin	0,71	12,4	0,94	1,510	310
n-Propanol	0,82	21,8	2,3	1,38	200
Äthanol	0,88	25,8	1,2	1,361	200
Methanol	0,95	33,6	0,6	1,329	200
Glykol	1,11	37,7	19,9	1,427	200
Wasser	sehr groß	80,4	1,00	1,333	180
Formamid	sehr groß	110	3,76	1,448	
Essigsäure	sehr groß	6,1	1,26	1,372	

[a] Die angegebenen Werte für die Lösungsmittelstärke gelten für Aluminiumoxid.

einiger wichtiger Eluenten (z.B. Methylenchlorid, Chloroform, Diäthyläther) in die verschiedenen eluotropen Reihen.

2. Auswahl des Eluenten

Der Eluent für ein unbekanntes Gemisch muß auch heute noch nach der *trial and error*-Methode ermittelt werden, obwohl in letzter Zeit Ansätze gemacht wurden, mit Hilfe der Hildebrandschen Löslichkeitsparameter Voraussagen treffen zu können [1,20,21]. Handelt es sich um ein vollkommen unbekanntes Gemisch und liegen keine Vorversuche oder Trennungen durch Dünnschichtchromatographie vor, so beginnt man am besten mit einem Eluenten mittlerer Polarität, z.B. Methylenchlorid. Sind die k'-Werte zu klein oder kommen die Probenbestandteile inert aus der Trennsäule, so ist die Polarität des Eluenten zu groß. Man wechselt dann zu einem Eluenten, der in der eluotropen Reihe höher steht, d.h. unpolarer ist. Eine andere Möglichkeit besteht darin, den Wassergehalt des Eluenten herabzusetzen und damit die Aktivität des Adsorbens zu steigern. Auch dies führt zu einer Erhöhung der k'-Werte. Diese Möglichkeit sollte jedoch mit Vorsicht praktiziert werden, da mit ihr meist eine stärkere Nicht-Linearität einhergeht und Tailing die Folge sein kann.

Werden die Substanzen stärker als gewünscht zurückgehalten, so muß sinngemäß die Elutionskraft des Eluenten gesteigert werden, d.h. seine Polarität muß erhöht werden. Man verwendet dann einen Eluenten, der in der eluotropen Reihe unterhalb des bisher verwendeten steht. Auch durch eine Erhöhung des Wassergehaltes des Eluenten (Verminderung der Aktivität des Adsorbens) können zu hohe Retentionszeiten verringert werden. Diese Art der Auswahl des geeigneten Eluenten ist sehr mühselig.

Da es darüber hinaus oft sehr lange dauert, bis das Trennsystem nach einem Lösungsmittelwechsel im Gleichgewicht ist (15 bis 100 min),

---

Literatur zu Tabelle VI.2:

a) Vgl. Snyder, L.R.: Principles of Adsorption Chromatography. New York: Dekker 1968.

b) Weast, R.C., Selby, S.M., Hodgman, C.D.: Handbook of Chemistry and Physics, 46th ed. Cleveland, Ohio: The Chemical Rubber Co. 1965, und Riddick, J.A., Bunger, W.B.: Organic Solvents. New York: Wiley 1970.

sollten, falls keine Hinweise auf Zusammensetzung und chromatographisches Verhalten der Probe vorliegen, einige Vorproben mit Hilfe der Dünnschichtchromatographie (DC) durchgeführt werden (vgl. Kap.X).

Die Elutionskraft des Eluenten ist so einzustellen, daß die k'-Werte unter 10 liegen. Nur dann erreicht man schnelle Analysen. Dieses Optimum wird man in den seltensten Fällen mit einem reinen Eluenten erzielen. Man wird immer Mischungen von mehreren polaren Lösungsmitteln verwenden müssen, da die Polaritätsunterschiede der reinen Eluenten zu groß sind.

3. Lösungsmittelgemische

Nur durch die Verwendung von Lösungsmittelgemischen als Eluenten ist man in der Lage, die Möglichkeiten der Adsorptionschromatographie voll auszuschöpfen. Jedoch bleibt zu beachten, daß viele physikalische Eigenschaften, wie Viskosität, Löslichkeit und Elutionsvermögen, keinen linearen Zusammenhang mit der Zusammensetzung zeigen. Snyder [1] ermittelte für einige Gemische die Abhängigkeit der experimentell ermittelten Elutionskraft von ihrer Zusammensetzung (Abb.VI.8). Die Kurven zeigen einen charakteristischen Verlauf. Schon geringe Mengen der polaren Komponente genügen, um die Elutionsfähigkeit wesentlich zu erhöhen. Besonders ausgeprägt gilt dies für Gemische von Komponenten, deren Elutionsvermögen sehr verschieden ist (z.B. Pentan-Pyridin oder Pentan-Aceton). Schon bei der Zugabe weniger Prozente der polaren Komponente steigt das Elutionsvermögen stark an, während die weitere Zunahme dann relativ gering ist. Sind die Unterschiede des Elutionsvermögens beider Eluenten gering, so erhält man eine nahezu lineare Änderung der Wirksamkeit mit der Zusammensetzung (Pentan/Tetrachlorkohlenstoff und Pentan/n-Propylchlorid).

Der Einfluß der Eluentenzusammensetzung auf das Retentionsverhalten von Steroiden und Barbituraten zeigt Abb.VI.9. Bei den Steroiden genügt der Zusatz von 1 % Essigester zum Methylenchlorid, um die k'-Werte drastisch zu verringern. Einige Barbiturate zeigen ein entsprechendes Bild. Bei anderen Barbituraten überwiegen sonstige Lösungsmitteleffekte (z.B. schlechte Löslichkeit in Methylenchlorid, gute Löslichkeit in Essigester usw.). Die Aufklärung derartiger "sekundärer Lösungsmitteleffekte" [1] ist sehr schwierig. Auch bei Eluentengemischen mit gleicher Elutionskraft kann aufgrund "sekundärer Lösungs-

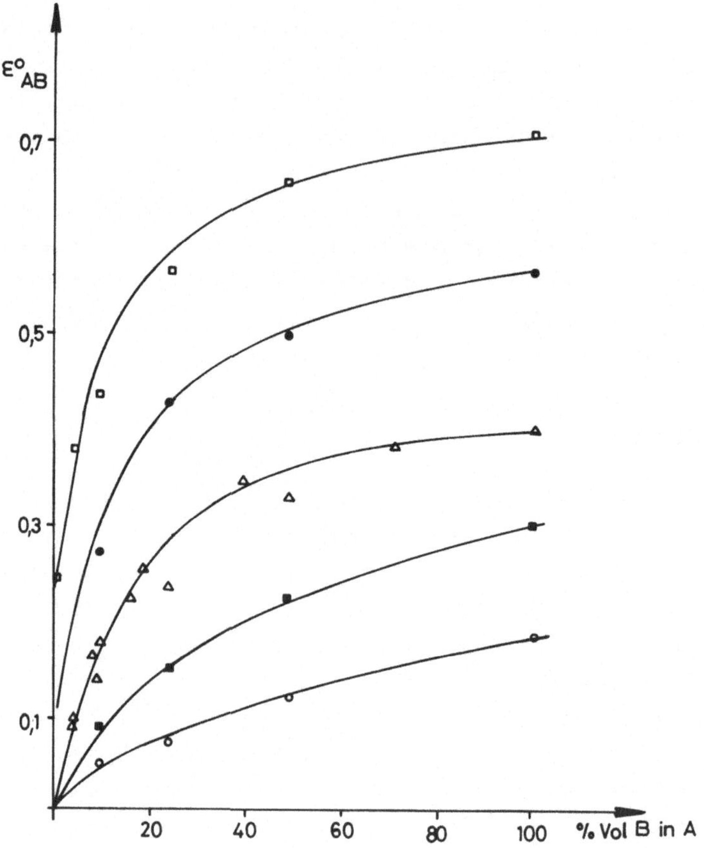

Abb.VI.8. Elutionskraft von Eluentengemischen (nach [1]) an Aluminiumoxid. o Pentan-Tetrachlorkohlenstoff. ■ Pentan-n-Propylchlorid. △ Pentan-Methylenchlorid. ● Pentan-Aceton. □ Pentan-Pyridin.

mitteleffekte" eine Veränderung der relativen Retentionen und Umkehrung der Elutionsreihenfolge auftreten [1].

Eine Ursache "sekundärer Effekte" mag die Entmischung des Eluenten am Adsorbens sein. Die polare Komponente wird jeweils bevorzugt vom Adsorbens adsorbiert. In der Dünnschicht-Chromatographie führt das zum Auftreten von mehreren Fronten [22] unterschiedlicher Eluentenzusammensetzung. In der Trennsäule findet eine entsprechende Reaktion nur bei der Erstbefeuchtung statt. Da aber ständig neuer Eluent nachgefördert wird, nimmt das Adsorbens fortlaufend die polare Komponente heraus, bis ein Gleichgewichtszustand erreicht wird. Das Adsorptionssystem geht dabei mehr oder weniger in ein Verteilungssystem über (vgl. Kap.VII).

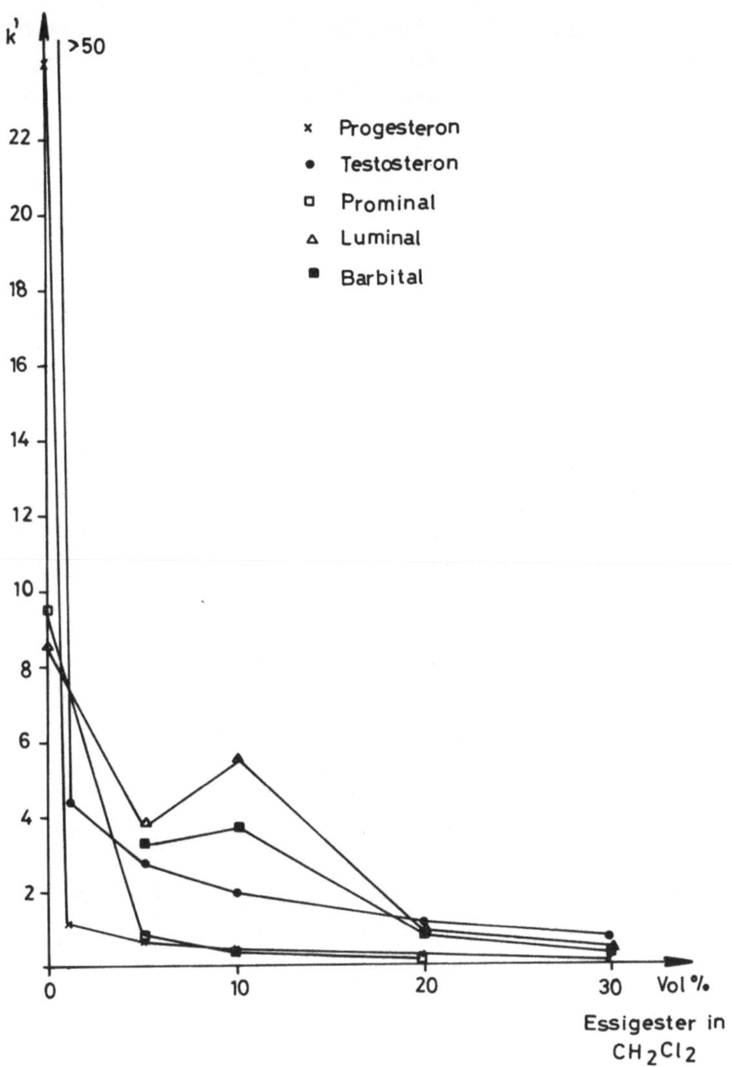

Abb.VI.9. Einfluß der Eluentenzusammensetzung auf die Retention. "Bürste": Dinitrophenyl auf Merckogel SI 100. Eluent: Methylenchlorid mit Essigsäureäthylester. Säule 30 cm.

Aus solchen Gründen ist es manchmal schwierig, adsorptionschromatographische Trennungen zu reproduzieren. Am Beispiel der Steroide in Abb.VI.9 sei das einmal erläutert: In reinem Methylenchlorid beträgt der k'-Wert für Progesteron 24, der von Testosteron ist größer als 50 und nicht mehr bestimmbar. Setzt man nun dem Methylenchlorid 1 Vol-% trockenen Essigsäureäthylester zu, so sinken die k'-Werte auf 1,2 bzw.

4,4 ab. Durch geringfügige Verschiebung der Konzentration des Essigesters im Methylenchlorid, z.B. durch Verdunstung, ändern sich die k'-Werte merklich. Spielen nun darüber hinaus auch noch "sekundäre Lösungsmitteleffekte" eine Rolle, so verändern sich nicht nur die Retentionszeiten, sondern auch die relativen Retentionen der einzelnen Peaks untereinander (vgl. Barbiturate in Abb.VI.9), ja es kann sogar eine Umkehrung der Elutionsreihenfolge eintreten. Es sollten daher stets Gemische aus Lösungsmitteln mit geringen Unterschieden in der Elutionskraft verwendet werden, bei denen Entmischung am Adsorbens und starke Abhängigkeit der k'-Werte von geringfügigen Änderungen der Eluentenzusammensetzung nicht zu befürchten ist. Analoges gilt für die Auswahl der Komponenten für die Gradient-Elution.

E. Einfluß der Struktur der Probesubstanzen

Die molekulare Struktur der Proben bestimmt die Reihenfolge bei der Elution in einem größeren Ausmaß als die Eigenschaften der festen stationären Phase und des Eluenten. Die Kenntnis der Zusammensetzung einer Probe und der Struktur ihrer Bestandteile vereinfacht die Auswahl des Systems und läßt es zu, Voraussagen über die Elutionsreihenfolge zu machen.

Die Stärke der Retention wird fast ausschließlich von der Art und der Zahl der funktionellen Gruppen im Molekül beeinflußt. Die Löslichkeit spielt wegen der üblichen niedrigen Konzentrationen (< 0,1 %) nur selten eine Rolle.

Im einfachsten Falle trägt jedes einzelne Atom und jede Gruppe im Probenmolekül durch spezifische Wechselwirkung mit der Oberfläche zur Adsorption bei. So wächst die Retention innerhalb der Glieder einer homologen Reihe mit zunehmendem Molekulargewicht. Die funktionelle Gruppe muß mit der Oberfläche des Adsorbens ungehindert in Wechselwirkung treten können (z.B. darf keine sterische Behinderung vorliegen).

Treten die funktionellen Gruppen im gleichen Molekül miteinander in Wechselwirkung (z.B. sterische Behinderung, Mesomerie, Wasserstoffbrückenbindung etc.), so verändern sich natürlich die Stärke und die Art der Wechselwirkung mit der Adsorbensoberfläche. Als Standardbeispiel wird das Retentionsverhalten von o- und p-Nitrophenol herangezogen. o-Nitrophenol (intramolekulare Wasserstoffbrückenbindung!) hat wesentlich kürzere Retentionszeiten als p-Nitrophenol.

Darüber hinaus hängt, vor allem in unpolaren Systemen, die Stärke der Adsorption von der Größe des Moleküls (Molvolumens) ab. Der Einfluß der Dispersionskräfte nimmt in den klassichen Adsorptionssystemen mit zunehmender Polarität des Eluenten ab.

Für die Abhängigkeit der Elutionsreihenfolge von der Art der funktionellen Gruppe läßt sich die folgende empirische Reihenfolge aufstellen. Die Retention einer Verbindung R-X (wobei R den organischen Rest und X die funktionelle Gruppe darstellt) steigt etwa in der Reihenfolge an:

Alkyl < Halogen (F < Cl < Br < J) < Äther < tert. Amine
< Nitrile < Nitroverbindungen < Carbonsäureester < Ketone
< Aldehyde < prim. Amine < Carbonsäureamide < Alkohole
< Phenole < Carbonsäuren < Sulfonsäuren.

Innerhalb dieser Reihe können gewisse Umstellungen auftreten, je nachdem, ob die funktionelle Gruppe an einen aliphatischen oder aromatischen Rest gebunden ist. Bewirkt z.B. die Mesomerie mit dem Benzolkern eine Erhöhung der Ladungsdichte in der funktionellen Gruppe, so ist die Wechselwirkung der stärker "basischen" Gruppe mit der "Säure" Adsorbensoberfläche wesentlich stärker. Die Hyperkonjugation der Alkylseitenkette in Toluol oder Äthylbenzol mit dem Benzolkern ist z.B. die Ursache für die stärkere Retention dieser Verbindungen gegenüber Benzol, obwohl die Alkylgruppe selbst zur Retention keinen wesentlichen Beitrag liefert.

In der aliphatischen Reihe hat eine Verlängerung der Alkylkette kaum einen Einfluß auf die Retention. Man erhält mit der Adsorptionschromatographie eine Gruppentrennung nach funktionellen Gruppen, wobei die Glieder einer homologen Reihe sehr nahe zusammen eluiert werden, vor allem dann, wenn die Zahl der Methylengruppen größer als 4 - 6 wird. Nur die niederen Glieder einer homologen Reihe lassen sich gut durch Adsorptionschromatographie trennen, während die höheren Glieder (mehr als 10) überhaupt nicht mehr getrennt werden können. Hier bietet es sich an, die Trennung mittels "reversed phase" oder durch Verteilungschromatographie durchzuführen.

Selbstverständlich hängt die Stärke der Retention auch von *sterischen Einflüssen* ab. Zur maximalen Wechselwirkung muß das adsorbierte Molekül sich parallel zur Adsorbensoberfläche anordnen können. Sperrige Alkylgruppen in Nachbarschaft der funktionellen Gruppe führen zu einer

Verringerung der Retention. Cis-Verbindungen werden immer stärker festgehalten als trans-Verbindungen (klassisches Beispiel: Trennung cis- und trans-Azobenzol). Bei Cyclohexan-Derivaten und auch bei den Steroiden bewirken funktionelle Gruppen in äquatorialer Stellung eine stärkere Sorption als die gleiche Gruppe in axialer Position.

Es würde den Rahmen dieses Buches sprengen, sollten alle Einflüsse der Struktur der Probe auf die Retention diskutiert werden. Für die ausführliche Diskussion sei auf die entsprechende Literatur [1] verwiesen. Zusammenfassend sei hier nur wiederholt:

Wichtig für die Stärke der Retention ist die Art der *funktionellen Gruppe* und die Möglichkeit der *Annäherung dieser Gruppe* an die Oberfläche des Festkörpers.

II. Unpolare stationäre Phasen

A. Allgemeines

Unpolare stationäre Phasen für die Chromatographie sind seit der Einführung der chemisch gebundenen Phasen einfach und reproduzierbar herzustellen. Sie werden auch als Umkehrphasen ("reversed phase" RP) bezeichnet, weil, im Gegensatz zur "normalen" Chromatographie, in diesen Fällen die stationäre Phase unpolar (hydrophob) ist und die stärkste Sorption (höchste Retention) aus dem polarsten Eluenten, nämlich Wasser, stattfindet. Durch Verminderung der Polarität des Eluenten (z.B. durch Zusatz von Methanol), kann die Retention verringert werden. Die "reversed-phase"-Chromatographie geht auf Howard und Martin [23] zurück, die Kieselgur mit Paraffinöl und n-Octan belegten und mit einem wäßrigen Eluenten an diesem Verteilungssystem Fettsäuren trennten. Durch Silanisierung mit Dimethyldichlorsilan wurde die Belegbarkeit des Kieselgurs mit der unpolaren stationären Phase verbessert. Analoges chromatographisches Verhalten wie diese Umkehrphase zeigen Aktivkohlen, vor allem wenn sie durch Hochtemperatur-Behandlung graphitiert wurden. Die mechanische Stabilität derartiger Phasen ist gering [24], kann jedoch durch thermische Behandlung verbessert werden [25]. Stabile "Aktivkohlen" konnten durch thermische Zersetzung von Benzol an Kieselgel hergestellt werden [26]. Umkehrphasen auf Kohlenbasis sind noch nicht im Handel, daher sollen hier nur die Eigenschaften der RP besprochen werden, die man durch Umsetzung von Kieselgel mit Alkylsilanen erhält.

B. Eigenschaften der Umkehrphasen

Relativ einfach lassen sich Umkehrphasen durch Umsetzung von Kieselgel mit Mono-, Di- oder Trichloralkylsilanen herstellen (vgl. Kap.V.B). Verschiedene stationäre Phasen sind im Handel erhältlich, wobei die Kettenlänge zwischen C_1 (Methyl) und C_{18} (Octadecyl) variiert.

Bei einer "echten" RP sollten alle Silanolgruppen an der Kieseloberfläche umgesetzt bzw. abgeschirmt sein. Solche Phasen sollten keine Methylrot-Adsorption (vgl. S.96) mehr zeigen. Ein weit empfindlicherer Test auf nicht-umgesetzte Silanolgruppen ist die Retention von polaren Proben mit unpolaren Eluenten (z.B. n-Heptan) [27]. Bekanntlich hängt die Retention von Probensubstanzen bei der Chromatographie an Kieselgel mit unpolaren Eluenten von der Wechselwirkung der Probe mit den Silanolgruppen ab [1]. Je weniger Silanolgruppen in der Trennsäule zugänglich sind, d.h. je mehr durch die Alkylgruppen umgesetzt bzw. abgeschirmt sind, desto niedriger ist die Retention polarer Stoffe aus unpolaren Eluenten. An einer RP, bei der es gelungen wäre, alle Silanolgruppen vollständig umzusetzen, sollten mit unpolaren Eluenten alle Proben mit dem Inertpeak eluiert werden. An "guten RP", bei denen die Methylrot-Adsorption negativ ausgefallen ist, sollte daher der k'-Wert z.B. von Nitrobenzol mit n-Heptan als Eluent unter 0,5 liegen. (An "nacktem" Kieselgel ist er mit dem gleichen Eluenten größer als 10.) Eine ausreichende Abschirmung der Silanolgruppen wird mit Propyl- bzw. Butylsilanen erreicht, bei längeren Alkylgruppen ist der Umsetzungsgrad aus sterischen Gründen geringer, jedoch werden auch hier die Silanolgruppen weitgehend abgeschirmt.

Eine zusätzliche Charakterisierungsmöglichkeit ist die Bestimmung der Menge an gebundener organischer Phase, z.B. mittels C,H-Analyse. Jedoch sagt dies nichts über die Zugänglichkeit bzw. Abschirmung von Silanolgruppen aus. An Kieselgel mit einer spezifischen Oberfläche von 300 - 400 m^2/g (z.B. Lichrosorb Si 100) kann zwischen 16 und 22 % (w/w) Kohlenstoff (aus C,H-Analyse) chemisch gebunden werden, falls man Octadecylsilane umsetzt. Verwendet man Alkylsilane mit kürzeren Kohlenstoffketten, so verringert sich selbstverständlich die Masse an gebundener organischer Phase. Daneben hängt die Menge an gebundenem Kohlenstoff auch von der Porenstruktur (Porendurchmesser und spezifische Oberfläche) ab. So können an einem Kieselgel mit einer spezifischen Oberfläche von 50 m^2/g (Porendurchmesser ca. 300 Å) nur etwa 4,5 % (w/w) Kohlenstoff gebunden werden [28].

Je mehr Kohlenstoff an das Kieselgel gebunden ist, d.h. je niedriger das Phasenverhältnis V_m/V_s ist, desto größer sind die k'-Werte der Proben bei konstanter Eluentenzusammensetzung. Gehören die Proben zu einer homologen Reihe, so ergibt die Auftragung des log k' gegen die Kohlenstoffzahl der Proben eine Gerade. Die Steigung dieser Geraden ist um so größer, je länger die gebundene Alkylgruppe ist. Das bedeutet, daß die relative Retention zweier benachbarter Glieder einer homologen Reihe an einer C_{18}-Phase immer größer ist als an einer RP mit kürzerer gebundener Alkylgruppe [27,29]. Diese Aussage scheint jedoch nur dann zu gelten, wenn die gebundene Phase vom Eluenten benetzt wird, da die Unterschiede in den absoluten und relativen Retentionen zwischen den Phasen mit C_4- bis C_{18}-Gruppen in Wasser als Eluent zu vernachlässigen sind [27].

Für eine Abschirmung der Silanolgruppen scheint eine C_3- bzw. C_4-Gruppe bereits ausreichend zu sein, während größere k'-Werte und höhere relative Retentionen mit längeren Alkylgruppen (vorzugsweise C_{18}) erzielt werden.

Die Belastbarkeit einer Phase mit C_{18}-Gruppen (ca. 20 % w/w gebundener Kohlenstoff) ist in etwa doppelt so groß wie die einer Phase mit C_4-Gruppen (ca. 7 % w/w gebundener Kohlenstoff). Gegenüber dem nackten Kieselgel ist die Belastbarkeit einer C_{18}-RP um eine Größenordnung höher und liegt bei etwa $2 \cdot 10^{-3}$ g Probe/g stationäre Phase.

Die Trennleistung von Säulen, gepackt mit Umkehrphasen, entspricht der von Kieselgelsäulen, falls Teilchendurchmesser und Diffusionskoeffizienten identisch sind. Häufig sind jedoch die h-Werte für retardierte Substanzen an RP größer als erwartet, besonders wenn reines Wasser als Eluent verwendet wird.

C. Einfluß des Lösungsmittels auf die Trennung

Bei Umkehrphasen sind mit Wasser als Eluent die Retentionen organischer Proben stets am größten. Die Elution der Proben kann durch Erhöhung der Konzentration eines organischen Lösungsmittels in Wasser beschleunigt werden, d.h. die Größe der Retention einer Probe nimmt mit abnehmender Polarität des Eluenten ab. Abb.VI.10 zeigt die Abhängigkeit der k'-Werte von Phenol und Butanol vom Methanolgehalt des Eluenten Wasser an zwei verschiedenen RP (C_4 und C_{18}) für den Bereich von 0 - 100 % Methanol in Wasser. Die Steigung der Kurven scheint unabhängig von der Anzahl

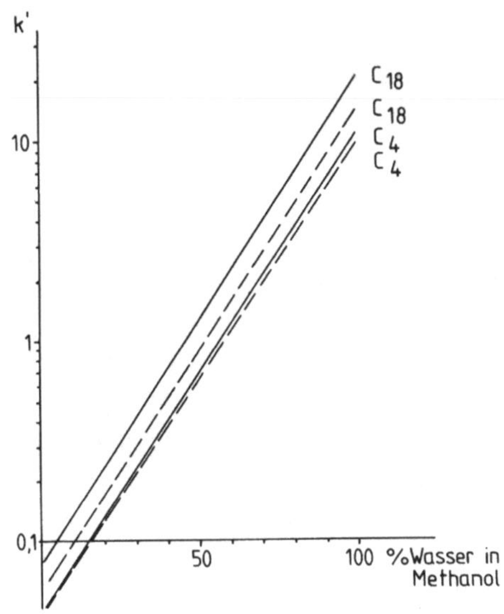

Abb.VI.10. Unpolare stationäre Phasen. Abhängigkeit der k'-Werte von der Eluentenzusammensetzung (Wasser-Methanol-Gemische). Proben: Phenol (ausgezogene Linien); n-Butanol (gestrichelte Linien). Stationäre Phasen: Butyl(C_4)- und Octadecyl(C_{18})-Umkehrphasen.

der Alkylgruppe zu sein. Bei Wasserkonzentrationen über 20 % erhält man eine lineare Abhängigkeit des log k' von der Konzentration [30]. (Bei höheren Methanolkonzentrationen sind die hier verwendeten Proben nahezu inert.) Die lineare Abhängigkeit des log k' von der Methanol-Konzentration in Wasser wurde auch für andere Systeme beobachtet [31]. Aus Abb.

VI.10 ist darüber hinaus zu sehen, daß die Zunahme des k'-Wertes bei der Verlängerung der Alkylkette (z.B. von C_4 auf C_{18}) durch eine Erhöhung der Methanol-Konzentration im Eluenten kompensiert werden kann, um z.B. identische Retentionszeiten an C_4- und C_{18}-RP zu erzielen.

Die Viskosität der Gemische Wasser-Methanol zeigt ein typisches, "nicht-ideales" Verhalten. Die Viskosität durchläuft ein Maximum von 1,84 cP (20°C) bei 40 Gew.-% Methanol in Wasser (Methanol η = 0,6 cP; Wasser η = 1,0 cP bei 20°C). Dadurch bedingt zeigen die h-Werte ebenfalls eine starke Abhängigkeit von der Zusammensetzung des Eluenten.

Alle anderen mit Wasser mischbaren organischen Lösungsmittel sind stärkere Elutionsmittel als Methanol. Je stärker ein Lösungsmittel aus Wasser an einer RP retardiert wird, um so größer ist seine Elutionskraft allein oder in Gemischen mit Wasser. In Tab.VI.3 sind die relativen Retentionen, bezogen auf Methanol, der wichtigsten UV-durchlässigen, mit Wasser mischbaren organischen Lösungsmittel zusammengestellt, wobei eine C_8- und eine C_{18}-RP miteinander verglichen werden. Diese Anordnung entspricht einer Umkehrung der eluotropen Reihe für die Adsorptionschromatographie (vgl. Tab.VI.2). Die stärksten Elutionsmittel für RP-Systeme, d.h. vollkommene Elution aller Probenbestandteile, sind demnach die organischen Lösungsmittel, aus denen an Kieselgel die Adsorption am stärksten ist, nämlich aliphatische Kohlenwasserstoffe. Verwendet man z.B. gleiche Konzentrationen von Äthanol und Isopropanol in Wasser als Eluent, so werden die Proben mit dem Isopropanol-Wasser-Gemisch schneller eluiert. Für die Mischungen zweier Eluenten gelten hier die gleichen empirischen Gesichtspunkte, wie für die Adsorptionschromatographie an polaren stationären Phasen

Tabelle VI.3. "Eluotrope Reihe" für Umkehrphasen (relative Retentionen der verschiedenen Eluenten zu Methanol in Wasser).

	C_8	C_{18}
Methanol	1,0	1,0
Acetonitril	3,2	3,1
Äthanol	3,2	3,1
Isopropanol	8,4	8,3
Dimethylformamid	9,4	7,6
n-Propanol	10,8	10,1
Dioxan	12,5	11,7

dargelegt: Es ist besser, höhere Konzentrationen eines schwächer eluierenden Eluenten in Gemischen zu verwenden als niedrige Konzentrationen (wenige Prozent) einer stark eluierenden Flüssigkeit. Die Herstellung einer solchen Mischung erfordert größere Sorgfalt, außerdem können unerwünschte Verdrängungseffekte zur Elution mehrerer Substanzen in einem Peak führen. Die lineare Beziehung des log k' gegen die Konzentration der organischen Komponente in Wasser ist bereits beim System Wasser-Acetonitril nicht mehr gegeben [31]. Ein Zusatz von Essigsäure zum Eluenten bewirkt bei RP-Systemen eine Verminderung der Elution analog einem Zusatz von Methanol. Damit kann z.B. bei der Trennung von Säuren auch die Elution über den Zusatz von Eisessig beeinflußt werden.

Die chemisch gebundenen Phasen haben gegenüber dem "nackten" Kieselgel den großen Vorteil, daß die Konditionierung einer Trennsäule bei Eluentenwechsel sehr rasch erfolgt. In vielen Fällen genügt das Durchpumpen von mindestens 10 Trennsäulenvolumina des neuen Eluenten, bis die Trennsäule wieder im Gleichgewicht ist.

Einige Schwierigkeiten bereitet bei den Umkehrphasen die genaue Bestimmung der Totzeit, vor allem wenn der Eluent Wasser ist. Für eine exakte Bestimmung ist ein Differential-Refraktometer als Detektor erforderlich. Als nicht-retardierte Probe kann man Deuteriumoxid (D_2O) verwenden. Bei Wasser-Methanol-Gemischen kann man dann Wasser bzw. Methanol als Inertsubstanz verwenden. Steht nur ein UV-Detektor zur Verfügung, so bereitet das Auffinden einer nicht-retardierten, im UV absorbierenden Substanz einige Schwierigkeiten. Die Proben sind entweder retardiert oder können, falls sie dissoziiert vorliegen, ausgeschlossen werden. Die Ursache für letzteres scheint man auf ähnliche Ursachen zurückführen zu können wie das Donnan-Potential bei der Ionenaustausch-Chromatographie [32,33]. Durch Zugabe von neutralen Salzen (0,1 - 0,3 molar) zum Eluenten läßt sich dieser Effekt unterdrücken.

Die näherungsweise Berechnung der Totzeit (vgl.II.B bzw. III.E.5) ist bei RP-Systemen mit größeren Fehlern behaftet, da durch die chemische Umsetzung des Kieselgels dessen Porenvolumen verändert wird. Für eine genaue Berechnung ist die Kenntnis des Porenvolumens der RP bzw. der totalen Porosität ε_T der Trennsäule erforderlich. Erfahrungsgemäß liegt ε_T bei RP auf Kieselgel mit Porendurchmessern um 100 Å bei 0,75. In kritischen Fällen kann man ε_T einer Trennsäule, gepackt mit RP, in Methylenchlorid als Eluent mit Benzol als Probe bestimmen. Die Porenstruktur des Kieselgels bzw. die Porosität der Trennsäule ändern sich beim Eluentenwechsel von Methylenchlorid über Methanol zu Wasser kaum.

Eine *Erhöhung der Temperatur* hat den gleichen Einfluß auf das Retentionsverhalten der Proben wie eine Erhöhung der organischen Komponente in Wasser, d.h. eine Verkürzung der Analysenzeit. In erster Näherung bewirkt eine Erhöhung der Trenntemperatur um 30°C eine Halbierung der Retentionszeit bei konstanter Eluentenzusammensetzung [31]. Jedoch vermindert sich dabei die Selektivität des Trennsystems. Es wurde gezeigt, daß Selektivität und Analysenzeit identisch sind, wenn man z.B. eine Trennung entweder bei 25°C mit einem Gemisch Acetonitril - Wasser 60 : 40 oder bei 60°C mit einer höheren Wasserkonzentration (53 : 47) durchführt. Bei höherer Temperatur ist die Trennleistung der Säule wegen des erhöhten Massenübergangs jedoch größer.

D. Einfluß der Struktur der Probesubstanzen

Im Gegensatz zur Chromatographie an Kieselgel sind bei den Umkehrphasen die Verhältnisse übersichtlicher. In erster Näherung steigt die Retention der Probesubstanzen mit abnehmender Löslichkeit in Wasser, d.h. abnehmender Polarität. Innerhalb einer homologen Reihe nimmt die Retention mit steigender C-Zahl zu. Die Verlängerung der Alkylkette einer Probe um eine Methylengruppe erhöht z.B. bei n-Alkoholen den k'-Wert um 4 Einheiten, wenn Wasser der Eluent ist [31]. In Gemischen von Wasser mit organischen Eluenten ist der Beitrag selbstverständlich geringer.

Proben mit verzweigten Alkylgruppen werden stets mit kürzerer Retentionszeit eluiert als die Proben mit unverzweigter Kette, wobei die Probe mit der am stärksten verzweigten Gruppe als erste eluiert wird. Im Falle der Butylalkohole ist demnach die Elutionsreihenfolge: tert. Butylalkohol (2-Methyl-2-propanol), sec. Butylalkohol (2-Butanol), Isobutylalkohol (2-Methyl-1-propanol), n-Butanol, wobei in Wasser - Methanol (9 : 1) die relativen Retentionen zwischen allen Proben jeweils größer als 1,1 sind [30].

Das chromatographische Verhalten der Proben an RP ähnelt stark der Elutionsreihenfolge, die man in der Gas-Chromatographie an graphiertem Ruß für geradkettige und verzweigte Kohlenwasserstoffe erhält [34] und auf die Unterschiede in den Dispersionskräften der Proben zurückzuführen ist. Daneben werden auch hydrophobe Effekte [31] bzw. solvophobe Wechselwirkungen [35] für den Retentionsmechanismus an RP-Systemen diskutiert.

Abb.VI.11 demonstriert den Einfluß der Variation der Alkylsubstituenten auf die Retention auch bei relativ großen Molekülen, wie den sym. Triazinen, die als Herbicide Verwendung finden [36]. Proben, die sich nur um eine Methylengruppe in einer Seitenkette unterscheiden, werden in Methanol - Wasser (75 : 25) mit einer relativen Retention größer als 1,3 voneinander getrennt.

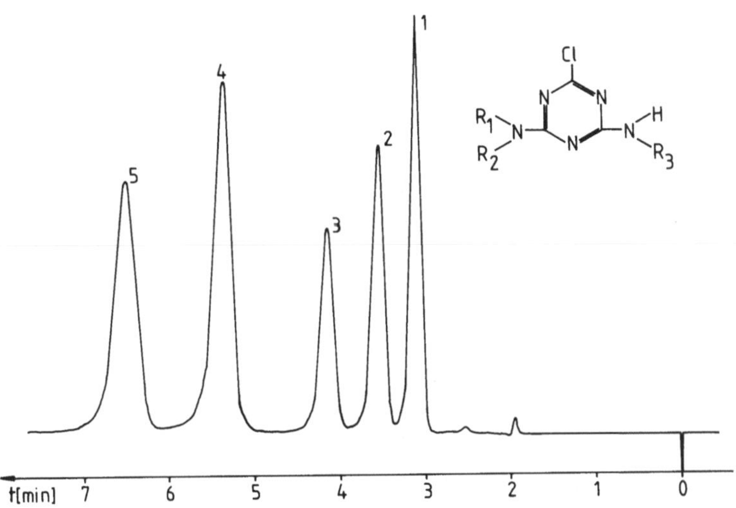

Abb.VI.11. Einfluß der Alkylsubstitution von sym. Triazinen auf das Retentionsverhalten. Stationäre Phase: Si 100 - C_{18}-Umkehrphase; $d_p \sim 10$ µm. Säule: 30 cm; 4 mm i.d. Eluent: Wasser-Methanol (25 + 75); F = 1,6 ml/min; u = 2,6 mm/sec; Δp = 130 at. UV-Detektor 254 nm.

Proben: 1 = Norazin R_1 = H; $R_2 = C_3H_7$; $R_3 = CH_3$; k' = 0,60
2 = Atrazin R_1 = H; $R_2 = C_3H_7$; $R_3 = C_2H_5$; k' = 0,83
3 = Propazin R_1 = H; $R_2 = C_3H_7$; $R_3 = C_3H_7$; k' = 1,14
4 = Trietazin $R_1 = C_2H_5$; $R_2 = C_2H_5$; $R_3 = C_2H_5$; k' = 1,77
5 = Ipazin $R_1 = C_2H_5$; $R_2 = C_2H_5$; $R_3 = C_3H_7$; k' = 2,36

Primär sind die RP-Systeme für die Trennung der Proben einzusetzen, die sehr polar sind und nur in solchen Eluenten löslich sind, aus denen die Sorption an Kieselgel gering ist, also vorzugsweise solche Proben, die nur in stark polaren Lösungsmitteln, wie Wasser, Alkohol etc., gelöst werden können. Jedoch ist man durchaus in der Lage, auch aromatische Kohlenwasserstoffe an RP z.B. mit Methanol als Eluent zu trennen, wobei es sogar möglich ist, gesättigte von ungesättigten Kohlenwasserstoffen zu trennen. So sind in der Reihe Diphenyl, Phenylcyclohexan, Bicyclohexyl die relativen Retentionen zwischen benachbarten Paaren größer als 2 mit Methanol als Eluent und einer C_{18}-Umkehrphase [27]. Ungesättigte Fettsäuren werden stets vor den gesättigten mit gleicher C-Zahl eluiert (vgl. Abb.VI.19).

Der Einfluß anderer Substituenten auf das Retentionsverhalten ist in Abb.VI.12 am Beispiel der substituierten Phenole, mit Wasser als Eluent, dargestellt. Durch Einführung von 1, 2 oder 3 Methylgruppen in ein Phenolmolekül erhöht sich der log k' um einen konstanten

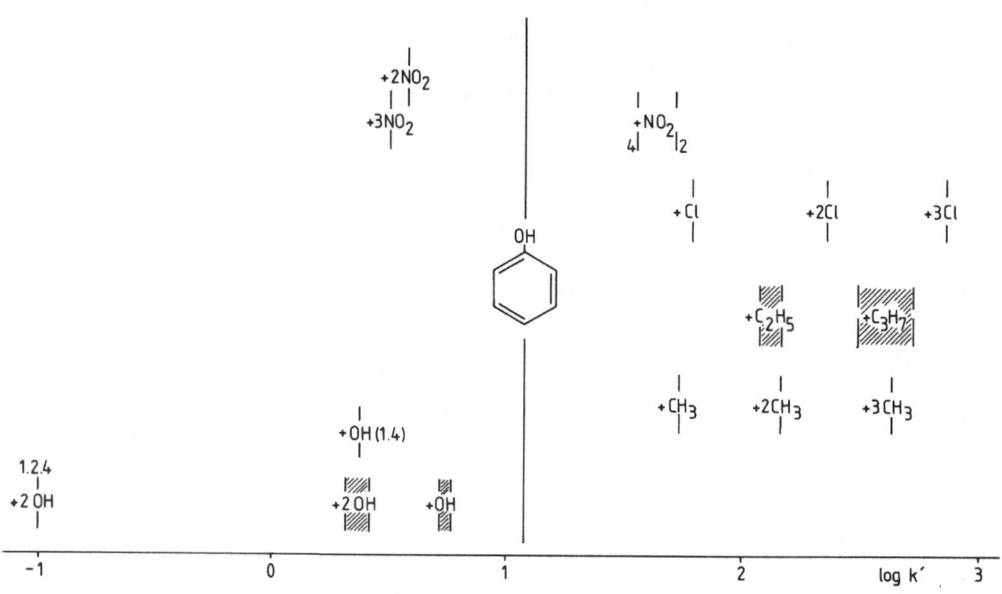

Abb.VI.12. Einfluß der Substituenten auf das Retentionsverhalten. Substituierte Phenole an C_{18}-Umkehrphase (Säule: 30 cm, 4 mm i.d.; Eluent: Wasser).

Wert. Der Beitrag einer Äthylgruppe entspricht annähernd dem von zwei Methylgruppen, wobei selbstverständlich die Stellung der Substituenten (z.B. in ortho- oder para-Stellung zur Hydroxylgruppe) mit eine Rolle spielt. Trimethylphenole werden zusammen mit den Propylphenolen eluiert. Durch die Einführung von Chloratomen in das Phenolmolekül erhöhen sich die log k'-Werte ebenfalls um konstante Beträge. Die Einführung einer Nitrogruppe führt zum gleichen Ergebnis, während mit der Einführung einer zweiten bzw. dritten Nitrogruppe die k'-Werte stark erniedrigt werden. Pikrinsäure und 2,4-Dinitrophenol sind gut wasserlöslich und werden vor Phenol eluiert. Durch die Einführung einer zweiten Hydroxylgruppe werden die k'-Werte erniedrigt, wobei Hydrochinon wesentlich früher als Brenzcatechin und Resorcin eluiert wird. Analoges Verhalten zeigen auch die Trihydroxybenzole.

Derartige Überlegungen lassen sich z.B. auch für Steroide und andere Substanzklassen durchführen. Auch hier läßt sich die Elutionsreihenfolge anhand der Strukturformel bzw. Zahl und Art der Substituenten voraussagen. So werden z.B. Steroide mit Hydroxylgruppen vor solchen mit Carbonylgruppen in gleicher Position eluiert. Acetylderivate werden stärker retardiert als die analogen Hydroxylderivate. Durch Einführung einer Doppelbindung vermindern sich die k'-Werte ebenfalls.

Diese wenigen Beispiele zeigen, daß das Retentionsverhalten der Probesubstanzen an RP-Systemen übersichtlich und voraussagbar ist. Innerhalb einer homologen Reihe erhält man stets eine lineare Abhängigkeit des log k' von der Kohlenstoffzahl. Liegen Probesubstanzen nicht auf dieser Geraden, so sind sie anderen homologen Reihen zuzuordnen. Eine Erhöhung des hydrophoben Charakters einer Probe durch Einführung eines Substituenten führt stets zu einer Erhöhung des k'-Wertes, wobei für jeden Substituenten ein bestimmter Beitrag charakteristisch sein dürfte. Eine weitergehende Behandlung bzw. theoretische Begründung dieses hydrophoben bzw. "solvophoben" Beitrags würde den Rahmen dieser Einführung sprengen [31,35,123].

III. Das Elutionsproblem

Unter *isocraten* Bedingungen, d.h. bei konstanten Trennbedingungen (Temperatur, Druck) und konstanter Eluentenzusammensetzung, können optimal nur Substanzgemische getrennt werden, deren k'-Werte unter 10 sind ($0 < k' < 10$). In manchen Fällen, wenn die stärker zurückgehaltenen Substanzen in höherer Konzentration vorliegen, lassen sich auch Substanzen mit größeren k'-Werten noch als erkennbarer Peak eluieren. Handelt es sich um komplexe Gemische mit Komponenten, deren k'-Werte sich wesentlich unterscheiden, so ist es unmöglich, derartige Gemische unter isocraten Bedingungen in vernünftiger Zeit aufzutrennen und zu eluieren.

Zur Optimierung der Trennung, d.h. Auftrennung sowohl der Komponenten mit niedrigen k'-Werten als auch optimale Auftrennung der stärker zurückgehaltenen Substanzen und Elution dieser Komponenten als gut erkennbare Peaks, muß eine der verschiedenen Programmierungstechniken angewendet werden. Dadurch kann man erreichen, daß jede Substanzzone unter optimalen Bedingungen eluiert wird. Programmiert werden können in der HPLC folgende Variablen:

1. Eluentengeschwindigkeit (Programmierung des Eingangsdruckes);
2. Trenntemperatur (Temperaturprogrammierung);
3. stationäre Phase,
   a) durch Veränderung der Aktivität des Adsorbens,
   b) durch Säulenumschaltung;
4. Eluentenzusammensetzung: Gradient-Elution.

Alle diese Programmiertechniken sind, mit Ausnahme von 3a, sowohl mit polaren als auch mit unpolaren stationären Phasen sinnvoll durchzuführen.

Einen theoretischen Vergleich dieser Methoden hat Snyder durchgeführt [23]. Hier sollen nur die praktischen Gesichtspunkte diskutiert werden.

Bei jeder programmierten Analyse ist die Auflösung der Substanzzonen immer schlechter als bei nicht-programmierter Analyse. Jedoch wird die Analysenzeit verkürzt und optimiert. Dies ist deshalb zulässig, weil besonders bei Trennungen von Proben mit sehr großen k'-Werten die Auflösung der Substanzzonen immer größer als notwendig ist. Darüber hinaus werden die Proben als schärfere und damit konzentriertere Zonen eluiert. Dadurch steigt die Nachweisempfindlichkeit für die später eluierten Peaks an. Praktisch sinnvoll sind nur solche Gradienten, die zu einer Verschärfung der Elutionsbanden führen:

Erhöhung der Eluentengeschwindigkeit,
Erhöhung der Trenntemperatur,
Verminderung der Aktivität bzw. der spezifischen Oberfläche der stationären Phase,
Erhöhung der Elutionskraft des Eluenten.

Die Anwendung dieser Programmiertechniken in der HPLC führt in der oben angeführten Reihenfolge zunehmend zu prinzipiellen und technischen Schwierigkeiten. Jedoch nehmen gleichzeitig die Trennmöglichkeiten und die Breite der Methode zu.

1. Druck- bzw. Strömungsprogrammierung [38]

Die Retentionszeit ist in guter Näherung umgekehrt proportional dem Druckabfall an einer Säule bei sonst konstanten Trennbedingungen. Eine lineare Erhöhung des Eingangsdruckes und damit der Strömungsgeschwindigkeit führt daher zu einer linearen Verkürzung der Retentionszeit. Da die Retentionszeiten innerhalb einer homologen Reihe exponentiell zunehmen, sollte man, um konstante Abstände der Peaks innerhalb einer homologen Reihe zu erhalten, zweckmäßig exponentielle Druckprogramme durchführen. Aus der Gas-Chromatographie ist bekannt, daß ein exponentielles Druckprogramm einem linearen Temperaturprogramm entspricht [39]. Zur programmierten Erhöhung der Strömungsgeschwindigkeit bieten sich in der Hochdruck-Flüssigkeits-Chromatographie folgende Möglichkeiten:

Die Förderleistung der Pumpe wird durch Veränderung des Kolbenhubs kontinuierlich gesteigert. Die Programmform wird bei Kolbenpumpen durch die Abhängigkeit der Förderleistung vom Gegendruck beeinflußt. Bei Langhub-Kolbenpumpen kann der Hub elektronisch leicht verstellt werden, jedoch wirft hier das begrenzte Fördervolumen Probleme auf. Sehr schnell werden große Eluentengeschwindigkeiten erreicht, und der Volumenvorrat ist nach kurzer Zeit erschöpft. Bei Pumpen mit variabler Hubfrequenz ist die Druckprogrammierung unproblematisch.

Mit der in Kap.III.C erwähnten Regeleinheit können ohne große Schwierigkeiten lineare und exponentielle Druckprogramme erzeugt werden [38].

An die stationäre Phase und an die Trennsäule werden keine speziellen Anforderungen gestellt. Der Anstieg (C-Term) der $h=f(u)$-Kurve sollte womöglich gering sein. (Die Angabe von h-Werten für das Druckprogramm ist sinnlos, da h-Werte nur für konstante lineare Geschwindigkeiten definiert sind.) Bei Verteilungssystemen ist bei hohen Endgeschwindigkeiten mit mechanischer Erosion der stationären Phase zu rechnen (s. Kap.VII). Differential-Refraktometer und UV-Detektor können ohne Schwierigkeiten bei strömungsprogrammierter Analyse eingesetzt werden. Das Differential-Refraktometer zeigt allerdings bei Programmierraten von mehr als 6 at/min die Veränderung der Strömungsgeschwindigkeit durch Driften der Null-Linie an. Der UV-Detektor zeigt erwartungsgemäß keinerlei Abhängigkeit von der Strömungsgeschwindigkeit.

Die Vorteile der Druckprogrammierung demonstriert Abb.VI.13. Den isobaren Trennungen bei drei verschiedenen Eingangsdrücken ist die

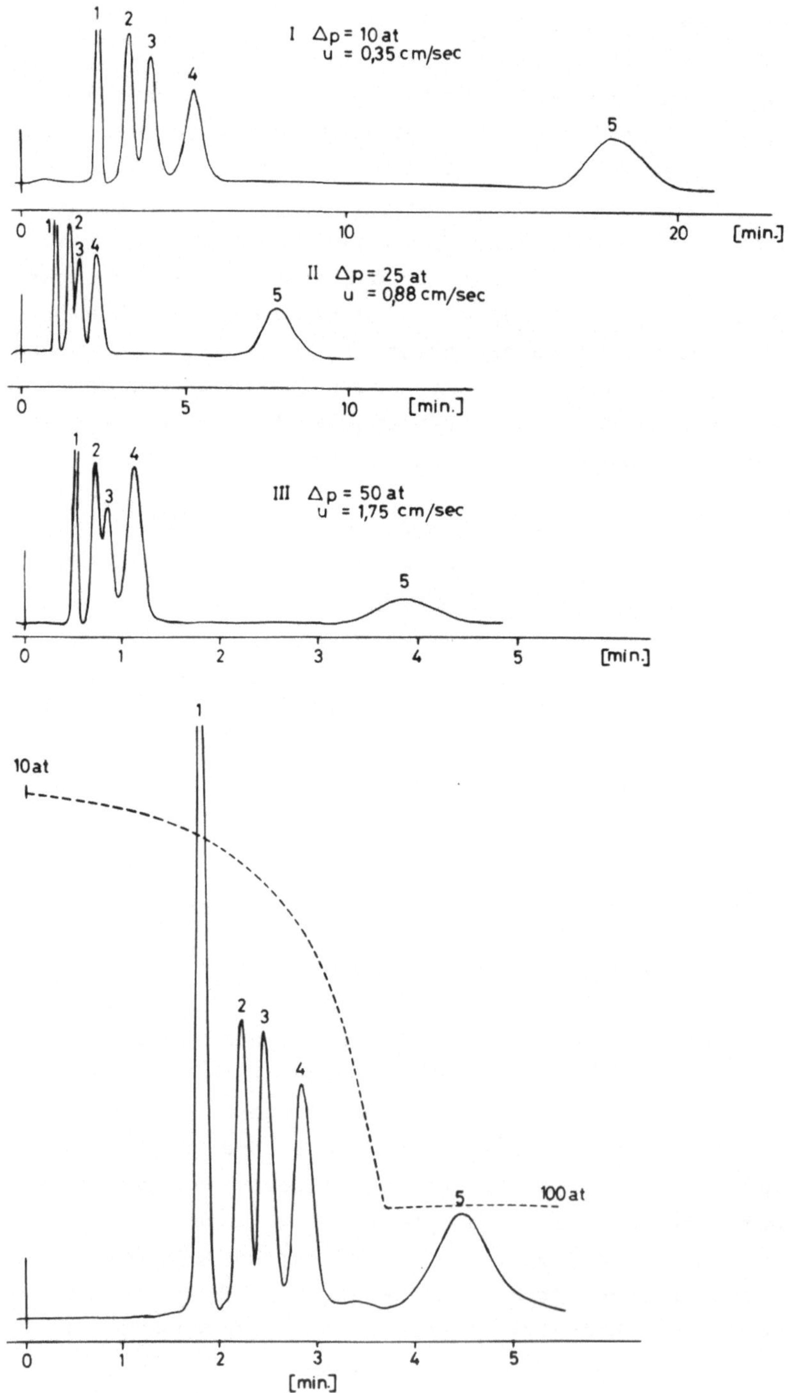

Abb.VI.13. Druckprogrammierung. Trennung von Insektiziden. Kieselgel, Merckogel Si 200; d_p: 30 - 40 µm; Eluent: n-Heptan. Säule: 50 cm, 2 mm i.d. Isobar: I, II und III. Druckprogramm: IV. Proben: 1 = Aldrin; 2 = Heptachlor; 3 = DDT; 4 = Lindan.

druckprogrammierte Trennung gegenübergestellt. Bei der Analyse mit niedrigstem Eingangsdruck (10 at) ist wohl die Auflösung der ersten vier Peaks optimal, doch wird Peak 5 erst nach etwa 20 min eluiert. Erhöht man den Druck auf 25 bzw. 50 at, so wird wohl Peak 5 in annehmbarer Zeit eluiert, doch verschlechtert sich die Auflösung der Peaks mit kürzerer Retentionszeit. Eine optimale Trennung mit etwa gleich guter Auflösung aller Peaks erhält man bei diesem Beispiel nur bei druckprogrammierter Analyse mit exponentiellem Druckanstieg von 10 auf 100 at.

Wie das Beispiel zeigt, ist eine druckprogrammierte Analyse immer dann sinnvoll, wenn die Unterschiede der Retentionszeiten in einem Chromatogramm exponentiell zunehmen, d.h. die Auflösung zweier benachbarter Peaks zu groß wird. In solchen Fällen sollte zweckmäßig ein exponentielles Druckprogramm verwendet werden. Handelt es sich nicht um die Trennung der Glieder einer homologen Reihe, so kann (abhängig vom Trennproblem) jegliche Programmart verwendet werden bzw. der Programmablauf beliebig oft unterbrochen werden. Der große Vorteil der Druckprogrammierung ist, daß nach Beendigung der Analyse durch Entspannen bzw. Rückkehr zum ursprünglichen Eingangsdruck (in wenigen Sekunden) der Ausgangszustand sofort wieder erreicht ist.

2. Temperaturprogrammierung

Die Stärke der Retention einer Probensubstanz in Adsorptionssystemen hängt hauptsächlich von den Unterschieden der Adsorptionswärme der Probe und des Eluenten ab. Eine Erhöhung der Temperatur führt zu einer Verminderung der Adsorptionswärme ($^{-\Delta H}/T$) und damit zu einer Verringerung der Retentionszeit. Eine Temperaturprogrammierung sollte in der Flüssigkeits-Chromatographie daher zum gleichen Ergebnis führen wie in der Gas-Chromatographie: Die stärker zurückgehaltenen Substanzen werden bei der erhöhten Trenntemperatur schneller und als schärfere Zonen eluiert. Leider ist in der Flüssigkeits-Chromatographie die Anwendung der Temperaturprogrammierung mit prinzipiellen Schwierigkeiten verbunden. Die Temperaturerhöhung beeinflußt die Gleichgewichtsverteilung des Wassers zwischen dem Festkörper und dem Eluenten. Bei erhöhter Temperatur kann das adsorbierte Wasser durch den Eluenten aus der Trennsäule herausgewaschen werden. Nach Abkühlung auf die Ausgangstemperatur ist das Adsorbens in der Trennsäule aktiver als vorher, die Retentionsvolumina der Proben sind höher. Durch die Temperaturerhöhung sollten die Retentionszeiten *verkürzt* werden. Abhängig vom verwendeten Eluenten und von der Lage des Wassergleichgewichts findet man tatsächlich diesen Effekt. Bei einigen anderen Eluenten erhält man beim Temperaturanstieg eine *Erhöhung* der Retentionszeiten (oder sie bleiben unverändert).

Bei der Temperaturprogrammierung mit "Moderatorzusatz" wurden diese Effekte verwendet [40,41]. Dem Eluenten wird eine geringe Menge (0,1 - 1 %) eines "Moderators" (z.B. Isopropanol) zugesetzt. Aus der großen Vorsäule, die ebenfalls mitprogrammiert wird, wird "Moderator" vom Eluenten aufgenommen, der die Elution der Probensubstanzen von der Trennsäule beschleunigt. Ohne Vorsäule sind mit "Moderatorzusatz" auch "umgekehrte" Temperaturprogramme möglich.

Es wurde gezeigt [42], daß bei chemisch gebundenen Phasen die Einflüsse des adsorbierten Wassers ("Moderator") zu vernachlässigen sind. Ohne Komplikationen können mit diesen Phasen temperaturprogrammierte Analysen durchgeführt werden. Nach der Rückkehr zur Ausgangstemperatur befindet sich die Trennsäule wieder im Gleichgewicht, und es werden die gleichen Retentionsvolumina gemessen wie vor der Temperaturänderung.

Da die Säulenpackung ein schlechter Wärmeleiter ist, genügt es nicht, nur die Säule zu thermostatisieren und zu programmieren, sondern der Eluent muß *vor* der Trennsäule bereits auf die richtige Temperatur gebracht werden. Dazu reicht eine etwa 1 m lange Kapillare (Innendurchmesser 0,5 - 1 mm) aus, die in dem Flüssigkeitsthermostaten untergebracht werden kann, der auch die Trennsäule beheizt. Obwohl die Aufheiz- und Abkühlungsraten von Luftthermostaten wesentlich günstiger sind als die von Flüssigkeitsthermostaten, sind erstere nur bedingt für die Flüssigkeits-Chromatographie und für Temperaturprogrammierung geeignet. Die Flüssigkeiten besitzen eine wesentlich höhere Wärmekapazität als Luft und die Wärmeübertragung auf den Eluenten erfolgt bei Luft auch nicht schnell genug.

Die Programmierung mit vorgeheizten Eluenten hat zusätzlich den Vorteil, daß ein radialer Temperaturgradient in der Trennsäule vermieden wird. Er könnte sonst zur Ursache einer Bandenverbreiterung werden. Da die Wärmekapazitäten von Eluent und Säulenfüllung in der gleichen Größenordnung sind, paßt sich die Temperatur der Säulenfüllung sehr schnell der des Eluenten an.

Als Detektor kann bei der temperaturprogrammierten Analyse nur der UV-Detektor oder der Drahtdetektor verwendet werden. Für die Säulenfüllung sind "nacktes" Kieselgel oder Aluminiumoxid nicht geeignet. Chemisch gebundene stationäre Phasen sind dagegen für die temperaturprogrammierte Analyse hervorragend geeignet.

Den Einfluß der Temperatur auf die Trennung eines Aromatengemisches zeigt Abb.VI.14. Die isotherme Arbeitsweise bei verschiedenen Temperaturen ist in a - c dargestellt. Bei Raumtemperatur (a) dauert die Trennung der acht Substanzen annähernd 30 Minuten. Bei 43°C (b) ist sie bereits nach ca. 12 min beendet, allerdings hat sich die Trennung der zuerst eluierten Peaks bereits verschlechtert. Bei 70°C (c) ist von einer Trennung nicht mehr zu sprechen. Die Elution aller Substanzen ist bereits nach 5 min beendet. Die temperaturprogrammierte Analyse (4°C/min) (d) ist mit guter Auftrennung aller Peaks nach etwa 12 min abgeschlossen.

Es soll hier darauf hingewiesen werden, daß die h-Werte mit steigender Temperatur niedriger werden. Die h-Werte dürfen allerdings nur bei konstanter Temperatur bestimmt werden, niemals aus einem temperaturprogrammierten Chromatogramm. Eine Ursache für die niedrigeren h-Werte ist die Verringerung der Viskosität der Eluenten, die bei einer Temperatursteigerung um 50°C um etwa 50 % abnimmt. Die Viskositätsänderung bewirkt beim Arbeiten mit konstantem Eingangsdruck parallel zur Temperaturprogrammierung auch eine gleichmäßige Erhöhung der Eluentengeschwindigkeit. Diese Strömungsprogrammierung wirkt in gleicher Richtung: Beschleunigung der Elution der stärker zurückgehaltenen Substanzzonen. Beim Arbeiten mit konstanter Volumenförderung sinkt der Säuleneingangsdruck analog zur Temperaturerhöhung ab, aber die lineare Geschwindigkeit bleibt konstant.

Im analytischen Ergebnis besteht kein Unterschied zwischen Strömungs- und Temperaturprogrammierung. Die beiden Verfahren werden immer dann sinnvoll sein, wenn die Auflösung der später eluierten Peaks auf Kosten der Analysenzeit zu groß wird. Welchem Programm der Vorzug zu geben ist, läßt sich schwer vorhersagen. Prinzipiell sollte zuerst die Optimierung der Trennung mit einem Strömungs- bzw. Druckprogramm versucht werden, da diese Technik experimentell einfacher ist und an die stationäre Phase keine besonderen Anforderungen gestellt werden. Die Grundlagen der Trennung (Adsorption, Verteilung etc.) werden bei diesem Programm nicht beeinflußt.

Führt das zu keinem Erfolg, oder werden dabei Probenbestandteile nur sehr spät oder mit starkem Tailing eluiert, sollte die Temperaturprogrammierung angewendet werden. Jedoch werden dabei gewisse Anforderungen an die Stabilität der stationären Phase gestellt.

Beide Programmiertechniken führen im allgemeinen zu einer Erniedrigung der k'-Werte um den Faktor 100, d.h. Substanzen, die bei Raum-

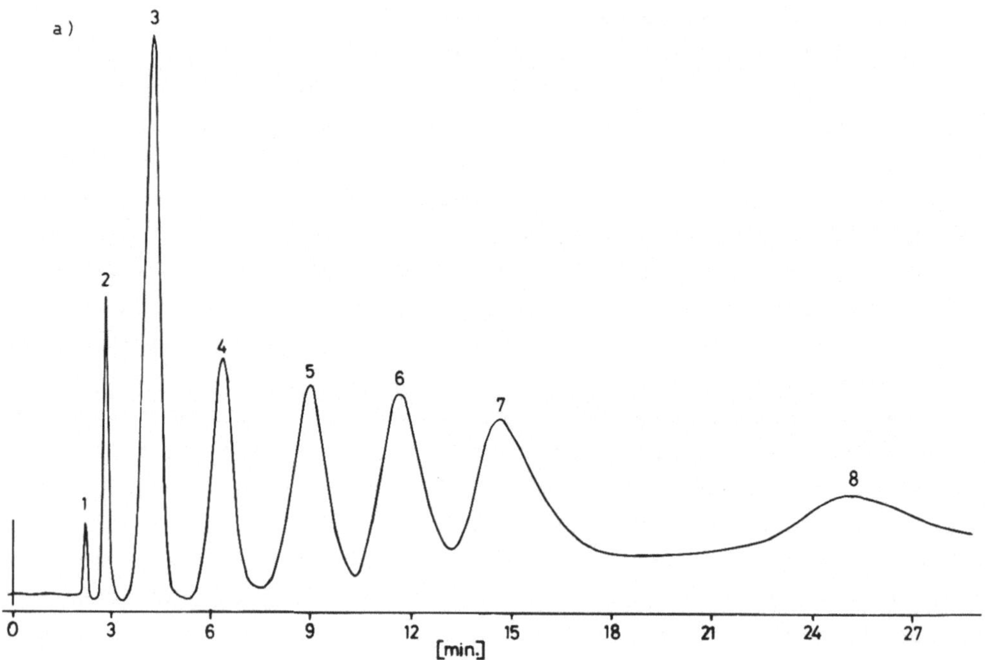
a)
1
2
3
4
5
6
7
8
0
3
6
9
12
15
18
21
24
27
[min.]

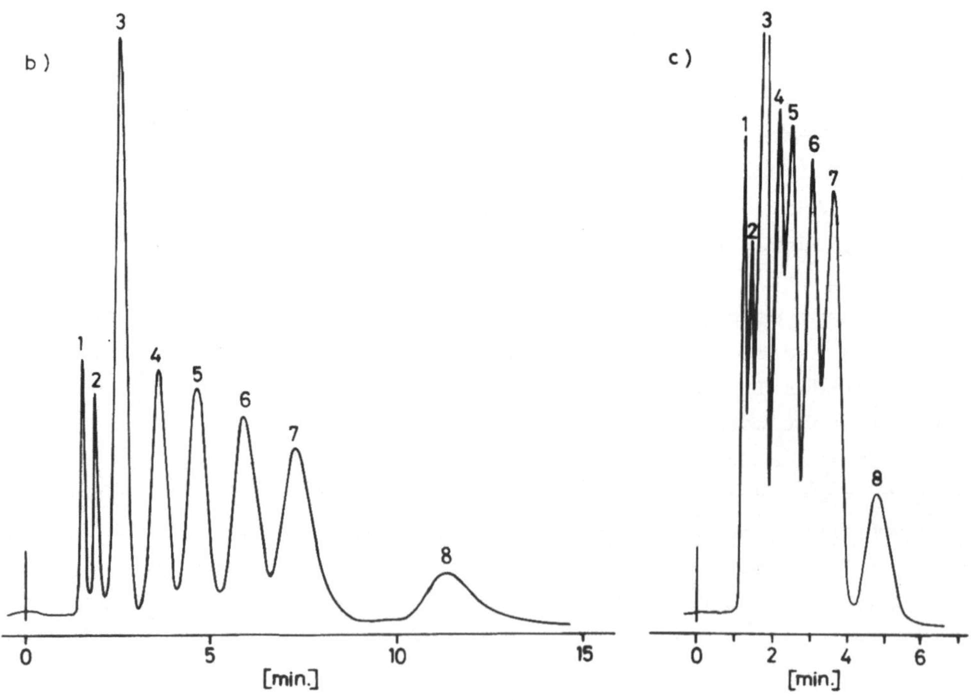
b)
1
2
3
4
5
6
7
8
0
5
10
15
[min.]
c)
1
2
3
4
5
6
7
8
0
2
4
6
[min.]

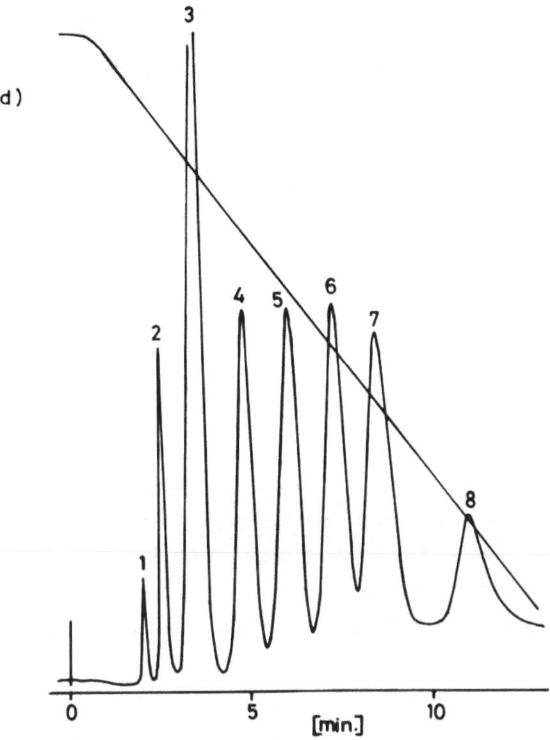

Abb.VI.14. Temperaturprogrammierung. "Bürste" Dinitrophenyl auf Merckogel Si 200; d_p: 30 - 40 µm; Eluent: n-Heptan; Säule: 50 cm, 2 mm i.d.; Δp: 10 at. a) Isotherm T = 22°C. b) Isotherm T = 43°C. c) Isotherm T = 70°C. d) Temperaturprogramm 4°C/min. Starttemperatur 23°C. 1 = Inert; 2 = Benzol; 3 = Naphthalin; 4 = Anthracen; 5 = 2-Phenylnaphthalin; 6 = Chrysen; 7 = Perylen; 8 = Picen.

temperatur einen k'-Wert von 100 bis 200 besitzen, werden bei der um etwa 50 bis 70°C höheren Temperatur mit einem k'-Wert < 10 eluiert. Diese Angaben sind jedoch nur als Richtwerte zu betrachten, weil viele Faktoren, wie Eluentengeschwindigkeit, Programmrate, Säulenlänge etc., eine wesentliche Nebenrolle spielen können.

3. Programmierung der stationären Phase

a. Veränderung der Aktivität des Adsorbens

Wie bereits ausgeführt wurde (VI.I.C), existiert ein Gleichgewicht zwischen der im Eluenten gelösten und der vom aktiven Festkörper adsorbierten Wassermenge [15]. Je mehr Wasser vom Adsorbens aufgenommen wurde, desto niedriger wird seine "Aktivität" und damit die Adsorption der Probenbestandteile. Durch kontinuierliche Erhöhung des Wassergehaltes des Eluenten wird die Aktivität des Adsorbens herabgesetzt und die Elution der polaren Komponenten beschleunigt. Am Adsorbens findet eine "Entmischung" des Eluenten statt, d.h. am Säulenanfang ist mehr Wasser adsorbiert als am Säulenende. Die Aktivität der stationären Phase und damit die Stärke der Adsorption der Probenbestandteile ist am Säulenanfang geringer als am Säulenende. Derartige *"Gradientensäulen"* [43] wurden bereits in der klassischen Säulenchromatographie verwendet. Da der Übergang aktives Adsorbens - desaktiviertes Adsorbens mehr oder minder kontinuierlich erfolgt und bei fortwährender Wasserzufuhr sich langsam zum Säulenende hinbewegt, werden die Probenbestandteile zu schärferen Zonen zusammengestaucht (geringe Wandergeschwindigkeit des Zonenanfangs, höhere Wandergeschwindigkeit des Zonenendes) und schließlich eluiert. Im Extremfall werden die Zonen durch die Wasserfront verdrängt.

Die k'-Werte werden z.B. in Methylenchlorid um den Faktor $5 \cdot 10^2$ bis 10^3 erniedrigt, wenn man bei einer Kieselgelsäure den Wassergehalt des Methylenchlorids von 60 ppm auf 2000 ppm erhöht. Die Elutionszeit und damit die Auflösung kann vergrößert werden, wenn der Wassergehalt nicht diskontinuierlich (stufenweise), sondern kontinuierlich (Gradient) erhöht wird.

Die Verkürzung der Elutionszeit beruht auf einer programmierten Desaktivierung der stationären Phase bzw. auf einer Verdrängung der Substanzen durch das sehr stark adsorbierte Wasser. Es soll nicht versäumt werden, hier darauf hinzuweisen, daß unter gewissen Umständen in einem Peak auch mehrere Substanzen enthalten sein können. Dieses Phänomen kann hauptsächlich beim Durchbruch der Wasserzone auftreten. Im Extremfall kann das Ende einer mit Schwanzbildung eluierten Substanzzone so gestaucht werden, daß ein weiterer Peak vorgetäuscht wird. Dieses Problem der "Aufspaltung" einer Substanzzone (*band splitting*) wurde bereits in der klassischen Säulenchromatographie bemerkt [44].

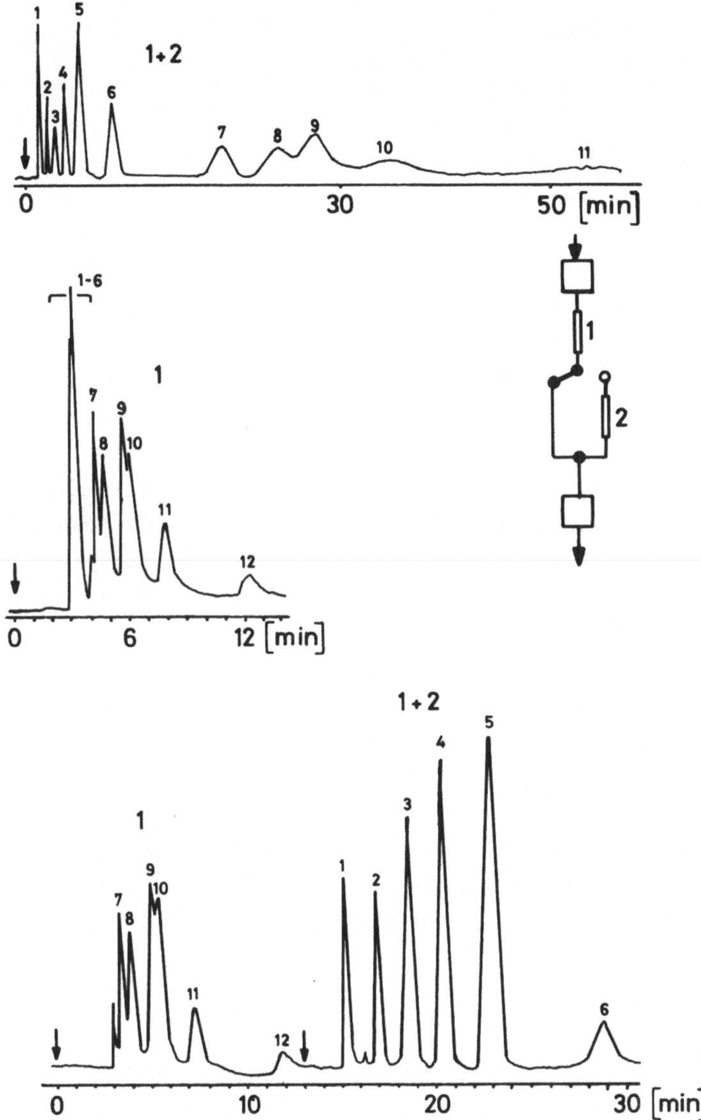

Abb.VI.15. Säulen-Umschaltung [49]. Säule I: 25 cm, 2,7 mm i.d., Kieselgur (2 m^2/g). Säule II: 25 cm, 2,7 mm i.d., Kieselgel (15 m^2/g). Eluent: Wasser - Äthanol - Isooctan. Oberes Chromatogramm: Säule I und II; mittleres Chromatogramm: Säule I; unteres Chromatogramm: Säulenumschaltung Peak 7 - 12 nur Säule I, Peak 1 - 6 Säule I und II. Proben: 1 = Decylbenzol; 2 = Progesteron; 3 = Androstandion; 4 = Methyltestosteron; 5 = Testosteron; 6 = Androsteron; 7 = 16α-Hydroxy-pregn-4-en-3,20-dion; 8 = 19-Hydroxy-androst-4-en-3,17-dion; 9 = Corticosteron; 10 = 11-Dehydrocorticosteron; 11 = Cortison; 12 = Cortisol.

b. Säulenumschaltung; "Coupled Columns"

Die Methode der Säulenumschalttechnik ist in der Gas-Chromatographie [45], insbesondere in der Prozeß-Gas-Chromatographie, weit verbreitet [46] und wird auch in der Flüssigkeits-Chromatographie angewendet [37, 47-50]. Dabei wird die Probe bei konstanter Zusammensetzung der mobilen Phase nacheinander oder parallel an verschiedenen stationären Phasen getrennt. Da konstante Eluentenzusammensetzung Bedingung ist, werden hauptsächlich die Länge der Trennsäule (Zahl der Trennstufen), die Stärke der Sorption (Größe der spezifischen Oberfläche), das Phasenverhältnis (unterschiedliche Belegung mit gleicher stationärer Phase) und die Selektivität (verschiedene chemisch gebundene stationäre Phasen) variiert.

Meistens wird an einer relativ kurzen Säule eine Vortrennung durchgeführt, und Fraktionen dieses Eluates werden an anderen Trennsäulen mit der gleichen oder anderen stationären Phasen weiter aufgetrennt. Abb.VI.15 zeigt die Optimierung der Trennung von Steroiden mittels Säulenumschaltung [49]. Die an der Säule I nur wenig aufgetrennten, zuerst eluierenden Steroide werden zunächst in Säule II gespeichert, bis die stärker zurückgehaltenen Steroide von Säule I getrennt eluiert wurden (Peak 7 - 12). Nach Umschaltung des Eluentenstroms auf Säule II werden die anderen Steroide (Peak 1 - 6) hier ebenfalls getrennt eluiert. Die Zusammensetzung des Eluenten wird dabei nicht verändert. Wegen der kleinen Diffusionskoeffizienten macht sich keine störende Bandenverbreiterung bemerkbar. Im Umschaltventil und seinen Zuleitungen darf selbstverständlich keine zusätzliche Bandenverbreiterung auftreten.

4. Gradient-Elution. Programmierung der Eluentenzusammensetzung

Als Gradient-Elution bezeichnet man die programmierte Erhöhung der Elutionskraft des Eluenten. Sie bietet für die optimale Auftrennung auch sehr komplexer Gemische die größten Möglichkeiten aller Programmiertechniken. Bedingt durch die Vielfalt der möglichen Eluenten ist man praktisch in der Lage, sowohl an polaren als auch an unpolaren stationären Phasen Gemische mit weitgestreuter Polarität aufzutrennen. Die Trennung eines Gemisches, beginnend mit unpolaren Kohlenwasserstoffen (z.B. Squalan) bis hin zu wasserlöslichen und polaren Stoffen (z.B. Glucose), zeigt Abb.VI.16 mit der Methode der schrittweisen Gradient-Elution ("Incremental Gradient-Elution"), wobei

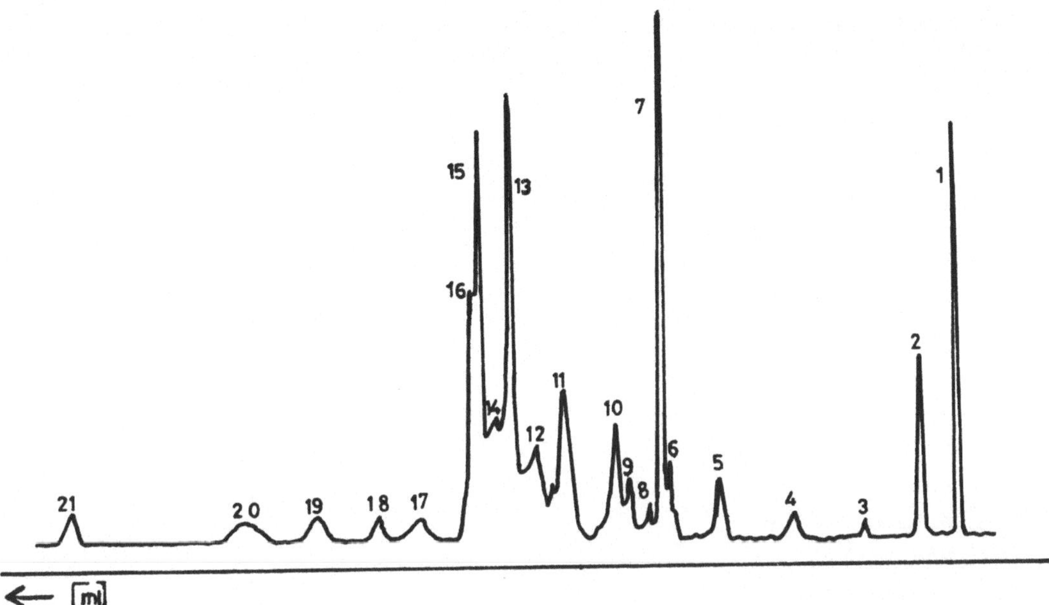

Abb.VI.16. Demonstration der Gradient-Elution [31]. Kieselgel: Bio-Sil A; Eluent: siehe Tab.VI.4a; Säule: 50 cm, 2 mm i.d.; Fluß: 0,5 ml/min. 1 = Squalan; 2 = Anthracen; 3 = Stearinsäuremethylester; 4 = Benzophenon; 5 = Chloranilin; 6 = Nitroanilin; 7 = p-Dinitrobenzol; 8 = p-Nitrophenol; 9 = Dihydrocholesterin; 10 = Catechol; 11 = Phenacetin; 12 = Adenin; 13 = Phenolphthalein; 14 = EEDQ; 15 = Chinin; 16 = Acetylsalicylsäure; 17 = Benzoesäure; 18 = BOC-Leucin; 19 = BOC-Glycin; 20 = Alanin; 21 = Glucose.

mehrere (bis zu 12) Gradientenstufen bei der Elution verwendet wurden. Die hier verwendete Eluentenkombination, die in Tab.VI.4a zusammengestellt ist, wurde aufgrund theoretischer Überlegungen von Scott [51-53] so ausgewählt, daß der resultierende Gradient eine lineare Steigerung der Elutionskraft bewirkt. Die einzelnen Incremente wurden von Scott [51] experimentell so erhalten, daß das reduzierte Retentionsvolumen einer Probe im vorhergehenden Eluenten zwei- bis dreimal so groß war wie im nachfolgenden, d.h. das Verhältnis der beiden k'-Werte (k'-Wert im ersten Eluenten/k'-Wert im zweiten Eluenten) lag etwa bei 2,5. Darüber hinaus wurde darauf Wert gelegt, daß das effektive Molekulargewicht der Gemische abnimmt, um so den Einfluß der Dispersionskräfte zu verringern. Diese Reihenfolge ist allerdings nur bei Verwendung des Draht-Detektors brauchbar, da einige Lösungsmittel für UV-Licht (< 300 nm) keine Durchlässigkeit besitzen.

Snyder [54] hat eine Eluenten-Reihe beschrieben (Tab.VI.4b), die ebenfalls den genannten Bereich überstreichen soll und die nur aus

Tabelle VI.4a. Eluenten-Reihe für die Gradient-Elution nach Scott [51].

1	n-Heptan 100 %
2	Tetrachlorkohlenstoff 100 %
3	Tetrachlorkohlenstoff/Chloroform 58/42 (v/v)
4	Tetrachlorkohlenstoff/Chloroform/1,2-Dichloräthan 36/26/38 (v/v/v)
5	Tetrachlorkohlenstoff/Chloroform/1,2-Dichloräthan/ 2-Nitropropan 20/14/21/45 (v/v/v/v)
6	Tetrachlorkohlenstoff/Chloroform/1,2-Dichloräthan/ 2-Nitropropan/Nitromethan 14/11/14/33/28 (v/v/v/v)
7	Nitromethan/Propylacetat 36/64
8	Methylacetat 100 %
9	Aceton 100 %
10	Äthanol 100 %
11	Methanol 100 %
12	Wasser 100 %

Tabelle VI.4b. Eluenten-Reihe für die Gradient-Elution nach Snyder [54] für Kieselgel.

				Elutions-kraft ε^{O}
1	Pentan			0.00
2	Pentan/2-Chlorpropan	95.8/4.2	(v/v)	0.05
3	Pentan/2-Chlorpropan	90/10	(v/v)	0.10
4	Pentan/2-Chlorpropan	79/21	(v/v)	0.15
5	Pentan/Diäthyläther	96/4	(v/v)	0.20
6	Pentan/Diäthyläther	89/11	(v/v)	0.25
7	Pentan/Diäthyläther	77/23	(v/v)	0.30
8	Pentan/Diäthyläther	44/56	(v/v)	0.35
9	Diäthyläther/Methanol	98/2	(v/v)	0.40
10	Diäthyläther/Methanol	96/4	(v/v)	0.45
11	Diäthyläther/Methanol	92/8	(v/v)	0.50
12	Diäthyläther/Methanol	80/20	(v/v)	0.55
13	Diäthyläther/Methanol	50/50	(v/v)	0.60

solchen Lösungsmitteln besteht, die im UV-Bereich vollkommene Durchlässigkeit besitzen. Es sei jedoch bemerkt, daß bei empfindlichen UV-Detektoren auch Unterschiede der Brechungsindices mitbestimmt werden, so daß auch bei Verwendung dieser Reihe zumindest mit Verschiebungen der Null-Linie zu rechnen ist. Darüber hinaus kann bei dieser Reihe Phasenentmischung eintreten.

Die Glieder der Eluenten-Reihe in Tab.VI.4b wurden so ausgewählt, daß der Unterschied der Elutionskraft ε^{o} (vgl. VI.I.D.1) zwischen den einzelnen Gemischen gerade 0,05 Einheiten beträgt. Dies bedeutet nach Snyder [54] eine Verringerung der k'-Werte von Proben um den Faktor 2 - 4. Damit ist diese Eluenten-Reihe der nach Scott (vgl. Tab.VI.4a) vollkommen analog.

Praktisch kann diese schrittweise Gradient-Elution nur mit solchen Geräten durchgeführt werden, die eine Herstellung des Gradienten auf der Niederdruckseite erlauben. Erforderlich dazu sind kontinuierlich arbeitende Pumpen, wobei das Volumen zwischen Gradient-Mischung und Säulenanfang sehr klein zu halten ist.

Die meisten Geräte für die HPLC-Gradient-Elution erlauben jedoch nur die Herstellung eines Gradienten aus zwei verschiedenen Eluenten. Die verschiedenen Möglichkeiten sind in Kap.III.K diskutiert. Die technischen Probleme beruhen u.a. auf Viskositätsunterschieden der verwendeten Eluenten, Unterschieden in der Kompressibilität und nichtidealem Mischungsverhalten. Vor der Durchführung einer Gradient-Elution sollte zumindest die reproduzierbare Herstellung des Gradienten und Konstanz der Eluentenförderung mit der ausgewählten Eluentenkombination überprüft werden.

Die Mischung zweier Komponenten kann nach verschiedenen Programmen erfolgen. Die Konzentrationszunahme der zweiten Komponente mit der Zeit kann eine konkave, lineare oder konvexe Kurve beschreiben. Primär sollte eine lineare Gradient-Kurve ausgewählt werden. Der tatsächliche, d.h. der wirksame Gradient ist nur teilweise abhängig von dieser Programmierung, sondern ist darüber hinaus immer eine Funktion der Polaritäts- bzw. Elutionskraftunterschiede der beiden Komponenten. Werden zwei Eluenten mit großen Unterschieden der Elutionskraft für die Herstellung eines Gradienten verwendet, so bewirken bereits geringe Mengen der zweiten Komponente eine starke Steigerung der Elutionskraft, d.h. einen effektiven konvexen Gradientanstieg.

Derartige Gradientformen sind selten erwünscht, da gerade am Anfang einer Trennung die Komponenten fast immer nahe beieinander eluiert werden. Darüber hinaus können durch die Entmischung von Eluentengemischen, wie z.B. bei einem Gradienten von n-Hexan als erstem Eluenten zu einem Gemisch von einigen Prozenten Alkohol (z.B. Isopropanol) in n-Hexan, auch Verdrängungseffekte auftreten, ähnlich wie sie im Abschn.3a diskutiert wurden. Nur bei der Mischung von Komponenten mit relativ geringen Polaritätsunterschieden erhält man bei einer linearen Programmierung auch eine annähernd lineare Erhöhung der Elutionskraft. Für die Chromatographie mit polaren stationären Phasen trifft dies für die Gradienten von n-Hexan zu Chloralkanen wie Propylchlorid, Methylenchlorid etc. zu. Bei unpolaren stationären Phasen ist dies für das System Wasser - Methanol sicher erfüllt, wahrscheinlich auch bei Verwendung von Acetonitril als zweiter Komponente.

Zu große Polaritätsunterschiede machen sich u.a. dadurch bemerkbar, daß mit dem Durchbruch der zweiten Komponente sehr große Peaks im Chromatogramm zu erkennen sind, die auf die gleichzeitige Elution (ohne Trennung) mehrerer Komponenten zurückgeführt werden können. Abb.VI.17 zeigt eine mehrstufige Gradient-Elution von Heptan zu Dichlormethan und weiter zu Dichlormethan-Isopropanol-Gemischen. Kurz nach dem Wechsel (Verzögerung des Gradienten durch die Trennsäule) des Eluentengemisches werden, vor allem wenn Isopropanol im Gemisch mitenthalten ist, große Peaks eluiert. Diese Zonen enthalten mehrere Substanzen und können mit geeigneten Systemen weiter aufgetrennt werden.

Für die Dauer der einzelnen Gradientschritte bzw. die Menge benötigten Eluent pro Programmschritt lassen sich nur sehr schwer allgemeine Richtwerte angeben, da hier Länge bzw. Leervolumen der Trennsäule, Strömungsgeschwindigkeit u.ä. mit eine Rolle spielen. Es wurde für die schrittweise Gradient-Elution gezeigt [53], daß bei Verdoppelung der Säulenlänge (Verdoppelung des Leervolumens) die ursprünglichen Werte für die Dauer der Eluentenperiode nicht einfach analog erhöht werden können, sondern daß die Optimalwerte der angeführten Parameter von Fall zu Fall bestimmt und an jedes Trennproblem bzw. an jede Trennsäule angepaßt werden müssen. Als Richtwert kann der experimentell bestimmte Wert [53] herangezogen werden, nach dem das Volumen eines jeden Eluentengemisches mindestens das 2,5-fache des Säulenvolumens betragen soll. Andere Angaben geben weit höhere Werte an. Für einen vollständigen Gradienten (von unpolar bis stark polar) werden etwa 250 Säulenvolumina benötigt, um sowohl unpolare als auch polare Substanzen restlos zu eluieren.

Werden Gradienten mit HPLC-Geräten durchgeführt, so sollte ein Gradient von 0 - 100 % Komponente B nicht kürzer als 20 Minuten, bei

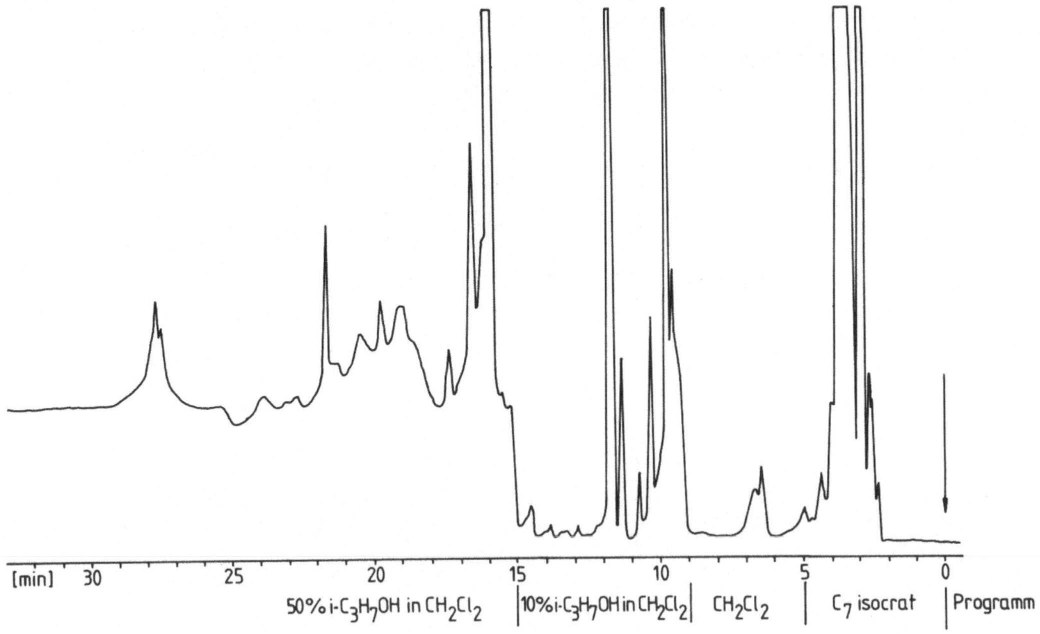

Abb.VI.17. Mehrstufige Gradient-Elution von Pfefferminzöl (am. Kennewyk). Trennsäule: 30 cm, 4,2 mm i.d.; gepackt mit Kieselgel Si 100; $d_p \sim 10$ µm. Fluß: 2 cm^3/min. Niederdruck-Gradient; Mischkammervolumen 10 cm^3 [56]. Eluenten-Programm: 1) 5 min n-Heptan isocratisch; 2) Gradient zu Methylenchlorid; 3) Gradient zu Methylenchlorid, 10 % Isopropanol; 4) Gradient zu Methylenchlorid-Isopropanol 1 : 1. Regenerierung der Trennsäule durch Spülen vor der Probenaufgabe: a) 15 min mit Methylenchlorid; b) 15 min n-Heptan (Uvasol, Merck). UV-Detektor 254 nm; Probenmenge 0,5 µl.

Eluentengeschwindigkeiten um 2 ml/min (für analytische Säulen 30 cm, 4 mm i.d.), sein. Je kürzer der Gradient ist, um so weniger Komponenten werden während der Gradientdauer optimal voneinander getrennt. Erhöht man bei konstanter Gradientdauer die Flußgeschwindigkeit, so werden die Retentionsvolumina, bei denen ein Peak eluiert wird, wohl größer, aber wegen der höheren Geschwindigkeit sind die Zonenbreiten auch größer, so daß die dadurch scheinbar gewonnene Auflösung durch die breiteren Peaks wieder zunichte gemacht wird.

An die Reinheit der Eluenten werden bei der Gradient-Elution besondere Anforderungen gestellt. Nur sorgfältig gereinigte Eluenten sollten verwendet werden. Z.B. wird die Reinigung durch adsorptive Filtration über aktives Aluminiumoxid bzw. Silicagel empfohlen (vgl. Abb.XII.1). Die Trennsäule wirkt als Sammler für Verunreinigungen, die bei der Gradient-Elution dann ebenfalls als scharfe Peaks eluiert werden und Gemisch-Komponenten vortäuschen können. Es ist daher zweckmäßig, vor der Analyse einen Gradienten ohne Probe durchzufahren, um die Peaks der Verunreinigungen zu erkennen. Einen derartigen Blindgradienten zeigt Abb.VI.18, der unter den gleichen Bedingungen - jedoch ohne Probenaufgabe - erhalten wurde wie in Abb.VI.17. Es ist erstaunlich, wie viele Verunreinigungen in welch hohen Konzentrationen angereichert werden können. Daher sollten stets die Regenerierungszeiten bzw. die Spülvolumina bei der Regenerierung bei jeder Analyse konstant gehalten werden. Es empfiehlt sich darüber hinaus, vor oder nach der Trennung eine Gradient-Elution unter identischen Bedingungen, jedoch ohne Probenaufgabe, durchzuführen.

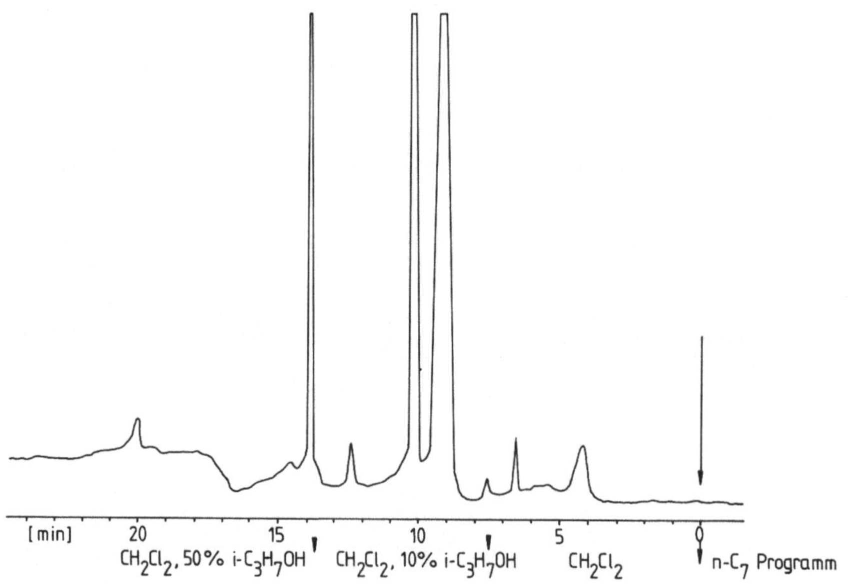

Abb.VI.18. Mehrstufige Gradient-Elution: Blindgradient. Bedingungen wie in Abb.VI.17, jedoch ohne Probenaufgabe und isocrate Anfangsperiode. (Verunreinigungen aus dem Eluenten!)

Dieser Anreicherungseffekt tritt sowohl bei polaren als auch bei unpolaren stationären Phasen auf. Es werden jedoch nicht nur die Verunreinigungen der Ausgangskomponente (schwächster Eluent) des Gradienten an der Trennsäule angereichert, sondern auch solche aus dem stärkeren Eluenten, für die die Elutionskraft des Gradienten-Gemisches noch nicht ausreichend für die Elution ist. Das bedeutet, daß für die Gradient-Elution nur hochgereinigte Lösungsmittel (p.A.-Qualität oder "für Rückstandsanalyse") verwendet werden können - eine kostspielige Angelegenheit, da die Eluenten als Gemische anfallen.

Das Regenerieren der Trennsäule, d.h. die Rückführung auf den Ausgangszustand durch Entfernung der polaren Eluentenkomponente, nimmt besonders bei Trennsäulen mit polaren stationären Phasen einen langen Zeitraum in Anspruch. Dabei bereitet weniger das Ausspülen der polaren Lösungsmittelreste Schwierigkeiten, als vielmehr die Einstellung des Gleichgewichtes des vom Adsorbens aufgenommenen und im Eluenten gelösten Wassers [56]. Durch Überprüfung der k'-Werte von Probesubstanzen sollte die Einstellung der Ausgangsbedingungen festgestellt werden. Zwischen 10 und 30 Kolonnenvolumina werden mindestens zur Regenerierung der Trennsäule und Einstellung der Ausgangsbedingungen benötigt. Nachdem dafür oft mehr Zeit benötigt wird als für die Trennung mit Gradient-Elution selbst, ist es oft sinnvoller, die Trennsäule nicht auf ihre Ausgangsbedingungen (Gleichgewicht mit unpolaren Eluenten) zurückzuführen, sondern die Regenerierungszeit ebenfalls zu standardisieren, was wegen der Eluentenverunreinigungen sowieso unerläßlich ist. Auch durch Umkehrung des Gradienten läßt sich die Regenerierungszeit wesentlich verkürzen [56,57].

Bei unpolaren bzw. anderen chemisch gebundenen Phasen ist die Regenerierung mit geringeren Schwierigkeiten verbunden. Das Gleichgewicht ist nach dem Spülen mit mindestens 10 Trennsäulenvolumina wieder eingestellt. Jedoch sollte auch hier die Regenerierungszeit standardisiert werden, da an den unpolaren Phasen die Verunreinigungen aus Wasser und (bzw.) Methanol ebenfalls angereichert werden.

Für die Regenerierung der Trennsäulen bei der schrittweisen Gradient-Elution, d.h. die Rückführung der Trennsäule vom Eluenten Wasser zum Eluenten n-Heptan, benötigt man eine Folge von drei bis fünf Lösungsmitteln, um Entmischungseffekte zu vermeiden. Scott [53] schlägt dafür die Reihenfolge vor: Äthanol, Aceton, Essigsäureäthylester, 1,2-Dichloräthan, Heptan. Von jedem dieser Eluenten verwendet er mehr als das Sechsfache des Totvolumens der leeren Trennsäule. Die Regenerierung kann man zur Zeitersparnis natürlich bei einer höheren Strömungsgeschwindigkeit als der der Trennung durchführen.

Die Gradient-Elution ist unentbehrlich bei der Auftrennung von Gemischen, deren Polaritätsunterschiede einen weiten Bereich überstreichen. Derartige Probleme tauchen bei der Adsorptionschromatographie an polarer wie auch an unpolarer stationärer Phase und bei der Ionenaustausch-Chromatographie auf (vgl. VIII.D.5). In der Adsorptionschromatographie ist man ohne weiteres in der Lage, Gemische in einer einzigen Analyse aufzutrennen, deren k'-Werte über einen Bereich von 10^4 oder größer streuen. Diesen gewaltigen Vorzügen stehen in der Routine-Anwendung einige Schwierigkeiten entgegen, deren Ursachen hier aufgezeigt wurden und dazu dienen sollen, mögliche Fehlinterpretationen eines Gradient-Elutions-Chromatogrammes zu vermeiden. Unter Berücksichtigung der hier angeführten Vorsichtsmaßnahmen, wie z.B. Durchführung einer Gradient-Elution ohne Probenaufgabe vor oder nach der eigentlichen Analyse unter identischen Bedingungen, kann die Gradient-Elution ohne weiteres eingesetzt werden.

Stehen die oft sehr kostspieligen Einrichtungen für die Gradient-Elution in der HPLC (Mischung auf der Hochdruckseite) nicht zur Verfügung, so kann man eine einfache Gradient-Mischung vor der Pumpe (auf der Niederdruckseite) anwenden [56]. Andererseits kann man die Veränderung des Eluenten stufenförmig vornehmen, indem man einfach das Vorratsgefäß wechselt. Werden diese Stufen in genügend kleinen Schritten durchgeführt, so entspricht das Ergebnis durchaus der Elution mittels eines Gradienten. Abb.VI.19 zeigt ein derartiges Chromatogramm, das mittels stufenförmiger Änderung der Elutionskraft erhalten wurde [58]. Wegen der niedrigen Eluentengeschwindigkeit (0,1 cm/sec) dauert die Trennung der Phenacylester der Fettsäuren über 4 Stunden.

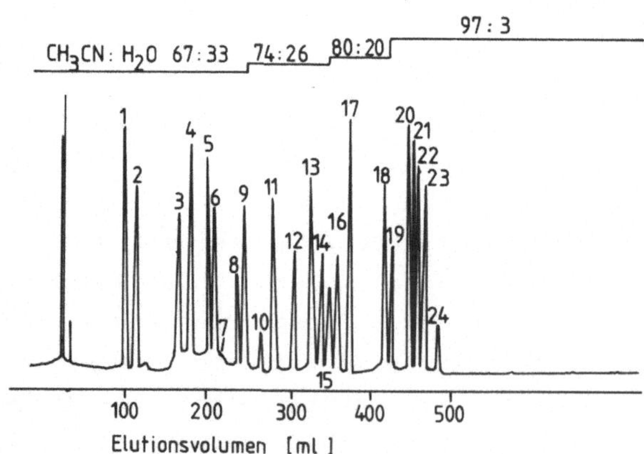

Abb.VI.19. Stufengradient. Trennung der Phenacylester von Fettsäuren [58]. Trennsäule: 90 cm, 6,4 mm i.d. Stationäre Phase: μ-Bondapak C-18 (Waters Associates). Eluent: Acetonitril-Wasser-Gemische. Fluß: 2 cm^3/min; u ~ 1 mm/sec. Proben: Gesättigte und ungesättigte Fettsäuren zwischen 1 = Laurinsäure (C_{12}) und 24 = Lignocerinsäure (C_{24}). Ungesättigte werden stets vor den gesättigten mit gleicher C-Zahl eluiert.

IV. Anwendungsmöglichkeiten der Adsorptionschromatographie

Die Zahl der Anwendungen der HPLC ist in der letzten Zeit exponentiell gewachsen. Die ersten Monographien und Übersichtsartikel über die Anwendung der HPLC in der klinischen Chemie [59], der pharmazeutischen Industrie [60], bei der Sequenzanalyse von Peptiden und Proteinen [61] und in der forensischen Chemie [62] sind bereits erschienen. Es würde den Rahmen dieser Einführung sprengen, sollten alle in der Zwischenzeit publizierten Trennungen hier aufgeführt werden. Eine Einordnung in die einzelnen Kapitel der Trennsysteme müßte vielfach willkürlich geschehen. Hier sei auf die entsprechenden Monographien bzw. Bibliographien verwiesen, die nach Substanzklassen geordnet die Trennungen referieren [63-65]. Hierbei kann auch auf die älteren Monographien der Säulenchromatographie [66,67] durchaus mit Nutzen zurückgegriffen werden, da Systeme der klassischen Säulenchromatographie relativ einfach auf die HPLC zu übertragen sind.

Hier sollen nur anhand einiger ausgewählter Trennbeispiele die Einsatzmöglichkeiten der verschiedenen Trennsysteme demonstriert werden.

A. An polarer stationärer Phase

Für die Hochdruck-Flüssigkeits-Chromatographie an polaren Festkörpern gelten die gleichen Gesetzmäßigkeiten, die aus der klassischen Säulenchromatographie ("Adsorptionschromatographie") bekannt sind. Der hauptsächliche Anwendungsbereich liegt damit bei der Trennung der unpolaren bis mittelpolaren organischen Verbindungen. Stark polare und ionogene Verbindungen werden zu stark festgehalten und müssen mit einem anderen Trennsystem (Verteilungschromatographie bzw. Ionenaustausch) aufgetrennt werden. Große Vorteile bieten für derartige Trennungen die unpolaren stationären Phasen.

Die Trennung der aromatischen, polycyclischen Kohlenwasserstoffe wurde an Kieselgel, an Aluminiumoxid, an porösen Festkörpern und an PLB (Festschichtteilchen) (vgl. Abb.VI.4) durchgeführt [17,68-72]. Zur Erhöhung der Selektivität wurden die Adsorbenzien auch mit Komplexbildnern (Silbernitrat, Trinitrofluorenon) belegt [10,11]. An mit

Silbernitrat belegtem Kieselgel konnten auch die cis-trans-Isomere von Olefinacetaten (C_{10} bis C_{18}) getrennt werden [73], dabei kann auch der Komplexbildner (Silbernitrat) dem Eluenten zugemischt werden [74].
Die Leistungsfähigkeit der Hochdruck-Flüssigkeits-Chromatographie auf diesem Gebiet demonstriert Abb.VI.20 mit der Trennung von 13 aromatischen Kohlenwasserstoffen in 60 Sekunden. Mit dieser Trennung wird zusätzlich gezeigt, daß bei Verwendung von sehr kleinen Teilchen ($d_p \sim 5$ µm) auch in relativ kurzen Säulen (6,5 cm) noch genügend Trennstufen ($n \sim 3000$) erzeugt werden und damit auch komplexe Trennungen durchgeführt werden können. Bedingt durch die verwendete kurze Säule ist der hier benötigte Druckabfall trotz des kleinen Teilchendurchmessers erstaunlich niedrig (Δp = 72 at).

Darüber hinaus wurden Pestizide [50,75], polychlorierte Biphenyle [76,77] und Herbizide [78] (vgl. Abb.VI.11) getrennt. Allerdings wurde dabei nie die Nachweisempfindlichkeit erreicht, die mit selek-

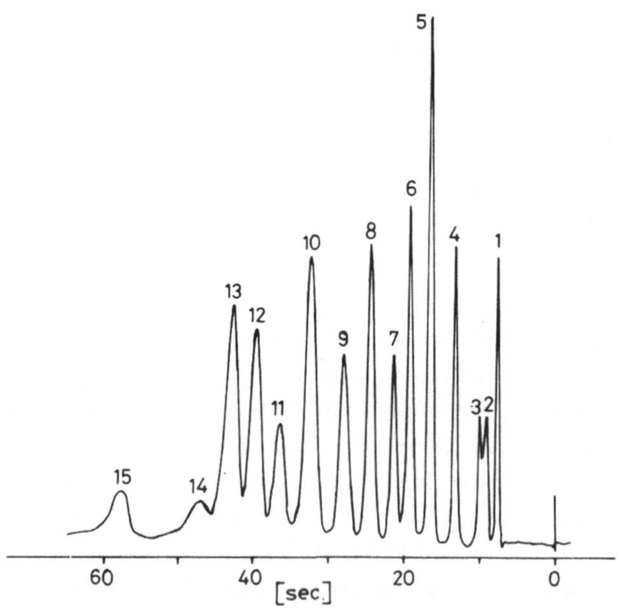

Abb.VI.20. Trennung von kondensierten Aromaten. Kieselgel: Lichrospher (Merck); Eluent: n-Pentan; Säule: 6,5 cm, 4 mm i.d.; Δp = 72 at; u = 9,3 mm/sec. 1 = Inert; 2 = Lösungsmittel; 3 = Benzol; 4 = Naphthalin; 5 = Diphenyl; 6 = Anthracen; 7 = Pyren; 8 = Fluoranthen; 9 = o-Terphenyl; 10 = 1,2-Benzanthracen; 11 = 3,4-Benzpyren; 12 = Perylen; 13 = 1,12-Benzperylen; 14 = Coronen; 15 = 1,2,5,6-Dibenzanthracen.

tiven Detektoren in der Gas-Chromatographie erzielt werden kann. Jedoch lassen sich derartige Substanzen ohne Schwierigkeiten (Zersetzung) und ohne Derivatisierung (d.h. bedeutend einfacher) flüssigkeits-chromatographisch trennen.

Ein Hauptgebiet für die Hochdruck-Flüssigkeits-Chromatographie war von Anfang an die Analyse von Pharmazeutika und pharmazeutischen Zubereitungen [79-81], die Analyse von Steroiden [82,83], Herzgiften [84,85], Alkaloiden [86] sowie Aflatoxinen [87]. Auch die Trennung von Diastereomeren ist gelungen. Die ersten Ergebnisse erzielten Nakanishi und Mitarbeiter [88], die zur Erhöhung der Trennleistung (sie verwendeten Silikagel mit einer Teilchengröße um 40 µm) eine Recycling-Methode angewendet haben und das Gemisch mehrmals durch die gleiche Trennsäule pumpten. Bei Verwendung von Silikagel mit kleinen Teilchendurchmessern (d_p: 4 - 8 µm) reicht bereits die Trennleistung einer 30 cm langen Säule aus, um das Diasteromerenpaar aufzuspalten (Abb.VI.21) [89,90]. Auch Porphyrine und Chlorophyll-Derivate (Methylester) können an polaren stationären Phasen getrennt werden [91,92].

Es soll jedoch darauf hingewiesen werden, daß sich viele Trennungen auch an anderen stationären Phasen ("reversed phase") und in anderen Trennsystemen (Verteilungschromatographie) durchführen lassen. Die Auswahl des Systems hängt nicht nur von den zu trennenden Stoffen, sondern auch von bereits vorhandenen Erfahrungen mit einem Trennsystem ab.

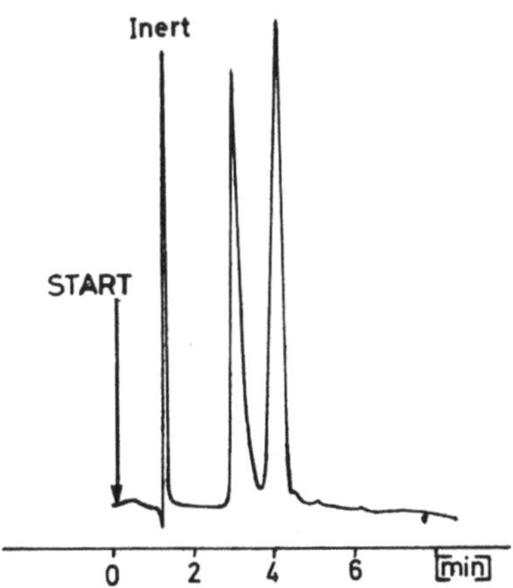

Abb.VI.21. Trennung von Diastereomeren (O-Methylmandelsäure(-)α-phenyläthylamid) [50]. Kieselgel: Spherosil XOA 400; Eluent: i-Octan-Chloroform 2:1 (v/v); Säule: 30 cm, 3mm i.d.; Δp = 135 at; Fluß: 1,4 ml/min.

B. An unpolaren stationären Phasen

Die Chromatographie an Umkehrphasen ist das heute am häufigsten angewendete Trennsystem in der Hochdruck-Flüssigkeits-Chromatographie. Schätzungsweise 60 - 80 % aller analytischen Trennungen werden mit dieser Technik durchgeführt. In den meisten Fällen werden Silikagele, die mit Octadecylsilanen umgesetzt sind, als stationäre Phasen und Mischungen aus Wasser mit Methanol oder Acetonitril als Eluenten verwendet. Mit eine Ursache dafür ist, daß dieses chromatographische System sehr einfach ist und die Eluenten leicht in ausreichender Reinheit herzustellen sind. Die Reproduzierbarkeit der Systeme ist gut und die Trennsäulen sind bei pH-Werten unter 8 auch über längere Zeit stabil.

Die Einsatzgebiete der polaren und unpolaren stationären Phasen überdecken sich. Den Vergleich einer Trennung an polarer stationärer Phase (chemisch gebundener Äther) mit unpolarem Eluenten und an der gleichen Phase nach der "reversed-phase"-Methode mit polarem Eluenten zeigt Abb.VI.22 [93]. Die Elutionsreihenfolge der substituierten Harnstoffe kehrt sich erwartungsgemäß um, wobei die Verbindung mit der längsten Alkylgruppe (Neburan) im RP-System am stärksten festgehalten wird.

An Umkehrphasen wurden auch aromatische Kohlenwasserstoffe und Pestizide getrennt [94-96]. Mit Methanol-Wasser als Eluent konnte Benzol von Deuterobenzol getrennt werden [97]. Nachdem unpolare Stoffe aus Wasser an Umkehrphasen sehr stark zurückgehalten werden, eignen sich derartige Phasen zur Anreicherung organischer Spurensubstanzen aus Wasser [98,99] bzw. marinen Sedimenten [100].

Cortico-Steroide (Abb.VI.23), auch Androgene und Progesterone [30], Phythosterine [101], Herzgifte [30,102], Krötengifte [103], sind mit Wasser-Methanol-Gemischen unterschiedlicher Zusammensetzung ohne Schwierigkeiten zu trennen bzw. in biologischem Material nachzuweisen [104]. Carbonsäuren [30] (Abb.VI.24) bzw. deren Derivate (Abb.VI.19) [58,105], Aminosäuren bzw. deren Phenyl-Hydantoin-Derivate [106,107], Peptide [108], Antibiotica [109,110], Prostaglandine [111] und andere polare Substanzen, wie z.B. Ergotaminderivate, LSD [112], N-Nitrosoverbindungen [113] und Fluorescaminderivate [114] wurden an Umkehrphasen getrennt bzw. in pharmazeutischen Zubereitungen oder Körperflüssigkeiten nachgewiesen.

Bei Umkehrphasen steigt die Sorption mit der Zahl der unpolaren Gruppen. Homologe Reihen organischer Verbindungen, aber auch die Glieder

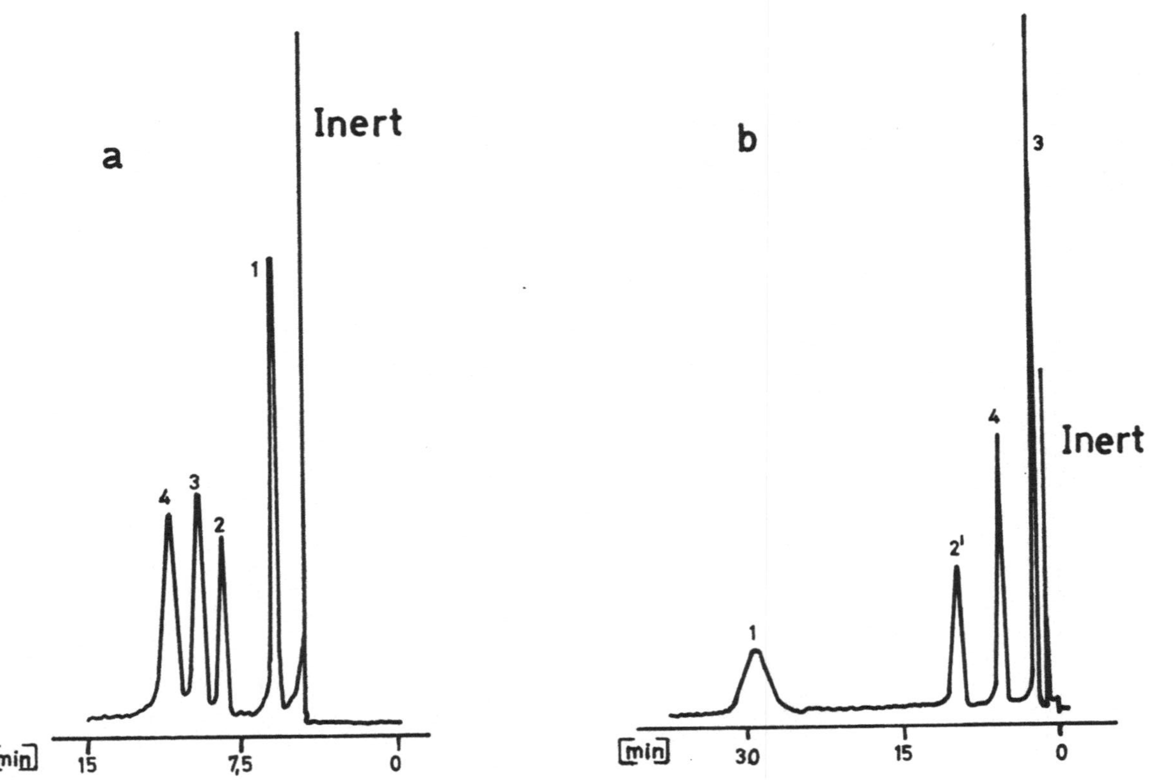

Abb.VI.22. Elutionsreihenfolge bei "normaler" und "reversed phase" [53]. Trennung von substituierten Harnstoffen. Chemisch gebundene Phase: Permaphase-ETH; $d_p \sim 27$ µm. Eluent: a) Hexan + 1 % Dioxan. b) Wasser + Methanol (65 + 35). Säule: 100 cm, 2 mm i.d.; a) $\Delta p = 25$ at; Fluß 1 ml/min; T = 27°C. b) $\Delta p = 60$ at; Fluß 1 ml/min; T = 50°C. 1 = Neburon; 2 = Fenuron; 2' = Linuron; 3 = Monuron; 4 = Diuron (Methyl + Phenylsubstituierte Harnstoffe).

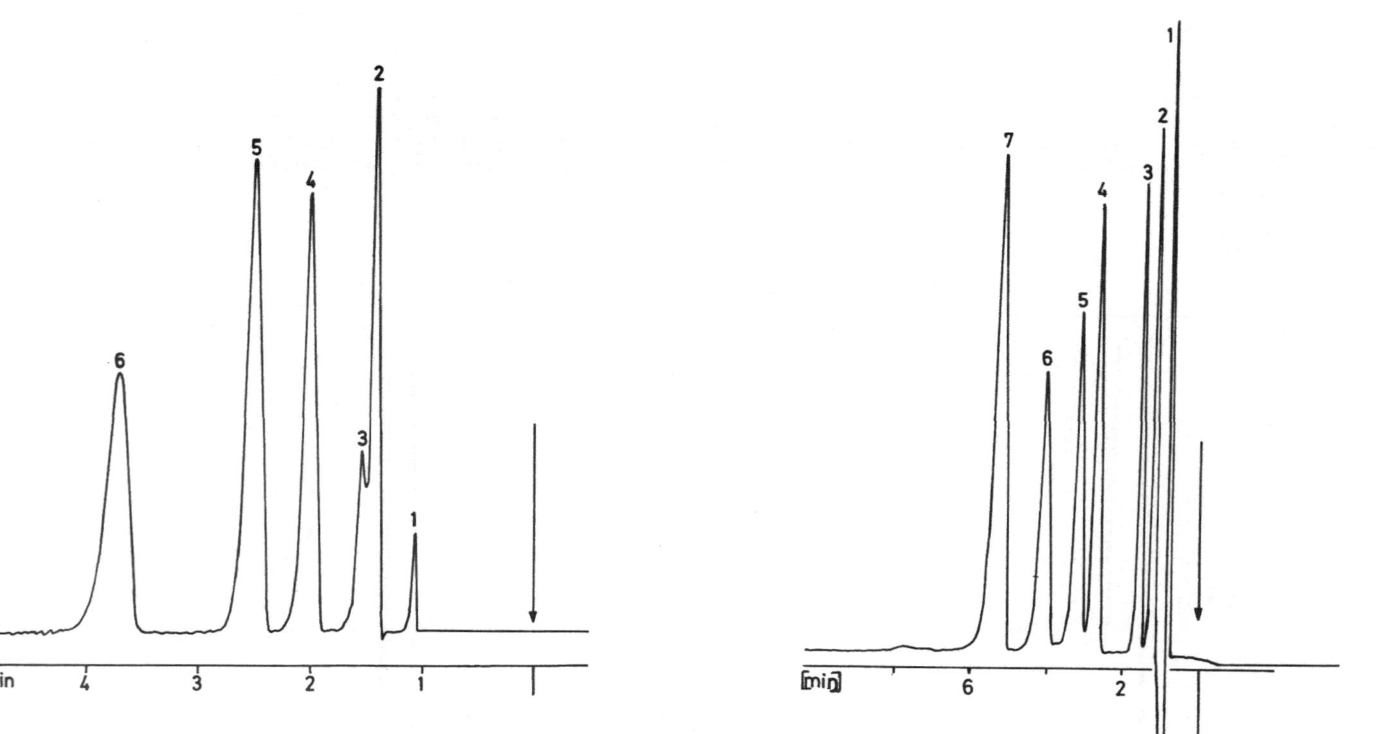

Abb.VI.23. Trennung von Corticosteroiden [54]. Reversed Phase: Oktadecylsilan auf Merckosorb Si 100. $d_p \sim 10$ µm. Eluent: Wasser-Methanol (25 + 75). Säule: 30 cm, 4 mm i.d.; u = 5,2 mm/sec; Δp = 175 at. 1 = Inert; 2 = Cortison; 3 = Hydrocortison; 4 = Tetrahydrocortison; 5 = 11-Desoxycorticosteron; 6 = 11-Desoxycorticosteronacetat.

Abb.VI.24. Trennung von Phenolcarbonsäuren [54]. Reversed Phase: Decylsilan auf Merckosorb Si 100. $d_p \sim 10$ µm. Eluent: Wasser + 20 % Eisessig. Säule: 30 cm, 4 mm i.d.; u = 5,9 mm/sec; Δp = 160 at. 1 = Chinasäure + Methanol; 2 = Chlorogensäure; 3 = Kaffeesäure; 4 = p-Cumarsäure; 5 = m-Cumarsäure; 6 = o-Cumarsäure; 7 = Cumarin.

einer polymerhomologen Reihe lassen sich **sehr gut** mittels Umkehrphasen trennen. Mit Methanol-Methylenchlorid-Gemischen als Eluent konnten Polystyrole bis zu einem Molekulargewicht von ca. 3000 in die einzelnen Glieder zerlegt bzw. präparativ aufgetrennt werden [115]. Abb.VI.25 zeigt die Auftrennung eines Epoxyharzes an einer Umkehrphase [116], wobei zur Verkürzung der Elution ein Gradient mit steigendem Tetrahydrofurangehalt durchgeführt wurde.

Auch sehr polare, gut wasserlösliche Verbindungen wie Pentaerythrit [117] und Oligosaccharide [116] lassen sich an Umkehrphasen trennen, während die Mono- und Disaccharide an einer chemisch modifizierten Umkehrphase (z.B. chemisch gebundenes 3-Aminopropylsilan) aufzutrennen

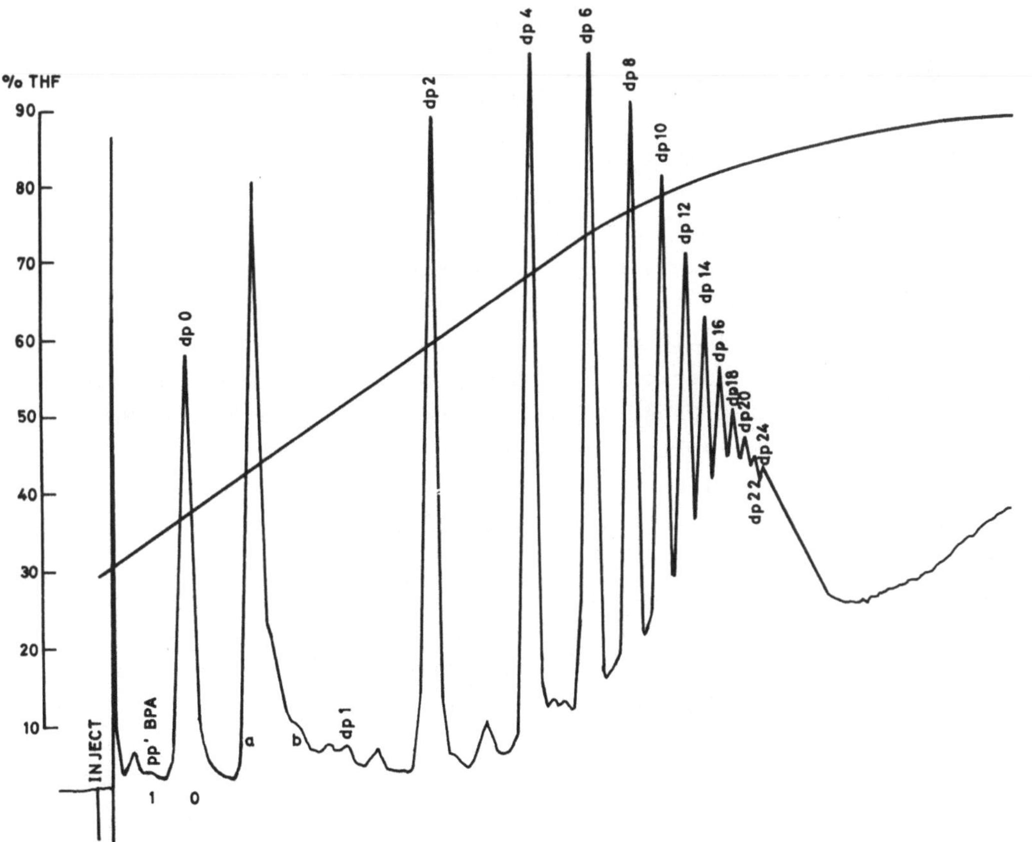

Abb.VI.25. Charakterisierung eines Epoxyharzes: Epon 1004 [116]. Trennsäule: 120 cm, 2 mm i.d. Stationäre Phase: Corasil-Bondapak C_{18}; $d_p \sim 40$ µm. Eluent: Gradient von Wasser, 30 % Tetrahydrofuran zu Wasser, 90 % Tetrahydrofuran. Fluß: 1 cm^3/min.

sind. Abb.VI.26 zeigt die Trennung von Mono- und Disacchariden an solch einer chemisch modifizierten Phase [116].

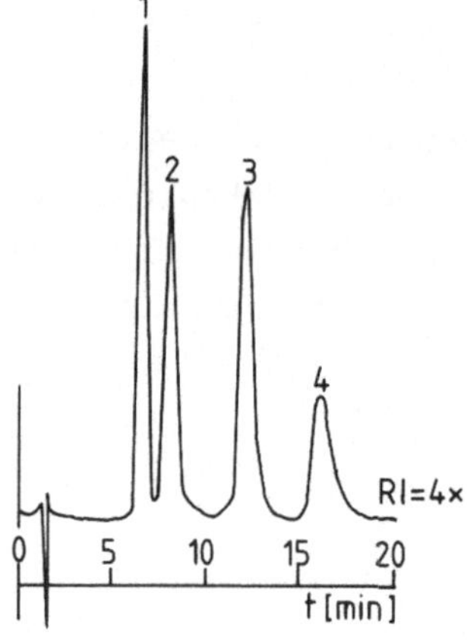

Abb.VI.26. Trennung von Zuckern [116]. Trennsäule: 30 cm, 4 mm i.d. Stationäre Phase: μ-Bondapak-Carbohydrat; $d_p \sim 10$ μm. Eluent: Acetonitril-Wasser 75:25. Proben: 1 = Fructose; 2 = Glucose; 3 = Sucrose; 4 = Maltose.

Die chemische Bindung anderer organischer Moleküle als Alkylsilane an der Oberfläche des Kieselgels bewirkt immer eine Verringerung der Adsorptionsaktivität des Festkörpers. Dadurch können an derartigen stationären Phasen auch polarere Substanzen mit Eluentengemischen mittlerer Elutionskraft getrennt werden. Darüber hinaus wird die Selektivität der stationären Phase verändert. Die Eigenschaften derartiger stationärer Phasen hängen stark vom Bedeckungsgrad des Festkörpers mit organischen Resten ab. Phasen mit verschiedenen organischen Resten und gleichem Bedeckungsgrad sind nur sehr schwer zu verifizieren. Daher ist es sehr schwierig, den Einfluß der funktionellen Gruppen exakt zu bestimmen. Neben den bereits erwähnten Amino- bzw. Carbohydratphasen sind noch solche mit Nitril- und Glykolgruppen im Handel. Letztere scheinen für die wäßrige Ausschluß-Chromatographie von Peptiden Vorteile zu besitzen (vgl. Kap.IX). Mit polaren Eluenten (z.B. Wasser - Methanol) scheinen an diesen Phasen die RP-Eigenschaften zu überwiegen, während mit unpolaren Eluenten neben den nicht abgeschirmten Silanolgruppen des Trägermaterials die polaren funktionellen Gruppen für die Selektivität mitverantwortlich sind (vgl. Abb.VI.22).

C. Trennungen an Polyamid

Die Polyamid-Phasen des Handels (vgl. V.B, VI.B.4) stehen in der Polarität zwischen den Kieselgelen und den "reversed-phase"-Systemen. An ihnen ist jedoch die Kinetik des Massentransportes niedriger als am Kieselgel bzw. an stationären Phasen vom "Bürstentyp", bedingt durch die langsame Diffusion in der polymeren stationären Phase. Diese Art von Trägermaterialien stellt den Übergang zwischen chemisch-modifizierten Festkörpern und verteilungschromatographischen Systemen dar.

An Polyamiden lassen sich Chinone, Phenole, Sulfonamide, Lebensmittelkonservierungsstoffe [118-120], Dansyl-Aminosäuren [121] und Metallporphyrine [122] trennen.

Literatur zu Kapitel VI

1. Snyder, L.R.: Principles of Adsorption Chromatography. New York: Dekker 1968.
2. Unger, K.: Angew. Chemie *84*, 331 (1972).
3. Iler, K.: The Colloid Chemistry of Silica and Silicates. Ithaca: University Press 1965.
4. Uihlein, M.: Dissertation Saarbrücken 1971.
5. Sebestian, I., Brust, E.O., Halász, I., in: Perry, S.G. (Ed.): Gas Chromatography 1972. Ec. Applied Science, Barking, Essex 1973.
6. Brust, E.O., Sebestian, I., Halász, I.: J. Chromatogr. *83*, 15 (1973).
7. Sebestian, I., Halász, I.: Chromatographia *7*, 371 (1974).
8. Hesse, G.: Z. Anal. Chem. *211*, 5 (1965).
9. Hesse, G.: Chromatographisches Praktikum. Frankfurt/Main: Akadem. Verlagsgesellschaft 1968.
10. Vivilecchia, R., Thiebaud, M., Frei, R.W.: J. Chromatogr. Sci. *10*, 411 (1972).
11. Karger, B.L., Guiochon, G., Martin, M., Lohéac, J.: Anal. Chem. *45*, 496 (1973).
12. Locke, D.C.: J. Chromatogr. Sci. *11*, 120 (1973).
13. Brockmann, H., Schodder, H.: Ber. dtsch. chem. Ges. *74*, 73 (1941).
14. Lederer, E. (Ed.): Chromatographie en chimie organique et biologique. Paris: Masson 1959.
15. Hesse, G., Roscher, G.: Z. Anal. Chem. *200*, 3 (1965).
16. Dr. Eisenbeiß in Fa. Merck AG, Darmstadt: Privatmitteilung.
17. Engelhardt, H., Böhme, W.: J. Chromatogr. *133*, 67 (1977).
18. Wiedemann, H.: Diplomarbeit Erlangen 1971, vgl.: Engelhardt, H., Wiedemann, H.: Anal. Chem. *45*, 1649 (1973).
19. Trappe, W.: Biochem. Z. *305*, 150 (1940).

20. Keller, R.A., Karger, B.L., Snyder, L.R., in: Stock, N. (Ed.): Gas Chromatography 1970. London: Institute of Petroleum 1971.

21. Keller, R.A., Snyder, L.R.: J. Chromatogr. Sci. *9*, 346 (1971).

22. Geiss, F.: Die Parameter der Dünnschicht-Chromatographie. Braunschweig: Vieweg 1972.

23. Howard, G.A., Martin, A.J.P.: Biochem. J. *46*, 215 (1951).

24. Collin, H., Eon, C., Guiochon, G.: J. Chromatogr. *119*, 41 (1976).

25. Collin, H., Eon, C., Guiochon, G.: J. Chromatogr. *122*, 223 (1976).

26. Collin, H., Guiochon, G.: J. Chromatogr. *126*, 43 (1976).

27. Karch, K., Sebestian, I., Halász, I.: J. Chromatogr. *122*, 3 (1976).

28. Kirkland, J.J.: Chromatographia *8*, 661 (1975).

29. Hemetsberger, H., Maasfeld, W., Ricken, H.: Chromatographia *9*, 303 (1976).

30. Karch, K., Sebestian, I., Halász, I., Engelhardt, H.: J. Chromatogr. *122*, 171 (1976).

31. Karger, B.L., Gant, J.R., Hartkopf, A., Weiner, P.H.: J. Chromatogr. *128*, 65 (1976).

32. Helfferich, F.H.: Ionenaustauscher. Weinheim: Verlag Chemie 1959.

33. Werner, W.: Dissertation Saarbrücken 1976.

34. Schneider, W., Bruderreck, H., Halász, I.: Anal. Chem. *36*, 1533 (1964).

35. Horvath, C., Melander, W., Molnár, I.: J. Chromatogr. *125*, 129 (1976).

36. Roth, B.: Dissertation Saarbrücken 1977.

37. Snyder, L.R.: J. Chromatogr. Sci. *8*, 692 (1970).

38. Wiedemann, H., Engelhardt, H., Halász, I.: J. Chromatogr. *91*, 141 (1974).

39. Halász, I., Holdinghausen, F.: J. Gas Chromatogr. *5*, 385 (1967).

40. Scott, R.P.W., Lawrence, J.G.: J. Chromatogr. Sci. *7*, 65 (1969).

41. Maggs, R.J.: J. Chromatogr. Sci. *7*, 145 (1969).

42. Wiedemann, H.: Dissertation Saarbrücken 1973.

43. Hesse, G., Roscher, G.: Chromatographia *2*, 512 (1969).

44. Snyder, L.R.: J. Chromatogr. *13*, 415 (1964).

45. Simmons, M.C., Snyder, L.R.: Anal. Chem. *30*, 32 (1958).

46. Szonntagh, E.L., in: Ettre, L.S., Zlatkis, A. (Eds.): The Practice of Gas Chromatography. New York: Interscience 1967.

47. Spackman, D.H., Stein, W.H., Moore, S.: Anal. Chem. *30*, 1190 (1958).

48. Scott, C.D., Chilcote, D.D., Lee, N.A.: Anal. Chem. *45*, 85 (1972).

49. Huber, J.F.K., van der Linden, R., Ecker, E., Oreans, M.: J. Chromatogr. *93*, 267 (1973).

50. Dolphin, R.J., Willmot, F.W., Mills, A.D., Hoogeveen, L.P.J.: J. Chromatogr. *122*, 259 (1976).

51. Scott, R.P.W., Kucera, P.: Anal. Chem. *45*, 749 (1973).

52. Scott, R.P.W., Kucera, P.: J. Chromatogr. Sci. *11*, 83 (1973).

53. Scott, R.P.W., Kucera, P.: J. Chromatogr. *83*, 257 (1973).

54. Snyder, L.R., in: Kirkland, J.J.: Modern Practice of Liquid Chromatography. S. 220 ff. New York: Wiley-Interscience 1971.

55. Snyder, L.R., Saunders, D.L.: J. Chromatogr. Sci. *7*, 195 (1969).

56. Engelhardt, H., Elgass, H.: J. Chromatogr. *112*, 415 (1975).

57. Majors, R.E.: Anal. Chem. *45*, 755 (1973).

58. Borch, R.F.: Anal. Chem. *47*, 2438 (1975).

59. Dixon, P.F., Gray, C.H., Lim, C.K., Stoll, M.S.: High Pressure Liquid Chromatography in Clinical Chemistry. London - New York - San Francisco: Academic Press 1976.

60. Bailey, F.: J. Chromatogr. *122*, 73 (1976).

61. Deyl, Z.: J. Chromatogr. *127*, 91 (1976).

62. Wheals, B.B.: J. Chromatogr. *122*, 85 (1976).

63. Parris, N.A.: Instrumental Liquid Chromatography. Amsterdam: Elsevier 1976.

64. Deyl, Z., Macek, K., Janak, J. (Eds.): Liquid Column Chromatography. Amsterdam: Elsevier 1975.

65. Deyl, Z., Kopecky, J.: Bibliography of Liquid Column Chromatography. J. Chromatogr., Suppl. Vol. 6, 1976.

66. Heftmann, E.: Chromatography. 3rd ed. New York: Van Nostrand - Reinhold 1975.

67. Lederer, E.: Chromatographie en chimie organique et biologique. Vols. I et II. Paris: Masson 1959/1960.

68. Strubert, W.: Chromatographia *6*, 205 (1973).

69. Martin, M., Lohéac, J., Guiochon, G.: Chromatographia *5*, 33 (1972).

70. Popl, M., Stejskal, M., Mostecký, J.: Anal. Chem. *46*, 1581 (1974).

71. Boden, H.: J. Chromatogr. Sci. *14*, 391 (1976).

72. Böhme, W., Engelhardt, H.: Compendium 74/75, Ergänzungsband zu "Erdöl und Kohle" 1975.

73. Heath, R.R., Tumlinson, J.H., Doolittle, R.E., Proveaux, A.T.: J. Chromatogr. Sci. *13*, 380 (1975).

74. Schomburg, G., Zegarski, K.: J. Chromatogr. *114*, 174 (1975).

75. Little, J.N., Horgan, D.F., Bombaugh, K.J.: J. Chromatogr. Sci. *8*, 625 (1970).

76. Brinkman, K.A.Th., Seetz, J.W.F.L., Reymer, H.G.M.: J. Chromatogr. *116*, 353 (1976).

77. Brinkman, K.A.Th., De Kok, A., De Vries, G., Reymer, H.G.M.: J. Chromatogr. *128*, 101 (1976).

78. Eisenbeis, F., Sieper, H.: J. Chromatogr. *83*, 439 (1973).

79. Hinsvark, O.N., Zazulak, W., Cohen, A.I.: J. Chromatogr. Sci. *10*, 379 (1972).

80. Krol, G.J., Mannan, C.A., Gemmill jr., F.Q., Hicks, G.E., Uko, B.T.: J. Chromatogr. *74*, 43 (1972).

81. Stutz, M.H., Sass, S.: Anal. Chem. *45*, 2134 (1973).

82. Fitzpatrick, F.A., Siggia, S., Dingman, J.: Anal. Chem. *44*, 2211 (1972).

83. Touchstone, J.C., Wortmann, W.: J. Chromatogr. *76*, 244 (1973).

84. Castle, M.C.: J. Chromatogr. *115*, 437 (1975).

85. Nachtmann, F., Spitzy, R.W., Frei, R.W.: J. Chromatogr. *122*, 293 (1976).

86. Erni, F., Frei, R.W., Lindner, W.: J. Chromatogr. *125*, 265 (1976).

87. Seitz, L.M.: J. Chromatogr. *104*, 81 (1975).

88. Koreeda, M., Weiss, G., Nakanishi, K.: J. Am. Chem. Soc. *95*, 239 (1973).

89. Siemens, Karlsruhe: Anwendungsbeispiel 12/03.

90. Scott, C.G., Petrin, M.J., McCorkle, T.: J. Chromatogr. *125*, 157 (1976).

91. Evans, N., Games, D.E., Jackson, A.H., Matlin, S.A.: J. Chromatogr. *115*, 325 (1975).

92. Evans, N., Jackson, A.H., Matlin, S.A., Towill, R.: J. Chromatogr. *125*, 345 (1976).

93. Kirkland, J.J.: Anal. Chem. *43*, (12) 43 a (1971).

94. Vaughan, C.G., Wheals, B.B., Whitehouse, M.J.: J. Chromatogr. *78*, 203 (1973).

95. Seiber, J.N.: J. Chromatogr. *94*, 151 (1974).

96. Klimisch, H.J., Ambrosius, D.: J. Chromatogr. *120*, 299 (1976).

97. Cartoni, G.P., Ferretti, J.: J. Chromatogr. *122*, 287 (1976).

98. Aufsatz, M.: Diplomarbeit. Saarbrücken 1976.

99. Leoni, V., Puccetti, G., Grella, A.: J. Chromatogr. *106*, 119 (1975).

100. May, W.E., Chesler, S.N., Cram, S.P., Gump, B.H., Hertz, H.S., Enagonio, O.P., Dyszel, S.M.: J. Chromatogr. Sci. *13*, 535 (1975).

101. Rees, H.H., Donnahey, D.L., Goodwin, T.W.: J. Chromatogr. *116*, 281 (1976).

102. Erni, F., Frei, R.W.: J. Chromatogr. *130*, 169 (1977).

103. Shimada, K., Hasegawa, M., Hasebe, K., Fujii, Y., Nambara, T.: J. Chromatogr. *124*, 79 (1976).

104. O'Hare, M.J., Nice, E.C., Magee-Brown, R., Bullman, H.: J. Chromatogr. *125*, 357 (1976).

105. Hoffmann, N.E., Liao, J.C.: Anal. Chem. *48*, 1104 (1976).

106. Graffeo, A.P., Haag, A., Karger, B.L.: Analyt. Lett. *6*, 505 (1973).

107. Haag, A., Langer, K.: Chromatographia *7*, 659 (1974).

108. Krummen, K., Frei, R.W.: J. Chromatogr. *132*, 27 (1977).

109. Chevalier, G., Bollet, C., Rohrbach, P., Risse, C., Chaude, M., Rosset, R.: J. Chromatogr. *124*, 343 (1976).

110. Hartmann, V., Rödiger, M.: Chromatographia *9*, 266 (1976).

111. Fitzpatrick, F.A.: Anal. Chem. *48*, 499 (1976).

112. Jane, I., Wheals, B.B.: J. Chromatogr. *84*, 181 (1973).

113. Heyns, K., Röper, H.: J. Chromatogr. *93*, 429 (1974).

114. Samejima, K.: J. Chromatogr. *96*, 250 (1974).

115. Werner, W.: Dissertation Saarbrücken 1976.

116. Anwendungsbeispiel der Fa. Waters Meßtechnik GmbH, Königstein.

117. Callmer, K.: J. Chromatogr. *115*, 397 (1975).

118. Rabel, F.M.: Anal. Chem. *45*, 957 (1973).

119. Olson, L., Samuelson, O.: J. Chromatogr. *106*, 139 (1975).

120. Collet, G., Rocca, J.L., Sage, D., Berticat, P.: J. Chromatogr. *121*, 213 (1976).

121. Deyl, Z., Rosmus, J.: J. Chromatogr. *69*, 129 (1972).

122. Svrivastava, T.S., Yonetani, T.: Chromatographia *8*, 124 (1975).

123. Horváth, C., Melander, W., Molnár, I.: Anal. Chem. *49*, 142 (1977).

Kapitel VII

Verteilungschromatographie

A. Einleitung

Das zugrunde liegende Prinzip ist die Verteilung der Substanzen zwischen zwei *flüssigen* Phasen. Als "Ausschütteln" gehört es zu den grundlegenden Operationen der Laboratoriumspraxis. Die wiederholte (multiplikative) Anwendung derartiger Verteilungsschritte wurde schon lange zur Trennung von Substanzen verwendet [1], als Martin und Synge dieses Verfahren der üblichen chromatographischen Arbeitsweise anpaßten [2] und eine der flüssigen Phasen auf ein poröses, fein verteiltes Pulver (Träger) aufbrachten. Dieses nach außen trocken scheinende Pulver (stationäre Phase) wurde in die Trennsäule eingebracht und die zweite Flüssigkeit (mobile Phase) durch die Packung perkoliert. Damit ist das Prinzip der Verteilungschromatographie bereits erklärt.

Die Trennung beruht auf den Unterschieden der Verteilung der Probenbestandteile zwischen der stationären Phase (= Trennflüssigkeit, aufgesogen von einem porösen, fein verteilten Festkörper = Träger) und der mobilen Flüssigkeit, die die Packung der stationären Phase durchströmt. Der Träger der stationären Phase sollte nicht in das Verteilungsgleichgewicht eingreifen (er sollte *inert* sein), sondern nur für eine gleichmäßige Verteilung der stationären Flüssigkeit auf einer großen Oberfläche sorgen, damit die Gleichgewichtsverteilung der Probensubstanz zwischen den beiden Phasen schnell erreicht wird.

Ist der Träger inert, so stimmen die Verteilungskoeffizienten, die auf klassische Weise bestimmt werden, mit denen überein, die aus dem Chromatogramm erhalten werden (vgl. II.A).

Weite Verbreitung haben die Verteilungsverfahren in der Gas-Chromatographie gefunden, wo fast alle Trennungen auf einer Verteilung zwischen der flüssigen stationären Phase und der mobilen gasförmigen Phase beruhen. Da die Verteilungsverfahren theoretisch übersichtlich und wegen der gut zu charakterisierenden Eigenschaften der Trennflüssigkeit auch reproduzierbar zu gestalten sind, gibt es viele Ansätze zur theoretischen Behandlung der Verteilungsverfahren mit dem Ziel, auch physikalisch-chemische Meßergebnisse aus gas-chromatographischen [3,4] und flüssigkeits-chromatographischen [5] Daten zu berechnen.

Der allgemeinen Anwendung des Verteilungsverfahrens in der Flüssigkeits-Chromatographie stehen einige Schwierigkeiten im Wege, die sich aus der Natur des Systems ergeben. Die zwei flüssigen Phasen sollen *nicht* miteinander mischbar sein. Da dies nur selten zutrifft, müssen vor der Herstellung der stationären Phase (Träger und Trennflüssigkeit) beide Flüssigkeiten miteinander ins Gleichgewicht gebracht (äquilibriert) werden. Trotz guter Sättigung der mobilen Phase mit der Trennflüssigkeit ist es notwendig, zusätzlich eine Vorsäule zu verwenden, die mit einem mit der verwendeten Trennflüssigkeit hochbelegten Träger gepackt ist, um den Eluenten auch unter chromatographischen Bedingungen vollständig zu sättigen. Vorsäule und Trennsäule sollten konstant bei identischer Temperatur gehalten werden.

Bedingt durch die geforderte Nicht-Mischbarkeit unterscheiden sich stationäre und mobile Phase sehr stark in ihrem Lösungsvermögen für die Probensubstanzen. Die Folge davon ist, daß bei guter Löslichkeit der Substanzen in der stationären Phase die Retentionszeiten sehr groß sind und dadurch die Nachweisempfindlichkeit herabgesetzt wird (breite Banden) bzw. bei guter Löslichkeit der Probe in der mobilen Phase die Retentionszeiten sich nur unwesentlich von der Totzeit der Trennsäule unterscheiden.

Um diese Probleme zu umgehen, verwendet man häufig ternäre Gemische aus einem unpolaren (z.B. Hexan) und einem sehr polaren Lösungsmittel (z.B. Wasser), denen eine dritte Komponente (z.B. ein niederer Alkohol) als Lösungsvermittler zugesetzt wird. Mit solchen Gemischen lassen sich die Polaritätsunterschiede zwischen stationärer und mobiler Flüssigkeit vermindern und durch Variation der Zusammensetzung auch weitgehend den jeweiligen Trennproblemen anpassen. Da man sich oft in der Nähe der Entmischungsgrenze der Systeme bewegt, muß auf die Konstanz der Temperatur des Vorratsgefäßes, der Vorsäule, der Trennsäule und des Detektors geachtet werden.

Ein vollkommen inerter Träger für die stationäre Phase ist unbekannt. Bereits in der Gas-Chromatographie wurde der Einfluß des Trägermaterials und sein Beitrag zur Retention durch Adsorption der Probe an der Trägeroberfläche diskutiert [6,7]. Auch in der Flüssigkeits-Chromatographie ist der Beitrag der Adsorption an der Festkörperoberfläche nicht zu vernachlässigen [8,9], vor allem dann nicht, wenn Trägermaterialien mit großer spezifischer Oberfläche verwendet werden. Hier ist mit den gleichen Problemen zu rechnen, die im Falle Wasser/aktiver Festkörper im Abschn.VI.I.C ausführlich diskutiert wurden.

Der Träger (Adsorbens) steht mit dem mit Trennflüssigkeit vollkommen gesättigten Eluenten im Gleichgewicht und adsorbiert diese, falls sie polarer als der Eluent selbst ist, bis zu einem Gleichgewichtszustand. Dies kann von Vorteil sein, da dadurch Trennflüssigkeit, die durch mechanische Erosion aus der Trennsäule herausgewaschen wurde, bis zum Gleichgewichtszustand wieder ersetzt wird [8]. Darüber hinaus ist man in der Lage, auf diese Weise Trennsäulen, die mit Adsorbenzien gepackt sind, in Verteilungssysteme umzustimmen. Die im Gleichgewichtszustand vom Träger aufgenommene Menge Trennflüssigkeit ist temperaturabhängig.

Das Rauschen der Detektoren ist manchmal bei Verteilungsverfahren größer als bei Trennungen durch Adsorption, da stets Spuren der Trennflüssigkeit aus der Säule herausgewaschen werden können. Dies macht sich dann bemerkbar, wenn ein polarer Festkörper mit einer unpolaren Trennflüssigkeit belegt wurde und der Eluent polarer als die verwendete Trennflüssigkeit ist. Eine Hydrophobierung des Trägers, z.B. durch Silanisierung, vermindert derartige Schwierigkeiten.

Bei der präparativen Verteilungschromatographie ist die isolierte Probe nach der Entfernung des Eluenten mit stationärer Phase verunreinigt. Daher sollte das System so gewählt werden, daß die stationäre Phase leicht von der Probe abgetrennt werden kann.

Diese Aufzählung von Schwierigkeiten, die mit der Verteilungschromatographie verbunden sind, soll nicht den Eindruck erwecken, daß dieses Trennverfahren nicht für die Hochdruck-Flüssigkeits-Chromatographie tauglich sei. Dem stehen vielfältige erfolgreiche Trennungen durchaus entgegen! Die Verteilungschromatographie ist immer dann zu empfehlen, wenn Stoffe getrennt werden sollen, die an der Oberfläche der aktiven Adsorbenzien katalytisch leicht verändert werden. Durch das Belegen mit Trennflüssigkeit werden nämlich derartige Aktivitäten weitgehend zurückgedrängt. Auch für die Trennung von mittel bis stark polaren Proben ist die Verteilungschromatographie vielfach besser geeignet als die Adsorptionschromatographie. - Die Gefahr der mechanischen Erosion der Säule läßt sich teilweise durch Verwendung von chemisch gebundenen stationären Phasen umgehen.

B. Träger und Trennflüssigkeiten

1. Trägermaterialien

In Kapitel V wurden die Trägermaterialien für die Trennflüssigkeiten vorgestellt. Prinzipiell können als Träger alle porösen, saugfähigen Materialien verwendet werden, unabhängig von der Größe der spezifischen Oberfläche, von der Natur des Trägers und von der Dicke der porösen Schicht.

Anfänglich wurden wegen der besseren Trennleistung hauptsächlich PLB ("Festschichtteilchen") verwendet. Sie können, bedingt durch die geringe Dicke der porösen Schicht, nur mit geringen Mengen stationärer Phase belegt werden. Die maximale Belegmenge liegt bei ihnen bei 1 - 2 %. Trennsäulen, gepackt mit PLBs, die mit stationärer Phase belegt sind, besitzen alle Vorzüge, die diese Teilchen erbringen können: gute Trennleistung, hohe Analysengeschwindigkeit etc. Bedingt durch die relativ niedrige Belegung erhält man kleine k'-Werte. Aus dem gleichen Grund ist die Belastbarkeit derartiger Trennsäulen gering. Die Säulen zeigen mangelnde Stabilität. Bereits geringe Verluste an stationärer Phase verändern die Retentionsvolumina wesentlich.

Belegt man vollkommen poröse Teilchen (z.B. Kieselgel), die ein großes Porenvolumen besitzen (~ 1 ml/g) mit soviel Trennflüssigkeit, daß das Porenvolumen weitgehend aufgefüllt ist, so kann man damit Trennsäulen (sog. *schwer beladene Säulen*) herstellen, die in der Flüssigkeits-Chromatographie einige Vorteile besitzen [10]:

Die Trennleistung ist besser als bei niedriger belegten Säulen [8];

die Belastbarkeit ist hoch;

die Peak-Kapazität ist ebenfalls hoch, da die k'-Werte über einen sehr weiten Bereich streuen können;

auch Proben mit hohen k'-Werten werden noch als symmetrische Zone eluiert;

Verlust von stationärer Phase durch Erosion hat kaum einen Einfluß auf die Retentionsvolumina;

das der mobilen Phase zur Verfügung stehende Volumen in der Trennsäule ist geringer als bei Säulen, gepackt mit un- bzw. niedrig belegten Trägern, dadurch ist die für eine gegebene Lineargeschwindigkeit benötigte Volumengeschwindigkeit wesentlich geringer (vgl. II.B).

Sowohl PLB [11] als auch die porösen Trägermaterialien mit großer Oberfläche [9,8] sind in der Lage, neben stationärer Phase auch die Probe an der Trägeroberfläche zu adsorbieren. Bei porösen Trägermaterialien auf Kieselgurbasis (z.B. Chromosorb®) ist der Einfluß der Adsorption auf die Retention der Probe gering. Derartige Trägermaterialien besitzen bei relativ kleiner spezifischer Oberfläche ein großes Porenvolumen und können mit großen Mengen an stationärer Phase belegt werden (30 - 50 % w/w).

Ein optimaler Träger für die Verteilungschromatographie sollte folgende Eigenschaften aufweisen [8].

Porenvolumen

Je größer das Porenvolumen, um so größer ist die Menge an stationärer Phase, die aufgebracht werden kann, bevor die Teilchen miteinander verkleben. Bei einem Porenvolumen von 1 - 1,3 ml/g kann die Belegung ohne Schwierigkeiten auf 1 g Trennflüssigkeit/g Trägermaterial gesteigert werden. (Im chromatographischen Sprachbereich handelt es sich hier um eine 100%ige Belegung!) Je mehr stationäre Phase sich auf dem Träger und damit in der Trennsäule befindet, um so unwesentlicher und weniger bemerkbar sind die Verluste der stationären Phase durch Erosion ("Bluten" der Trennsäule) und ihr Einfluß auf die Retentionsvolumina der Proben.

Porendurchmesser

Der mittlere Porendurchmesser des Trägermaterials beeinflußt die Bandenverbreiterung der retardierten Proben. Bei einem Porendurchmesser um 40 Å ist der C-Term (s.S.18) wesentlich größer als bei einem Trägermaterial mit einem Porendurchmesser von 100 Å oder größer. Darüber hinaus können größere Moleküle, vor allem solche mit großen Solvathüllen, bei niedrigerem Porendurchmesser bereits ausgeschlossen werden. (In solchen Fällen werden niedrigere Retentionszeiten bestimmt als die Totzeit, ermittelt mit einem kleinen, inerten Molekül, vgl. Kap.IX).

Darüber hinaus bestimmt der Porendurchmesser die Stabilität der Trennsäule und ihre Beständigkeit gegen Erosion. Mangelnde Beständigkeit der Trennsäulen ist bei Verwendung von im Gleichgewicht befindlichen Phasen allein auf Erosion zurückzuführen. Durch die größeren

Kapillarkräfte wird von engen Poren die stationäre Phase besser festgehalten als von weiten Poren. Daher sind Trennsäulen mit engporigen Trägern noch bei wesentlich höheren Strömungsgeschwindigkeiten stabil als solche mit weitporigen Materialien. Liegt der Porendurchmesser über 1000 Å, so wird bereits bei Lineargeschwindigkeiten unter 5 cm/sec die Trennflüssigkeit in wenigen Minuten herausgewaschen. Trennsäulen mit Trägermaterialien, deren Porendurchmesser um 500 Å oder darunter liegt, sind bis zu Lineargeschwindigkeiten von 10 - 15 cm/sec stabil [9].

Der Porendurchmesser der Trägermaterialien sollte bei der Verteilungschromatographie demnach zwischen 100 - 500 Å liegen.

Spezifische Oberfläche

Den Einfluß der spezifischen Oberfläche des Trägers kann man ermitteln aus dem Vergleich der Verteilungskoeffizienten, bestimmt a) aus chromatographischen Daten und b) durch klassische Verteilung zwischen zwei Phasen. Beeinflußt der Träger die Retention, so ist der chromatographisch bestimmte Verteilungskoeffizient stets größer als der nach dem klassischen Verfahren ermittelte. Gelegentlich waren die chromatographisch bestimmten Verteilungskoeffizienten fünf- bis zehnmal so groß wie die tatsächlichen [8]. Bei mit 3,3'-Oxydipropionitril (ODPN) belegten Kieselgelen unterschiedlicher Oberfläche wurde festgestellt, daß erst bei spezifischen Oberflächen unter 20 m^2/g der Einfluß des Trägers auf die Retention zu vernachlässigen ist [9]. In diesen Fällen wurde chromatographisch der gleiche Verteilungskoeffizient bestimmt, wie er an silanisiertem Chromosorb® erhalten wurde, das im allgemeinen als inerter Träger betrachtet wird. Der Einfluß des Trägers auf die Retention der Probensubstanzen hängt natürlich auch von deren Struktur ab. So wurde unter identischen Bedingungen im System SiO_2/ODPN bei der Trennung von Alkoholen eine starke Abhängigkeit festgestellt, während im gleichen System z.B. bei der Trennung von Nitrilen nur der Verteilungsmechanismus zur Retention beitrug [9].

Nachdem bei Trägermaterialien mit großer spezifischer Oberfläche auch bei hoher Belegung mit Trennflüssigkeit der Einfluß der Adsorption auf die Retention feststellbar ist, sollte bei derartigen Systemen die Menge stationärer Phase in der Trennsäule überwacht werden. Es ändern sich in diesen Fällen nicht nur die absoluten Retentionswerte bei Veränderung der Belegung, sondern auch die relativen Retentionen

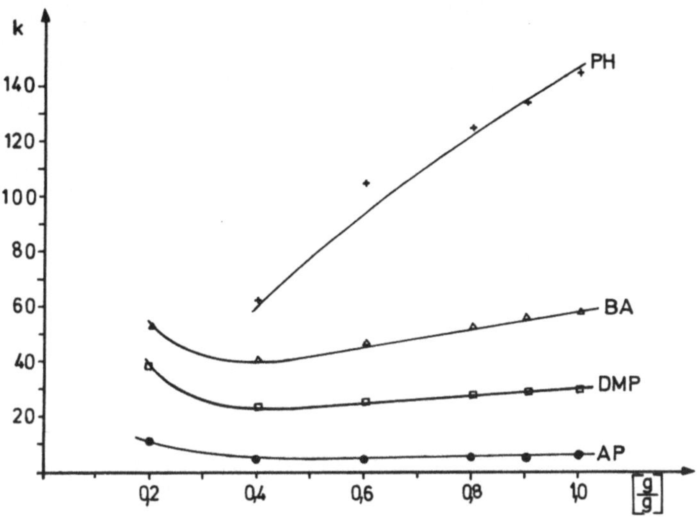

Abb.VII.1. Abhängigkeit des k'-Wertes von der Belegung des Trägers [8]. Kieselgel: Merckogel Si 100; Trennflüssigkeit: 3,3'-Oxydipropionitril; Eluent: n-Hexan; u = 4 cm/sec. AP = Acetophenon; DMP = Dimethylphthalat; BA = Benzylalkohol; PH = Phenol.

der Substanzen; die qualitative Identifizierung der chromatographisch getrennten Stoffe bereitet Schwierigkeiten. Abb.VII.1 zeigt die Abhängigkeit des k'-Wertes verschiedener Proben von der Belegung eines Kieselgels mit stationärer Phase. Der Kurvenverlauf ist typisch für gemischte Adsorptions- und Verteilungsmechanismen [11,12]. Die k'-Werte nehmen mit zunehmender Belegung des Trägers mit stationärer Phase zunächst sehr stark ab, und nach dem Durchlaufen eines Minimums steigen sie wieder an. Die Abnahme der k'-Werte ist auf die Ausschaltung der stark aktiven Adsorptionszentren zurückzuführen. Der Anstieg entspricht der Zunahme der Menge an stationärer Phase. Jedoch ist auch in diesem Bereich Adsorption an der Festkörperoberfläche beteiligt, wie sich leicht anhand der in der Gas-Chromatographie gebräuchlichen Methode zur Erkennung von gemischten Retentionsmechanismen zeigen läßt [6,7].

In Abb.VII.2 sind die aus Abb.VII.1 berechneten "Verteilungskoeffizienten" gegen das reziproke Volumen der Trennflüssigkeit in der Säule ($^1/V_L$) aufgetragen. Bei einem "reinen" Verteilungsmechanismus sollte der Verteilungskoeffizient unabhängig von $^1/V_L$ sein. Bei dem verwendeten Kieselgel mit großer spezifischer Oberfläche (500 m^2/g) ist auch bei vollständiger Belegung mit Trennflüssigkeit ($^1/V_L < 2$) der

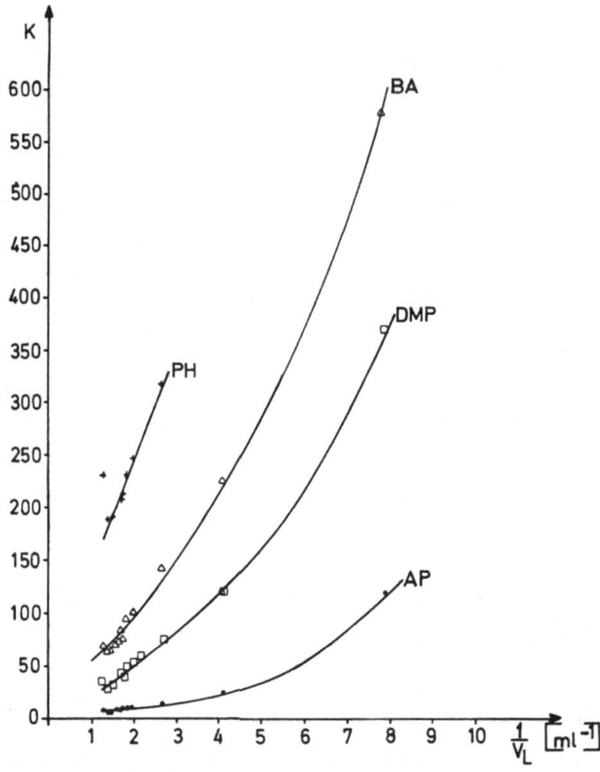

Abb.VII.2. Abhängigkeit des chromatographisch bestimmten Verteilungskoeffizienten vom Volumen der Trennflüssigkeit V_L. Bedingungen wie in Abb.VII.1 [8].

Beitrag der Adsorption am Festkörper nicht zu vernachlässigen. Nur bei der am wenigsten retardierten Substanz (AP) ist der "chromatographische" Verteilungskoeffizient bei hoher Belegung von der Menge der stationären Phase unabhängig.

Lebensdauer und Verwendbarkeit einer verteilungschromatographischen Trennsäule hängen von der Beständigkeit der Packung gegen mechanische Erosion ab. Die Verwendung mit Trennflüssigkeit gesättigter Eluenten ist dabei vorausgesetzt. Diese Erosion ist wie üblich bei niedrigen Eluentengeschwindigkeiten (< 1 cm/sec) gering. Arbeitet man aber bei höheren Geschwindigkeiten, so sollte öfters eine Testmischung mit bekannten k'-Werten zwischen den Analysen aufgegeben werden und die Konstanz der k'-Werte und damit der Säule überprüft werden.

Werden Träger mit großer Oberfläche verwendet (auch bei PLB hat z.B. das Kieselgel in der dünnen Schicht eine große Oberfläche), so stellt sich, wie in Kap.VI.I.C für das System Adsorbens/Wasser besprochen, ein Gleichgewicht zwischen der am Träger adsorbierten und im Eluenten gelösten Trennflüssigkeit ein. Dieser Effekt kann zur Belegung (siehe dort) des Trägers mit stationärer Phase verwendet werden. Verteilungschromatographische Trennsäulen sind nur dann für Routineuntersuchungen brauchbar, wenn die Belegung des Trägers mindestens der Gleichgewichtsbelegung entspricht. Nur dann sind Belegung und damit die Retentionszeiten und die relativen Retentionen von der Betriebsdauer der Trennsäule unabhängig. Selbstverständlich kann bei Belegungen oberhalb der "Gleichgewichtsbelegung" gearbeitet werden, wenn man hohe Eluentengeschwindigkeiten vermeidet. Bei Belegungen unterhalb der Gleichgewichtsbelegung ändern sich Retentionszeiten und die relativen Retentionen ständig.

2. Trennflüssigkeiten

Von den in der Gas-Chromatographie üblichen flüssigen stationären Phasen sind einige auch für die Anwendung in der Flüssigkeits-Chromatographie geeignet und wurden in den Anfangszeiten der Hochdruck-Flüssigkeits-Chromatographie auch verwendet (z.B. 3,3'-Oxydipropionitril = ODPN; 1,2,3-Tris(2-cyanäthoxy)-propan; Trimethylenglykol; Polyäthylenglykole unterschiedlichen Polymerisationsgrades, Carbowax®). Als mobile Phasen eignen sich für derartige Phasen jedoch nur die unpolaren aliphatischen Kohlenwasserstoffe, allenfalls mit geringen Zusätzen (max. 10 %) von Chloroform bzw. Tetrahydrofuran und anderen Äthern. Alle anderen gebräuchlichen Eluenten sind bereits gute Lösungsmittel für diese stationären Phasen. Da in den verwendbaren Eluenten (bzw. Gemischen) die Löslichkeiten vieler organischer Probensubstanzen äußerst gering sind, ist die Anwendbarkeit derartiger Systeme begrenzt. Darüber hinaus sind die Selektivitätsunterschiede der genannten stationären Phasen (Träger + Trennflüssigkeit) gering. Abb.VII.3 demonstriert das anhand der Trennung von fünf aromatischen Alkoholen. Am besten geeignet für diese Trennung ist Polyäthylenglykol 400 als stationäre Phase. Jedoch ist wegen der guten Löslichkeit in vielen Eluenten die Lebensdauer derartiger Trennsäulen auch bei Verwendung von gesättigten Eluenten gering [13]. Mit hochviskosen Trennflüssigkeiten erhält man wegen der niedrigeren Diffusionskoeffizienten eine schlechtere Trennleistung als mit niedriger viskosen [14]. Trennflüssigkeiten, die im UV-Licht adsorbieren, können nicht mit UV-Detektoren verwendet werden, da meistens

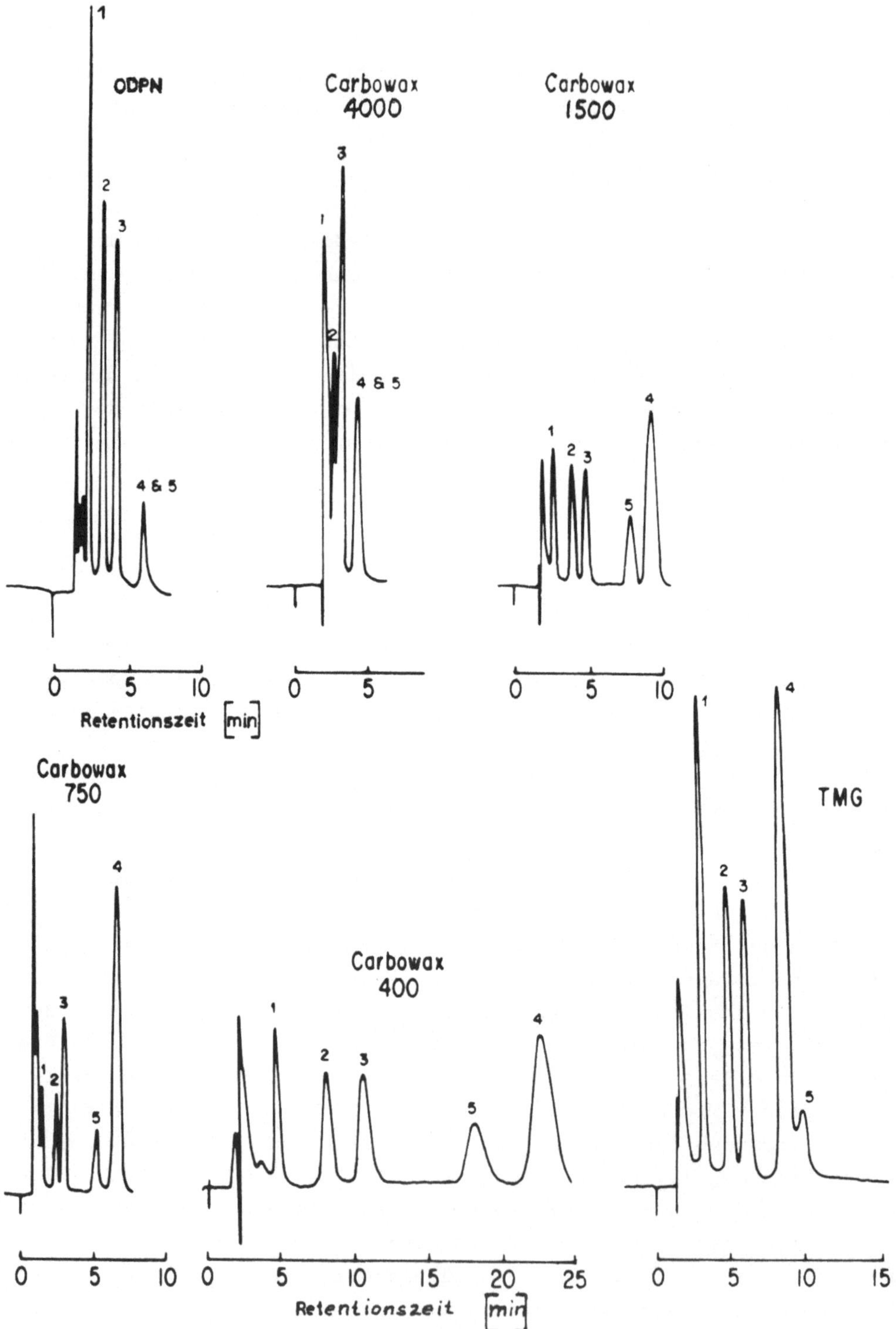

Abb.VII.3. Selektivität der Trennflüssigkeiten [13]. PLB: Zipax, $d_p \sim 30$ µm, belegt jeweils mit 1 % Trennflüssigkeit: ODPN = 3,3'-Oxydipropionitril. TMG = Trimethylenglykol. Carbowax mit verschiedenen Molgewichten. Säule: 100 cm, 2,1 mm i.d.; Eluent: n-Hexan; 1 ml/min. Proben: 1 = α,α'-Dimethylbenzylalkohol; 2 = α-Methylbenzylalkohol; 3 = 2-Phenyläthylalkohol; 4 = Zimtalkohol; 5 = Benzylalkohol.

bereits die geringe Löslichkeit im Eluenten ausreicht, um den Eluenten für UV-Licht undurchlässig zu machen.

Die Auswahl von verteilungschromatographischen Trennsystemen wird dadurch erleichtert, daß man bekannte Verteilungssysteme aus der multiplikativen Verteilung [1] auf die hochdruck-chromatographische Arbeitsweise überträgt, indem man die polarere Komponente auf das Trägermaterial aufbringt und die unpolare Komponente als Eluent verwendet. Zum anderen lassen sich auch Systeme, die in der Papierchromatographie verwendet werden, auf die Hochdruck-Flüssigkeits-Chromatographie übertragen. So lassen sich an mit Formamid imprägnierten Papieren sehr gut Steroide trennen. Trägt man nun das Formamid auf Kieselgel auf, so kann man hochdruck-flüssigkeits-chromatographisch Steroide trennen [8], da Formamid selbst in den mittelpolaren Eluenten Benzol, Methylenchlorid und Chloroform nahezu unlöslich ist.

Einen weit größeren Anwendungsbereich als die bisher beschriebenen binären Systeme dürften die *ternären Gemische* besitzen [15]. Wie bereits ausgeführt, müssen bei den einfachen binären Gemischen die Unterschiede der beiden Phasen sehr groß sein, um die geforderte Nicht-Mischbarkeit zu erreichen. Gibt man nun zu derartigen binären Gemischen eine dritte Komponente, die mit beiden Phasen vollkommen mischbar ist, so wirkt diese Komponente als Lösungsvermittler und die Polaritätsunterschiede zwischen den beiden Phasen werden herabgesetzt.

Die Menge der zugegebenen dritten Komponente muß natürlich so bemessen sein, daß ein zweiphasiges System erhalten bleibt. Nähert man sich mit der Zusammensetzung dem Punkt, in dem vollkommene Mischbarkeit auftritt, so geht die Selektivität des Systems für die Trennung verloren. Darüber hinaus verringert sich die Stabilität der Trennsäule, wenn beide Phasen einander ähnlich werden, da dann die mobile Phase die stationäre Phase auswäscht.

Die Zusammensetzung der Phasen sollte stets so gewählt werden, daß geringfügige Temperaturänderungen die Zusammensetzung der Phasen nicht beeinflussen.

Ternäre Gemische unterschiedlicher Zusammensetzung aus einem Kohlenwasserstoff (iso-Octan), Äthanol und Wasser konnten zur Trennung von Steroiden [16], Pestiziden [17] und Metallchelaten [18] verwendet werden. Dies zeigt die breite Anwendungsmöglichkeit ternärer Gemische. Selbstverständlich kann der Kohlenwasserstoff z.B. durch Methylenchlorid ersetzt werden [19].

Bei der Trennung von Proben, die in wäßriger Phase dissoziiert vorliegen können, ist man in der Lage, durch Veränderung des pH-Wertes in der wäßrigen stationären oder mobilen Phase die Trennung zu optimieren. Dabei wird die Dissoziation der zu trennenden Säuren oder Basen zurückgedrängt, und die Probesubstanzen werden als schärfere Zonen eluiert. In der Papier- und Dünnschichtchromatographie gibt man bei der Trennung von Säuren Eisessig oder verdünnte Salzsäure zum Eluenten, um schärfere Flecke zu erzielen. Bei Basen verfährt man analog und gibt Ammoniak oder schwächere organische Basen zum Fließmittel.

Darüber hinaus kann man den zu trennenden Säuren oder Basen geeignete Gegenionen entweder in der stationären oder in der mobilen Phase anbieten und die "Salzbildung" zwischen Säure oder Base und dem entsprechenden Gegenion fördern. Die sich bildenden "Ionenpaare" verändern das Retentionsverhalten der ionogenen Verbindungen wesentlich, während das der nicht-ionogenen Verbindungen nicht beeinflußt wird. Zur Optimierung der Trennung steht damit ein zusätzlicher Parameter zur Verfügung.

Die "Ionenpaar-Chromatographie" geht auf die systematischen Arbeiten von Schill [33,34] zurück und hat in der Hochdruck-Flüssigkeits-Chromatographie, mit aus Mangel an geeigneten Ionenaustauschern für die Trennung ionogener Verbindungen, weite Verbreitung gefunden. Je nach Art der verwendeten Phasensysteme werden für dieses Verfahren verschiedene Bezeichnungen verwendet, obwohl das Grundprinzip in allen Fällen das gleiche ist.

Bei der "Ionenpaar-Chromatographie" (ion-pair chromatography) ist Kieselgel das Trägermaterial für die wäßrige stationäre Phase, die das Gegenion (z.B. Perchlorat), eventuell den notwendigen Puffer, enthält. Der Eluent ist mit Wasser nicht mischbar [35-38]. Bei der Chromatographie mit gepaarten Ionen (paired-ion chromatography, PIC®) [47] wird eine Umkehrphase als stationäre Phase verwendet. Dem Eluenten (z.B. ein Wasser-Methanol-Gemisch) wird eine organische Base (z.B. Tetrabutylammoniumphosphat) bei der Trennung von Säuren, bzw. eine organische Säure (z.B. 1-Heptansulfonsäure) bei der Trennung von Basen zugesetzt [39-43]. Bei der sogenannten Seifenchromatographie (soap chromatography) [44] werden organische Gegenionen mit langen Kohlenstoffketten ($> C_{10}$) verwendet.

Bei den Ionenpaar-Trennungen kann man über den pH-Wert von stationärer oder mobiler Phase die Dissoziation von Probe und Gegenion bzw. die entsprechende Ionenpaarbildung beeinflussen. Durch Veränderung dieser Bedingung kann das Trennsystem sehr selektiv auf die Ionenpaarbildung und damit Abtrennung der interessierenden Probesubstanz optimiert werden. Am Beispiel einer Carbonsäure sollen die Möglichkeiten erläutert werden:

Der Dissoziation der Carbonsäure liegt folgendes Gleichgewicht zugrunde:

$$R\text{-}COOH \rightleftharpoons R\text{-}COO^- + H^+.$$

Durch Zusatz einer Säure (oder sauren Puffers) kann das Gleichgewicht nach links verschoben werden, die Dissoziation wird unterdrückt. Die Elutionszonen werden dadurch schärfer und zeigen allenfalls nur noch ein geringes Tailing. Bei stärker sauren Proben, die z.B. bei pH 2 noch vollkommen dissoziiert sind, ist man u.a. auch aus apparativen Gründen nicht in der Lage, durch Säurezusatz das Dissoziationsgleichgewicht zu unterdrücken. Derartige Proben werden kaum retardiert, teilweise ausgeschlossen oder als stark asymmetrische Peaks eluiert. Gibt man zum Eluenten ein geeignetes Gegenion (z.B. quartäres Ammoniumsalz), so tritt Salzbildung zwischen organischer Base und Carbonsäure ein. Dieses Ionenpaar hat selbstverständlich einen anderen Verteilungskoeffizienten als die freie Säure. Neben dem Dissoziationsgleichgewicht der Carbonsäure sind bei der Ionenpaarbildung noch folgende Gleichgewichtsreaktionen beteiligt:

das Dissoziationsgleichgewicht des zugesetzten Gegenions

$$R_4N\,Cl \rightleftharpoons R_4N^+ + Cl^-,$$

die Bildung des Ionenpaars

$$R_4N^+ + R\text{-}COO^- \rightleftharpoons R\text{-}COO : NR_4.$$

Die Ionenpaarbildung hängt vom pH-Wert der stationären oder mobilen Phase ab. Er sollte so eingestellt werden, daß Probe und Gegenion weitgehend dissoziiert vorliegen. Als Gegenionen wählt man solche Verbindungen, die über einen weiten pH-Bereich vollkommen dissoziiert sind, damit der pH-Wert optimal dem Trennproblem (Dissoziation der Probe) angepaßt werden kann. Daher werden in der Praxis starke Säuren (Perchlorsäure, Alkylsulfonsäuren) und Salze starker Basen (z.B. quartäre Ammoniumsalze) verwendet. Der pH-Wert wird mittels Pufferlösungen im Bereich zwischen 2 und 8 konstant gehalten. Bei niedrigeren oder höheren pH-Werten sind apparative Schwierigkeiten zu befürchten (z.B. Korrosion an Fritten, Auflösung von Kieselgel etc.). Die

Gleichgewichtslage und die Geschwindigkeit der Ionenpaarbildung hängt von der Probe, der Art und Konzentration des Gegenions und vom pH-Wert ab. Damit können neben den üblichen chromatographischen Parametern, wie Art der stationären Phase und Polarität des Eluenten, zusätzliche Variable zur Optimierung einer Trennung eingesetzt werden. Durch Änderung der Temperatur kann die Selektivität zusätzlich noch beeinflußt werden. Sinngemäß gelten diese Überlegungen auch für die Trennung von Basen.

In der Praxis scheint die Durchführung der Ionenpaar-Chromatographie mit Umkehrphasen einfacher zu sein, da hier das Gegenion dem Eluenten zugesetzt werden kann. Bei Kieselgelsäulen ist es schwieriger, in die gepackten Trennsäulen mit dem Wasser als stationäre Phase die erforderlichen Gegenionen einzuführen.

Biogene Amine und ihre Stoffwechselprodukte [36,45], Pharmazeutika [37,46], Carbonsäuren [42], Ascorbinsäure [43] und Farbstoff-Zwischenprodukte [44] wurden mittels Ionenpaar-Chromatographie getrennt. Ausführliche Anwendungsvorschriften und Reagenzienzusätze für PIC® (Ionenpaar-Chromatographie an Umkehrphasen) sind erhältlich [47].

3. Belegung des Trägers

Die klassischen Methoden der Belegung des Trägermaterials mit der Trennflüssigkeit setzen voraus, daß die stationären Phasen trocken in die Säule eingefüllt werden. Im allgemeinen handelt es sich um Teilchen > 25 µm, die wie üblich aus einer Lösung der Trennflüssigkeit belegt werden, wobei das Lösungsmittel langsam abdestilliert wird. Verwendet man jedoch zum Packen der Trennsäule eine Suspensionstechnik, so werden die meisten Trennflüssigkeiten entweder durch das Suspensionsmittel selbst oder bei der Säulenkonditionierung herausgewaschen. Daher muß bei derartigen Säulen das Trägermaterial nach dem Packen in der Säule mit Trennflüssigkeit belegt werden.

Am einfachsten ist es, die stationäre Phase in kleinen Mengen auf die vom Eluenten durchspülte Säule aufzugeben. Da dabei kleine Tröpfchen der stationären Phase durch die Säule gespült werden und sich u.U. im Detektor abscheiden, dauert es bei dieser Methode sehr lange, bis nach der Aufgabe der stationären Phase stabile Verhältnisse erreicht werden. Ob dabei eine homogene Verteilung der Trennflüssigkeit auf dem Träger erzielt wird, ist fraglich.

Eine bessere Methode, die schon in der Gas-Chromatographie verwendet wurde, besteht darin, eine Lösung der gewünschten Trennflüssigkeit durch die Säule zu drücken und das Lösungsmittel entweder mit einem Gas (z.B. Stickstoff) [20] oder mit einem Eluenten [21] zu verdrängen. Wieviel Trennflüssigkeit vom Träger aufgenommen wird, kann allerdings nicht vorausgesagt werden.

Verwendet man aktive Festkörper mit großer spezifischer Oberfläche als Trägermaterialien und eine polare Trennflüssigkeit, so erübrigt sich jegliche Belegung des Trägers. In diesen Fällen stellt sich das Gleichgewicht zwischen der polaren Trennflüssigkeit, gelöst im Eluenten und adsorbiert am aktiven Festkörper, ohne unser Zutun ein. Je größer die Polaritätsunterschiede zwischen stationärer und mobiler Phase sind und je größer die spezifische Oberfläche des Trägers ist, um so mehr Trennflüssigkeit wird vom festen Träger aufgenommen. Die Zeit, die zur Einstellung des Gleichgewichtes benötigt wird, hängt hauptsächlich von der Konzentration der Trennflüssigkeit im Eluenten und von der Volumengeschwindigkeit des Eluenten ab. Es hat sich als zweckmäßig erwiesen, in das Eluentenvorratsgefäß einen Überschuß der stationären Phase zu geben und während der Belegung den Eluenten umzupumpen. Auch eine Vorsäule, gepackt mit Chromosorb®, das mit der gewünschten Trennflüssigkeit belegt ist, kann zur Sättigung des Eluenten und damit als Vorratsgefäß für die Trennflüssigkeit dienen. Jedoch sollte die Vorsäule einen ausreichenden Überschuß an Trennflüssigkeit enthalten. Durch eine geringfügige Erhöhung der Temperatur des Vorratsgefäßes bzw. der Vorsäule um 1 - 2°C gegenüber der Trennsäule läßt sich die Zeit für die Belegung wesentlich verkürzen.

Derartige "*in situ*" [22] bzw. "*natur*" [15,23] belegte Trennsäulen mit Gleichgewichtsverteilung der Trennflüssigkeit besitzen eine hohe Lebensdauer, denn herausgespülte Trennflüssigkeit wird kontinuierlich nachgeliefert, solange Temperatur und Konzentration der Trennflüssigkeit im Eluenten konstant sind. Durch Variation der Menge Trennflüssigkeit, gelöst im Eluenten, kann die Gleichgewichtsverteilung auf dem Träger verändert werden. Nachdem dabei nicht nur die Retentionszeiten erhöht oder vermindert, sondern auch die relativen Retentionen verändert werden, ist man in der Lage, das System optimal an das Trennproblem anzupassen.

Die gleiche Säule kann hintereinander mit verschiedenen Trennflüssigkeiten belegt werden, wenn man die stationäre Phase mit einem geeigneten Lösungsmittel zuvor auswäscht. Vor der Neubelegung muß die Trennsäule auch regeneriert und aktiviert werden, d.h. mit einem trockenen Eluenten geringer Polarität müssen die Reste der polaren Waschflüssigkeit, gegebenenfalls eingeschlepptes Restwasser, herausgespült werden. Erfahrungsgemäß genügen etwa 20 Säulenvolumina der Waschflüssigkeit (z.B. Methanol) zur vollständigen Reinigung der Trennsäule. (Dabei werden auch Substanzen mit herausgewaschen, die sehr stark festgehalten werden.) Zur Regenerierung der Trennsäule (= Aktivierung) benötigt man 40 - 100 Säulenvolumina des unpolaren Eluenten (z.B. Methylenchlorid oder Heptan).

4. Bestimmung der Belegung

Bei der üblichen Belegung aus Lösung läßt sich die Menge der Trennflüssigkeit durch die Einwaage vorbestimmen. Voraussetzung ist allerdings, daß die Trennflüssigkeit nicht mit dem Lösungsmitteldampf flüchtig ist. Schwieriger ist die Bestimmung der Menge der stationären Phase in der Trennsäule bei *"in situ"* belegten Säulen. Exakt läßt sich die Menge hier nur nach Entfernung der Packung aus der Trennsäule ermitteln. Auch aus dem Ergebnis einer klassischen CH-Analyse der stationären Phase (Träger und Trennflüssigkeit) kann man sehr genau den Belegungsgrad bestimmen.

Befindet sich die stationäre Phase noch in der Trennsäule, so kann man den Belegungsgrad annähernd aus der Porosität (vgl. Kap.II.B) ermitteln. Die Porosität ε_T einer Trennsäule, gepackt mit unbelegtem Kieselgel, ist stets zwischen 0,82 und 0,85 (vgl. Kap.II.B). Sind alle Poren mit stationärer Phase gefüllt, so verhält sich die Säule gegenüber der Inertsubstanz so, als ob sie mit undurchlässigen Glaskugeln gefüllt wäre. Die Porosität der Säule liegt dann bei 0,42 - 0,45. Bei bekanntem Porenvolumen und bei bekannter Packungsdichte des Trägers in der Säule kann man dann die Belegung mit stationärer Phase berechnen. In Tab.VII.1 sind experimentell erhaltene Porositätswerte den daraus berechneten Belegungen gegenübergestellt. Die Werte wurden mit einer Kieselgelsäule (®Merckogel Si 100) mit großem Porenvolumen (1 ml/g) erhalten. Als stationäre Phase wurde Wasser verwendet. Im gleichen Maße, wie die Porosität abnimmt, erhöht sich die lineare Geschwindigkeit, wenn die Volumengeschwindigkeit konstant gehalten wird. Konstanten Druckabfall und konstante Volumengeschwindigkeit erhält man dann, wenn der Träger bei der Belegung weder quillt noch schrumpft. Kieselgel als Träger kann in Gegenwart von sehr polaren stationären Phasen (wie Wasser oder niedere Alkohole) durchaus quellen. In solchen Fällen nimmt

Tabelle VII.1. Porosität und Belegungsgrad einer Kieselgelsäule.

Porosität	Belegung [g/g] (berechnet)	Lineare Geschwindigkeit [cm/sec]
0,88	-	0,76
0,84	0,08	0,86
0,80	0,15	0,9
0,76	0,22	0,92
0,70	0,33	0,95
0,44	0,80	1,35

Säule: 30 cm, 4 mm i.d.; 2,08 g SiO_2, ®Merckogel Si 100; 10 µm, CH_2Cl_2; F = 5 ml/min; Δp 100 at.

bei konstantem Eingangsdruck während der Belegung die Volumengeschwindigkeit ab (bei konstanter Volumenförderung erhöht sich entsprechend der Eingangsdruck). Das Quellen des Kieselgels ist fast immer reversibel und hat kaum einen Einfluß auf die Güte der Trennleistung der Säule.

C. Eigenschaften der Trennsäule

1. Stabilität der Trennsäule

Die Stabilität und damit die Lebensdauer der Trennsäule hängt von den bereits ausführlich diskutierten Parametern ab:

a) Der Sättigung des Eluenten mit stationärer Phase, die zweckmäßig mit Hilfe einer Vorsäule erreicht wird, deren Belegung größer als die der Trennsäule ist. Andere Trägermaterialien (z.B. Kieselgur) und andere Korngrößen können hierzu verwendet werden. Eine eventuelle Veränderung der Löslichkeit der Trennflüssigkeit im Eluenten bei Druckerhöhung kann hierbei ausgeglichen werden. (Obwohl derartige Effekte bei den verwendeten Drücken < 400 at noch nicht zu erwarten sind.)

b) Der Temperaturkonstanz zwischen Vorsäule, Trennsäule und Vorratsgefäß, da die Zusammensetzung der Gemische häufig Temperaturabhängigkeit zeigt und gelegentlich die Menge von Trennflüssigkeit in der stationären Phase durch Veränderung der Temperatur beeinflußt werden kann. Bei Verwendung von kleinen Teilchen kann auch innerhalb der Trennsäule ein Temperaturgradient durch Erwärmung des Eluenten aufgrund der zugeführten Kompressionsarbeit auftreten [24,25]. Am unteren Ende der Trennsäule befindet sich bei der höheren Temperatur weniger Trennflüssigkeit auf dem Träger als am Säulenanfang.

c) Durch mechanische Erosion kann Trennflüssigkeit aus der Säule ausgetragen werden.

d) Die Lösung der Probensubstanzen sollte immer mit Eluenten aus der Trennsäule erfolgen, nie in reinem ungesättigtem Lösungsmittel, da sonst stationäre Phase herausgelöst wird.

Alle genannten Effekte vermindern die Lebensdauer der Trennsäulen. Eine Verminderung der Trennflüssigkeit in der Trennsäule macht sich bei inerten Trägern stets in einer Verringerung der Retentionszeiten bemerkbar. Bei aktiven Trägermaterialien können die Retentionszeiten sowohl niedriger als auch höher werden (Abb.VII.1). Bei "schwer beladenen" Trennsäulen (Belegung > 0,3 g Trennflüssigkeit/g Träger) machen sich geringe Veränderungen der Menge der Trennflüssigkeit in den Retentionszeiten weniger bemerkbar.

2. Belastbarkeit

Die Belastbarkeit von verteilungs-chromatographischen Systemen ist um eine Größenordnung höher als die von reinen Adsorptionssystemen (vgl. VI.I.A). Ohne wesentliche Erhöhung der Bandenverbreiterung können noch zwischen 10^{-3} und 10^{-2} g Probe/g Trennflüssigkeit aufgegeben werden. Die Bandenverbreiterung erhöht sich wesentlich schneller, als sich die k'-Werte bei Überladung der Säule erniedrigen. Abb.VII.4 gibt Kurven wieder, die mit verschieden stark belegten Trägern erhalten wurden. Verwendet man die Erhöhung der Bandenverbreiterung als Maß für die Belastbarkeit, so findet man eine vom k'-Wert der Probe unabhängige Belastbarkeit. Die Überladung der Säule (Erhöhung der Bandenverbreiterung) führt nicht immer zu einem Tailing. Betrachtet man die Änderung der k'-Werte als Grenze der Belastbarkeit, so erhält man etwas höhere

Werte. Trotz dieser hohen Belastbarkeit werden hochdruck-flüssigkeitschromatographische Systeme häufig überladen, vor allem dann, wenn die Gesamtmenge Trennflüssigkeit in der Trennsäule gering ist, z.B. bei Verwendung von Festschichtteilchen.

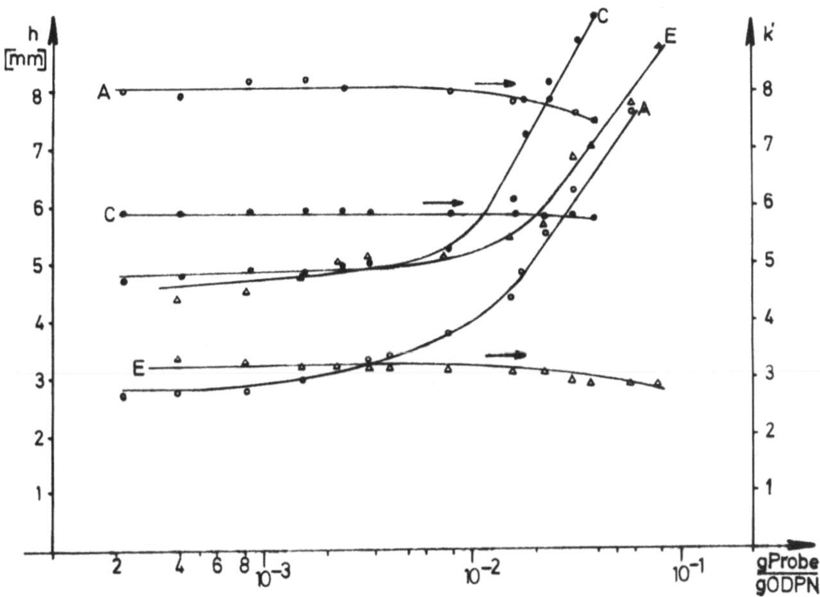

Abb.VII.4. Belastbarkeit von Verteilungssystemen ("schwer beladene Säulen") [9]. Stat. Phasen:
A: 0,91 g ODPN/g Porasil A
C: 0,79 g ODPN/g Porasil C } maximale Belegung.
E: 0,34 g ODPN/g Porasil E
Säule: 50 cm, 2 mm i.d.; Eluent: n-Heptan; u = 1,97 cm/sec; Temperatur: 34°C. Probe: Benzonitril.

3. Präparative Anwendung

Wegen der hohen Belastbarkeit ist die Verteilungschromatographie für präparative Trennungen geeignet. An einer Trennsäule mit 2 mm Innendurchmesser und 50 cm Länge, gefüllt mit "schwer beladenem" Kieselgel, können ohne Schwierigkeiten bis zu 10 mg Substanz pro Komponente aufgegeben werden. Das genügt für viele Analysenverfahren und Nachweisreaktionen. Falls die Trennung gut ist, kann die Säule ohne weiteres auch mit noch größeren Substanzmengen belastet werden.

Es sei indessen nochmals daran erinnert, daß die isolierten Probenbestandteile nach Entfernung des Eluenten mit Trennflüssigkeit verunreinigt sind. Die Trennflüssigkeit sollte daher speziell bei einer präparativen Anwendung so gewählt werden, daß sie einfach abgetrennt werden kann.

4. Trennleistung

Die Trennleistung verteilungschromatographischer Trennsäulen hängt selbstverständlich vom Teilchendurchmesser des Trägermaterials ab. Darüber hinaus beeinflußt die Viskosität der Trennflüssigkeit die Bandenverbreiterung [11]. Bei "schwer beladenen" Trennsäulen zeigt die Trennleistung die von der Theorie vorausgesagte Abhängigkeit der h-Werte (C-Terme) vom k'-Wert [26]. Maximale h-Werte werden mit k'-Werten um 1 erreicht. Bei k'-Werten über 30 sind die h-Werte mit denen des Inertpeaks vergleichbar [8,9]. Bei Verwendung von kleinen Teilchen (d_p < 10 µm) findet man erstaunlicherweise diese Abhängigkeit nicht mehr. Dort sind die h-Werte konstant und nahezu unabhängig vom k'-Wert der Probe [22]. Auch zeigen derartige Trennsäulen einen geringen Anstieg der h-Werte mit Erhöhung der Strömungsgeschwindigkeit.

5. Programmiertechniken

Von den in der Adsorptionschromatographie verwendeten Programmiertechniken zur Verkürzung der Analysenzeit kann in der Verteilungschromatographie nur die Druck- bzw. Strömungs-Programmierung verwendet werden. Eine druckprogrammierte Analyse zeigt Abb.VII.5. Die Trennung, durchgeführt bei der niedrigen Anfangsgeschwindigkeit von 0,9 cm/sec würde mehr als 60 min in Anspruch nehmen.

Temperatur-Programmierung und Gradient-Elution sind nicht anwendbar, da sich in beiden Fällen die Zusammensetzung des Systems Träger-Trennflüssigkeit verändert (vgl. Moderatorprogramm Kap.VI.III.2) bzw. die Trennflüssigkeit vollkommen herausgewaschen werden kann. Sinngemäß gilt hier das im Kapitel über Adsorptionschromatographie für das adsorbierte Wasser Gesagte für jegliche als stationäre Phase verwendete Trennflüssigkeit.

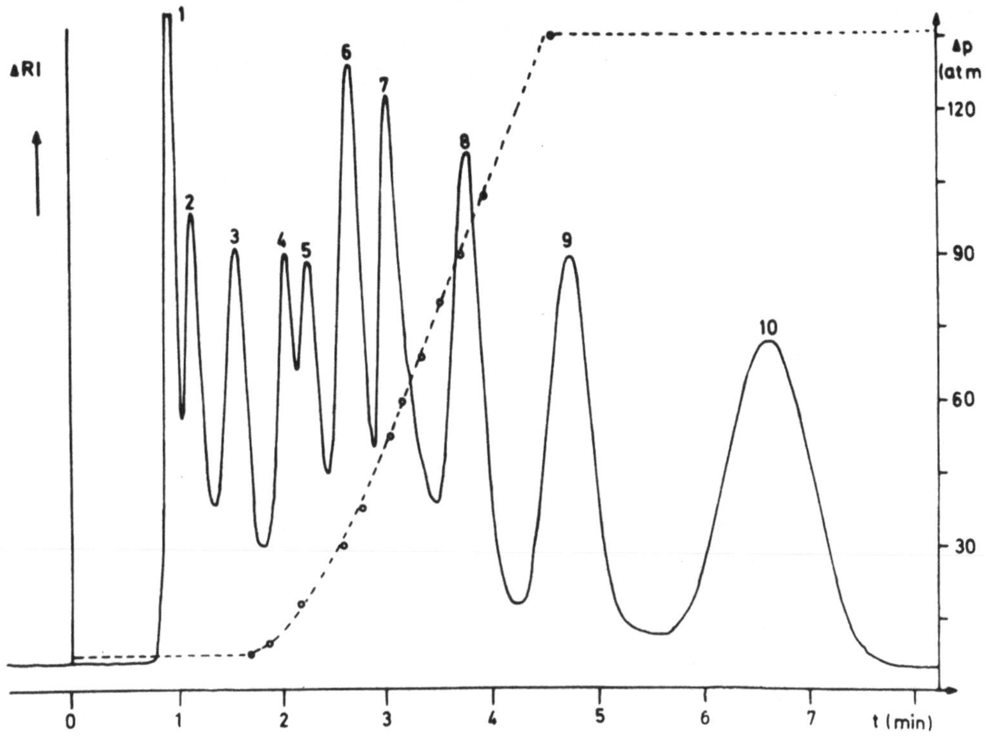

Abb.VII.5. Verteilungschromatographie: Druckprogramm [9]. Stat. Phase: 0,72 g ODPN/g Porasil C mit OPN verbürstet. $d_p \sim 40$ µm. Säule: 50 cm, 2 mm i.d.; Eluent: n-Heptan. Druckprogramm von Δp = 7,5 at auf Δp = 135 at. Temperatur: 34°C. 1 = Nonan (k' = 0); 2 = Thionaphthen (0,3); 3 = N,N'-Dimethylanilin (0,8); 4 = α-Naphthochinolin (1,6); 5 = Chinaldin (2,4); 6 = p-Benzodiazin (3,95); 7 = Isochinolin (6,5); 8 = Phenylpropanol (16,8); 9 = Benzylalkohol (32); 10 = Anisalkohol (63).

D. Anwendungen

Obwohl die Verteilungschromatographie am sinnvollsten zur Trennung solcher mittelpolarer und polarer Substanzen verwendet wird, die für eine adsorptionschromatographische Trennung zu polar sind, können auch unpolare Stoffe (wie die kondensierten aromatischen Kohlenwasserstoffe) getrennt werden. Abb.VII.6 zeigt ein Beispiel. Die Analysenzeit ist größer als bei der in Abb.VI.20 gezeigten Trennung, was aber größtenteils auf die großen Durchmesser der Teilchen zurückzuführen ist.

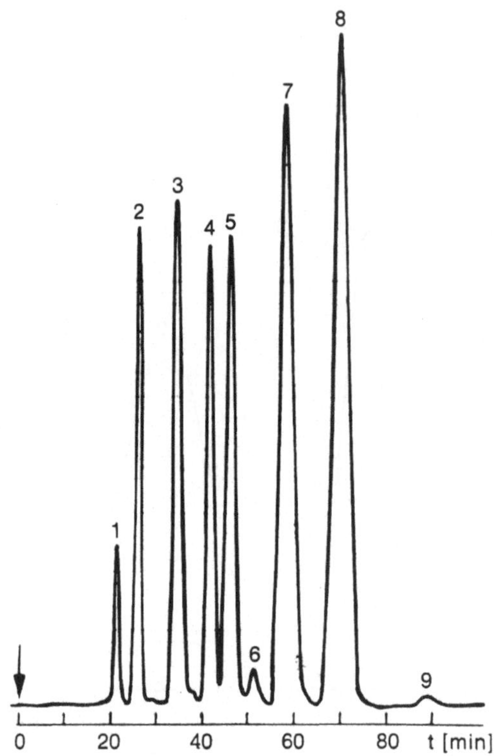

Abb.VII.6. Trennung von kondensierten Aromaten (schwer beladene Trennsäule). (Merck Anwendungsbeispiel 72/1.) Stat. Phase: Merckosorb SI 60, belegt mit 50 % Fraktonitril III. Säule: 250 cm, 2 mm i.d.; Eluent: n-Heptan; F = 15 ml/h. Proben: 1 = Benzol; 2 = Naphthalin; 3 = Anthracen; 4 = Pyren; 5 = Fluoranthen; 6 = Tetracen; 7 = Chrysen; 8 = Benzpyren; 9 = Coronen.

Hohe Analysengeschwindigkeit bei der gleichen Teilchengröße erhält man bei der Verwendung von PLB, die mit Trennflüssigkeit belegt werden. Eine sehr schnelle Analyse von *Weichmachern* zeigt Abb.VII.7. Diese Trennung wäre ohne weiteres auch adsorptionschromatographisch möglich. Polare Verbindungsklassen, wie *Steroide*, werden jedoch vorteilhafter verteilungschromatographisch getrennt. Abb.VII.8 zeigt die Trennung einiger *Corticosteroide* im System Kieselgel-Formamid-Methylenchlorid [8,22]. Auch andere Systeme [19,27-29,32] dienten erfolgreich zur Trennung und Bestimmung der Steroide (vgl. Abb.VI.5). Auch *Phenole* [8,14,22], *Phenolcarbonsäuren* [30], nicht-ionische *oberflächenaktive Stoffe* [31] und *Metallchelate* [18] wurden hochdruck-verteilungschromatographisch getrennt.

Auch Derivate von *Aminosäuren*, z.B. die beim Edman-Abbau von

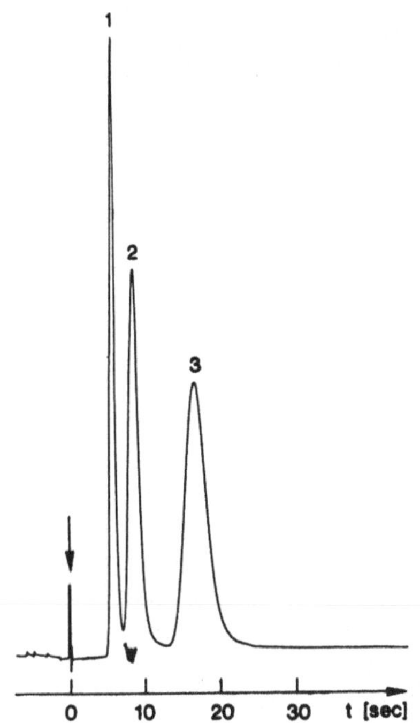

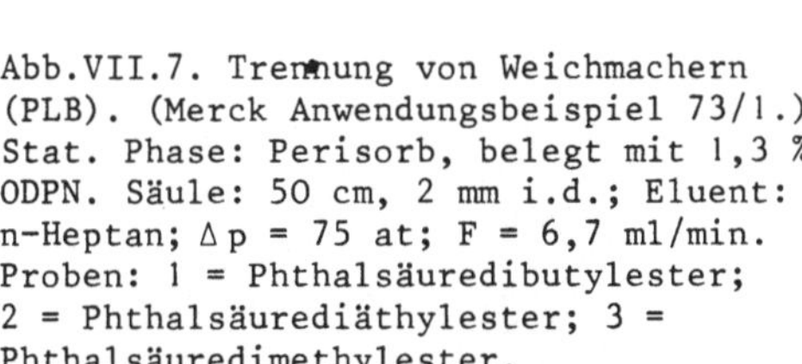

Abb.VII.7. Trennung von Weichmachern (PLB). (Merck Anwendungsbeispiel 73/1.) Stat. Phase: Perisorb, belegt mit 1,3 % ODPN. Säule: 50 cm, 2 mm i.d.; Eluent: n-Heptan; Δp = 75 at; F = 6,7 ml/min. Proben: 1 = Phthalsäuredibutylester; 2 = Phthalsäurediäthylester; 3 = Phthalsäuredimethylester.

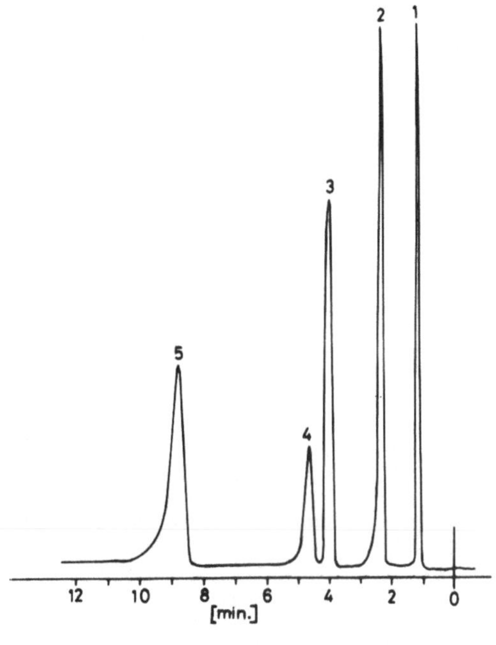

Abb.VII.8. Trennung von Steroiden (schwer beladene Trennsäule). Stat. Phase: Merckosorb Si 100; $d_p \sim 10$ µm; in situ mit ca. 50 % Formamid belegt. Säule: 30 cm, 4,2 mm i.d.; Eluent: Methylenchlorid; Δp = 105 at; u = 0,45 cm/sec. Proben: 1 = Inert; 2 = Corticosteron (k' = 1,3); 3 = Cortison (3,0); 4 = Aldosteron (3,6); 5 = Hydrocortison (7,3).

Peptiden entstehenden *Phenylthiohydantoine* [23] oder die *Dansyl-Aminosäuren* [22], wurden erfolgreich getrennt. Abb.VII.9 und VII.10 zeigen die Trennung der Dansyl-Derivate der wichtigsten Aminosäuren. Die Trennflüssigkeit wird vom Träger (= Kieselgel) aus der mobilen Phase adsorbiert. Als Eluent für die Trennung der Derivate der monofunktionellen Aminosäuren ist das Gemisch aus wassergesättigtem Methylenchlorid mit je 1 % Eisessig und 2-Chloräthanol am besten geeignet (Abb.VII.9). Die Derivate der polareren Aminosäuren werden in diesem System zu lange zurückgehalten. Erhöht man den 2-Chloräthanol-Gehalt des Eluenten auf 10 %, so können nach genügender Äquilibrierungszeit auch die Dansyl-Derivate der polareren Aminosäuren an der gleichen Säule getrennt werden (Abb.VII.10). Die unpolareren Aminosäuren-Derivate werden dabei in der Nähe des Inertpeaks eluiert.

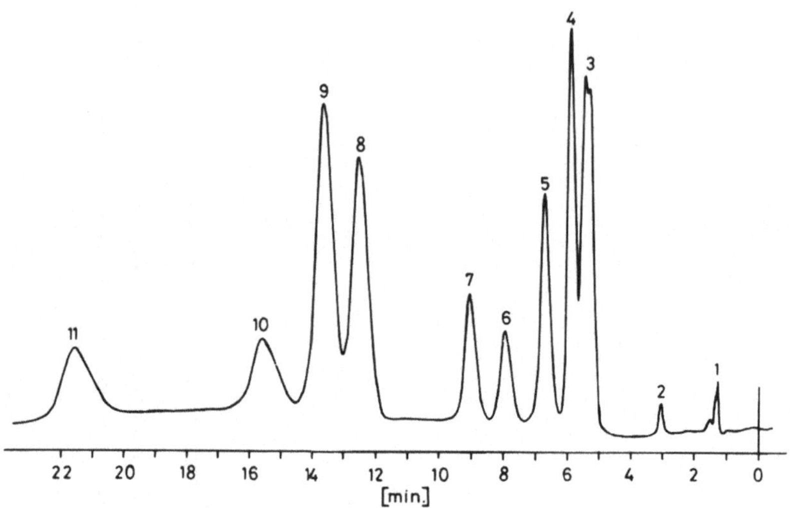

Abb.VII.9. Trennung der Dansyl-Aminosäuren I [22]. Stat. Phase: Lichrospher Si 100, $d_p \sim 10$ µm, mit ca. 0,4 g/g polarer Komponente aus dem Eluenten belegt. Eluent: Methylenchlorid, wassergesättigt + 1 % Eisessig + 1 % 2-Chloräthanol. Säule: 50 cm, 4,2 mm i.d.; Δp = 255 at; u = 0,6 cm/sec. Proben: 1 = Inert; 2 = unbekannt; 3 = Dansyl-Isoleucin (k' = 2,9); 4 = Dansyl-Valin (3,25); 5 = Dansyl-Leucin (3,9); 6 = Dansyl-Tyrosin (4,7); 7 = Dansyl-Alanin (6,5); 8 = Dansyl-Tryptophan (8,0); 9 = Dansyl-Glycin (8,8); 10 = Dansyl-Histidin (10,1); 11 = Dansyl-Lysin (14,4).

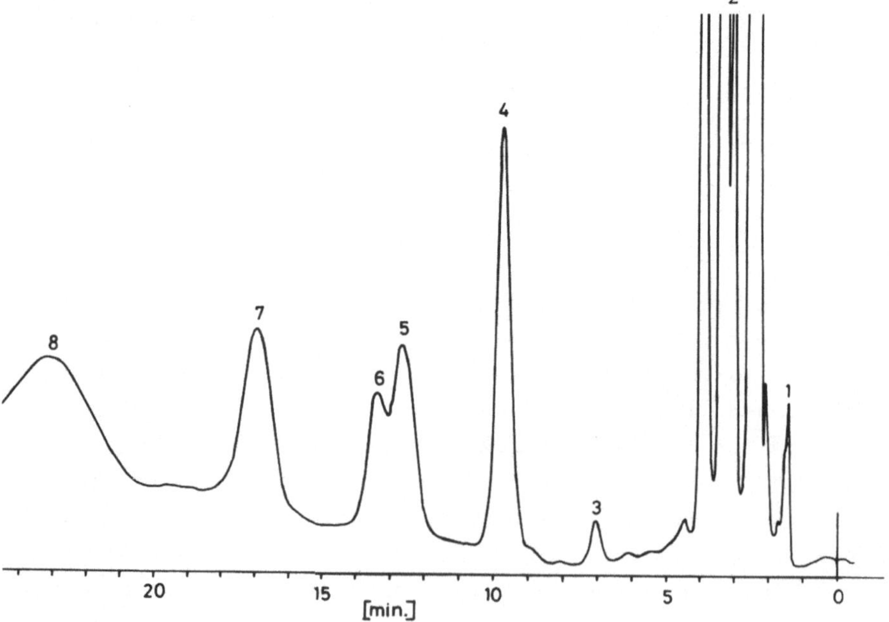

Abb.VII.10. Trennung der Dansyl-Aminosäuren II [22]. Stat. Phase und Bedingungen wie bei Abb.VII.9. Der Eluent enthielt aber 10 % 2-Chloräthanol. Proben: 1 = Inert; 2 = Gemisch aus Abb.VII.9; 3 = unbekannt; 4 = Dansyl-Threonin (k' = 5,9); 5 = Dansyl-Serin (8,0); 6 = Dansyl-Glutaminsäure (8,5); 7 = Dansyl-Asparaginsäure (11,0); 8 = Dansyl-Cystin (15,5).

Literatur zu Kapitel VII

1. Hecker, E.: Verteilungsverfahren im chemischen Laboratorium. Weinheim: Verlag Chemie.
2. Martin, A.J.P., Synge, R.L.M.: Biochem. J. *35*, 1358 (1941).
3. Littlewood, A.B.: Gas Chromatography. 2nd ed. New York: Academic Press 1970.
4. Leibnitz, E., Struppe, H.G. (Hrsg.): Handbuch der Gas-Chromatographie. Weinheim: Verlag Chemie 1970.
5. Locke, D.C., in: Giddings, J.C., Keller R.A. (Eds.): Advanc. Chromatography. Vol.8. New York: Dekker 1969.
6. Conder, J.R., Locke, D.C., Purnell, J.H.: J. Phys. Chem. *73*, 700 (1969).
7. Cadogan, D.F., Conder, J.R., Locke, D.C., Purnell, J.H.: J. Phys. Chem. *73*, 708 (1969).
8. Engelhardt, H., Weigand, N.: Anal. Chem. *45*, 1149 (1973).
9. Rössler, G., Halász, I.: J. Chromatogr. *92*, 33 (1974).
10. Halász, I., Engelhardt, H., Asshauer, J., Karger, B.L.: Anal. Chem. *42*, 1460 (1970).
11. Karger, B.L., Engelhardt, H., Conroe, K., Halász, I., in: Stock, N. (Ed.): Gas Chromatography 1970. London: Institute of Petroleum 1971.
12. Halász, I., Wegner, E.E.: Nature *189*, 570 (1961).
13. Schmit, J.A., in: Kirkland, J.J. (Ed.): Modern Practice of Liquid Chromatography. New York: Wiley 1971.
14. Karger, B.L., Conroe, K., Engelhardt, H.: J. Chromatogr. Sci. *8*, 242 (1970).
15. Huber, J.F.K.: J. Chromatogr. Sci. *9*, 72 (1971).
16. Huber, J.F.K., Meijers, C.A.M., Hulsman, J.A.R.J.: Anal. Chem. *44*, 111 (1972).
17. Koen, J.G., Huber, J.F.K., Poppe, H., Den Boef, G.: J. Chromatogr. Sci. *8*, 192 (1970).
18. Huber, J.F.K., Kraak, J.C., Veening, H.: Anal. Chem. *44*, 1554 (1972).
19. Hesse, Chr., Hövermann, W.: Chromatographia *6*, 345 (1973).
20. Majors, R.E.: Anal. Chem. *45*, 755 (1973).
21. Kirkland, J.J., Dilks jr., C.H.: Anal. Chem. *45*, 1778 (1973).
22. Engelhardt, H., Asshauer, J., Neue, U., Weigand, N.: Anal. Chem. *46*, 336 (1974).
23. Frank, G., Strubert, W.: Chromatographia *6*, 522 (1973).
24. Kirkland, J.J., in: Kirkland, J.J. (Ed.): Modern Practice of Liquid Chromatography. New York: Wiley 1971.
25. Endele, R.: Dissertation Saarbrücken 1974.
26. Dal Noggare, S., Juvet, R.S.: Gas-Liquid Chromatography. New York: Interscience 1962.
27. Siggia, S., Dishman, R.A.: Anal. Chem. *42*, 1223 (1970).
28. Karger, B.L., Berry, L.V.: Clin. Chem. *17*, 757 (1971).
29. Meijers, C.A.M., Hulsman, J.A.R.J., Huber, J.F.K.: Z. Anal. Chem. *261*, 347 (1972).
30. Hövermann, W., Rapp, A., Ziegler, A.: Chromatographia *6*, 317 (1973).
31. Huber, J.F.K., Kolder, F.F.M., Miller, J.M.: Anal. Chem. *44*, 105 (1972).

32. Trefz, F.K., Byrd, D.J., Kochen, W.: J. Chromatogr. *107*, 181 (1975).

33. Schill, G.: Acta Pharm. Sue. *2*, 13 (1965).

34. Schill, G., Modin, R., Persson, B.A.: Acta Pharm. Sue. *2*, 119 (1965).

35. Eksborg, S., Schill, G.: Anal. Chem. *45*, 2092 (1973).

36. Karger, B.L., Persson, B.A.: J. Chromatogr. Sci. *12*, 521 (1974).

37. Karger, B.L., Su, S.C., Marchese, S., Persson, B.A.: J. Chromatogr. Sci. *12*, 678 (1974).

38. Kraak, J.C., Huber, J.F.K.: J. Chromatogr. *102*, 333 (1974).

39. Wittmer, D.P., Nuessle, N.O., Haney, W.G.: Anal. Chem. *47*, 1422 (1975).

40. Wahlund, K.-G.: J. Chromatogr. *115*, 411 (1975).

41. Wahlund, K.-G., Lund, U.: J. Chromatogr. *122*, 269 (1976).

42. Fransson, B., Wahlund, K.-G., Johansson, J.M., Schill, G.: J. Chromatogr. *125*, 327 (1976).

43. Sood, S.P., Sartori, L.E., Wittmer, D.P., Haney, W.G.: Anal. Chem. *48*, 796 (1976).

44. Knox, J.H., Laird, G.R.: J. Chromatogr. *122*, 17 (1976).

45. Persson, B.A., Lagerström, P.-O.: J. Chromatogr. *122*, 305 (1976).

46. Knox, J.H., Jurand, J.: J. Chromatogr. *110*, 103 (1975).

47. Handelsname der Fa. Waters Associates, Milford, U.S.A.

Kapitel VIII

Ionenaustausch-Chromatographie

A. Grundlagen

Ionenaustauscher bestehen aus einem unlöslichen Gerüst (Matrix), das an zugänglichen Stellen kovalent gebundene, zur Dissoziation befähigte funktionelle Gruppen trägt. Es handelt sich dabei entweder um Sulfonsäure-Gruppen, in untergeordneten Fällen um Carboxyl-Gruppen (Kationenaustauscher), oder um tertiäre Amino- bzw. quartäre Ammoniumgruppen (Anionenaustauscher). Es können Substanzen getrennt werden, die in stark polaren Eluenten wenigstens teilweise ionogen vorliegen. Die Trennung beruht auf den Affinitätsunterschieden der Ionen zu ihren Gegenionen an der Ionenaustauschermatrix und zu den im Eluenten gelösten Ionen.

Bei der Trennung von organischen Ionen kann die Sorption an der Austauschermatrix zur Retention beitragen. So kann etwa die Matrix als "reversed phase"-Sorbens wirken und die Elution der Ionen beeinflussen.

Die Ionenaustausch-Chromatographie nach der klassischen Methode darf als bekannt gelten [1-5], so daß an dieser Stelle knappe Hinweise genügen dürften. Vereinfacht läßt sich der Ionenaustausch über Austauschgleichgewichte beschreiben:

Kationenaustausch:

$$\underset{\text{Eluent}}{X^+} + Y^+(\text{Matrix})^- \rightleftharpoons \underset{\text{Eluent}}{Y^+} + X^+(\text{Matrix})^-$$

Anionenaustausch:

$$\underset{\text{Eluent}}{X^-} + Y^-(\text{Matrix})^+ \rightleftharpoons \underset{\text{Eluent}}{Y^-} + X^-(\text{Matrix})^+$$

Die Trennung von Kationen- bzw. Anionengemischen beruht auf den Selektivitätsunterschieden bei der Sorption der zu trennenden Ionen gegenüber den am Austauscher durch Ionenpaarbildung festgehaltenen, gleichsinnig geladenen Ionen. Durch Änderung des pH-Wertes des Eluenten kann die Dissoziation der gebundenen bzw. der gelösten Ionenpaare beeinflußt werden. So gelingt z.B. die Trennung von Säuren- bzw. Basengemischen, die sich in ihren pK-Werten unterscheiden, durch Anwendung eines pH-Gradienten. Für derartige Trennungen sollten jedoch ausschließlich stark saure bzw. stark basische Austauscher verwendet werden. Bei schwach basischen bzw. schwach sauren Austauschern wird die Dissoziation des Austauschers sehr schnell zurückgedrängt, so daß jeglicher Ionenaustausch entfällt (siehe Stellung des Eluenten H^+ bzw. OH^-, Abschn.D.3). Durch Veränderung der Ionenstärke der Pufferlösung kann das Austauschgleichgewicht verschoben werden. Eine Veränderung der Ionenstärke hat einen weitaus größeren Einfluß auf die Retentionsvolumina als eine Veränderung des pH-Wertes. Durch Veränderung der Art des Puffers oder durch Vorschalten von geeigneten Komplexbildungsreaktionen kann das Ionenaustauschgleichgewicht zusätzlich beeinflußt werden.

Durch ein einfaches Beispiel soll das verdeutlicht werden [6]:

Mehrwertige Ionen werden in der Regel am Austauscher fester gebunden als einwertige. Für die Bindungsfestigkeit von Kationen gilt (in verdünnter Lösung) die Reihenfolge

$$M^{4+} > M^{3+} > M^{2+} > M^{1+} .$$

Sind an einem Kationenaustauscher Fe^{3+} und Cu^{2+} fixiert, so wird mit verdünnter Salzsäure zunächst das Kupfer und dann das Eisen eluiert. Die Auftrennung bei dieser Verdrängung der Kationen durch die im großen Überschuß vorhandenen Protonen ist schlecht. Verwendet man dagegen verdünnte Phosphorsäure als Eluent, so reicht die Protonenkonzentration nicht aus, um die Kationen vom Austauscher zu verdrängen. Da Eisen mit Phosphorsäure einen Komplex bildet, der negativ geladen ist, wird es vom Kationenaustauscher nicht mehr zurückgehalten und erscheint im Eluat. Kupfer kann dann anschließend mit verdünnter Salzsäure eluiert werden.

Die Bildungstendenz von Anionenkomplexen verschiedener Schwermetallionen in konzentrierten Halogenwasserstoffsäuren und deren Sorption an Anionenaustauschern wird häufig zur Trennung derartiger Kationen verwendet. Zur Elution der Ionen wird die Säurekonzentration kontinuierlich oder diskontinuierlich herabgesetzt. Zerfallen die Komplexe unter Rückbildung der Kationen, die am Anionenaustauscher selbstverständlich nicht festgehalten werden können, so werden die Metalle eluiert.

Auch ionogene Komplexe neutraler Moleküle, z.B. die Borsäurekomplexe der Zucker oder Bisulfitadditionsverbindungen von Carbonylverbindungen, können durch Ionenaustausch getrennt werden.

Auch Ligandenaustauschreaktionen an mit Schwermetallionen beladenen Austauschern werden zur Trennung verwendet. Da hier nur die

Komplexbildungstendenz des am Ionenaustauscher gebundenen Metallions zur Trennung (z.B. von Aminosäuren an mit Kupferionen beladenen Austauschern) verwendet wird, handelt es sich genausowenig um eine "echte" Ionenaustausch-Chromatographie wie bei der Trennung von polaren organischen Molekülen (z.B. Zuckern) mit wäßrig-alkoholischen Eluenten. Im letzteren Falle baut sich ein Verteilungssystem aus einer wäßrigen Phase im Austauscherharz und einer strömenden wäßrig-alkoholischen Phase auf [7].

Neben den eben genannten Austauschmechanismen können, vor allem bei der Trennung organischer Verbindungen, auch Sorptionseffekte der Matrix zur Retention beitragen. Deshalb ist es sehr schwierig, Voraussagen über die Selektivität von Trennungen organischer Verbindungen an Ionenaustauschern zu machen.

B. Ionenaustauschmaterialien

Im Kapitel V wurden die wichtigsten handelsüblichen Ionenaustauschmaterialien bereits genannt. Für ihre Anwendbarkeit in der Hochdruck-Flüssigkeits-Chromatographie ist neben den für die klassische Niederdruckanwendung notwendigen Eigenschaften, wie Unlöslichkeit, chemische Stabilität u.a., vor allem ihre Druckstabilität ausschlaggebend.

Gute chromatographische Eigenschaften (niedrige h-Werte, schneller Massentransport) kann man (vgl. Kap.II) nur durch eine Verminderung der Diffusionsstrecken erzielen. Dazu kann man entweder den Teilchendurchmesser verringern oder PLB-Teilchen verwenden. Erprobt wurden in der Hochdruck-Flüssigkeits-Chromatographie folgende Ionenaustauschertypen:

1. Ionenaustauscher mit organischer polymerer Matrix

Es handelt sich um Siebfraktionen mit kleinen Teilchendurchmessern (5-20 µm) der auch in der klassischen Ionenaustausch-Chromatographie verwendeten Harze. Vornehmlich werden wegen des geringeren Quellvermögens und der besseren Druckstabilität höher vernetzte Ionenaustauscher (Polystyrolharze mit 6 - 8 % Divinylbenzolzusatz) verwendet. Darüber hinaus werden speziell für die Hochdruck-Flüssigkeits-Chromatographie kugelförmige Ionenaustauscher mit Teilchendurchmessern von 5 - 10 µm hergestellt. Einige der am häufigsten verwendeten Ionenaustauscher zeigt Tab.V.5.

Bei der Verwendung derartiger Ionenaustauscher ist in der Hochdruck-Flüssigkeits-Chromatographie vor allem darauf zu achten, daß oberhalb eines gewissen Druckbereiches die lineare Eluenten-Geschwindigkeit nicht mehr zunimmt, wenn der Druckabfall an der Trennsäule erhöht wird. Die Druckstabilität der Matrix wird in diesen Fällen überschritten. Häufig verschlechtert sich dabei auch die Trennleistung der Säule. Eine Reduzierung des Druckes muß nicht unbedingt zu einer Rückkehr der Trennsäule auf die Ausgangsbedingungen (Trennleistung, Permeabilität u.ä.) führen.

Die Austauscher werden in vorgequollenem Zustand in die Trennsäule gepackt. Bei einer Änderung der Ionenstärke oder des pH-Wertes ändert sich bekanntlich das Volumen des gequollenen Austauschers. Dadurch kann sowohl die Permeabilität als auch die Trennleistung (z.B. durch Bildung von Hohlräumen) der Säulen beeinflußt werden. Die Kapazität dieser Ionenaustauscher ist groß (einige meq/g).

2. Polymere Ionenaustauscher auf PLB-Teilchen

Hier unterscheidet man im angelsächsischen Sprachgebrauch zwischen zwei Gruppen:

a) "*Pellicular*"-Ionenaustauscher

Hier ist auf undurchlässige Glaskugeln (~ 30 µm) ein Film aus einem polymeren organischen Ionenaustauscher aufgebracht [33]. Die Schichtdicke liegt um 1 µm. Da die Austauscherschicht nicht druckstabil sein muß, können gering vernetzte Polymere verwendet werden. Das trägt, neben der sehr dünnen Austauscherschicht, zur Verbesserung der chromatographischen Eigenschaften, insbes. der Analysengeschwindigkeit, bei. Ein weiterer Vorteil derartiger Austauscher ist, daß sie trocken in die Säule gepackt werden können. Das Bettvolumen ist von der Ionenstärke des Eluenten unabhängig.

b) "Oberflächenporöse" Ionenaustauscher ("superficial porous")

Diese Gruppe unterscheidet sich nur unwesentlich von den "Pellicular"-Ionenaustauschern. Der polymere organische Ionenaustauscher ist auf eine mit porösem Silikagel dünn belegte Glaskugel aufgebracht [37].

Hier wie dort ist, bedingt durch die geringe Ionenaustauscher-Menge, die Austauschkapazität gering (~ 10 µeq/g). Die wichtigsten Handelsprodukte führt die Tab.V.4 auf. An den Säulen können nur geringe Mengen getrennt werden. Sehr empfindliche Detektoren sind deshalb notwendig. Wegen der Löslichkeit ihrer polymeren Austauschschicht in organischen Lösungsmitteln bleiben derartige Ionenaustauscher auf rein wäßrige Systeme beschränkt.

3. Ionenaustauscher vom Bürstentyp

Auf Dünnschichtteilchen (PLB) können nicht nur Polymere aufgebracht werden, sondern auch organische Reste nach Art der "Bürsten" können kovalent gebunden werden. In sie kann man dann Ionenaustauschergruppen einführen. Als organische Reste können sowohl Alkyl- als auch Arylgruppen gebunden werden. Die handelsüblichen Produkte sind in Tab.V.4 aufgeführt.

Wegen der niedrigen spezifischen Oberfläche der PLB-Trägermaterialien ist die Austauschkapazität gering (30 - 60 µeq/g). Bei derartigen Austauschern können organische Eluenten verwendet werden. Geht man dagegen von vollkommen porösen Kieselgelen mit großer spezifischer Oberfläche aus und führt entsprechende Reaktionen aus (Silanisierung und anschließende Einführung der Ionenaustauschgruppen), so erhält man Ionenaustauscher mit größerer Kapazität (200 - 700 µeq/g) [8,9,41]. Die Austauschkapazität ist der spezifischen Oberfläche des Kieselgelträgers proportional. Ist der Teilchendurchmesser genügend klein (5 µm; 10 µm), so sind die Trennleistungen ausgezeichnet und die Analysengeschwindigkeiten hoch. Diese Austauscher sind nicht kompressibel und verändern ihr Volumen auch nicht bei der Veränderung der Eluentenzusammensetzung (z.B. Veränderung der Ionenstärke). Da bei pH-Werten > 8,5 der Kieselgelträger aufgelöst wird, dürfen sie nicht im stark alkalischen Gebiet eingesetzt werden.

4. Flüssige Ionenaustauscher

Kieselgel kann selbstverständlich auch mit sogenannten "flüssigen Ionenaustauschern" nach Art der Verteilungschromatographie belegt werden. Bei den "flüssigen Ionenaustauschern" handelt es sich a) um wasserunlösliche (langkettige) tertiäre Amine oder um quartäre Ammoniumverbindungen, die als Anionenaustauscher verwendet werden, und b) um flüssige Kationenaustauscher, z.B. Dialkylester der Phosphorsäure. Die Stabilität ist gering, da die Haftfestigkeit der "flüssigen Ionenaustauscher" mit einem unpolaren organischen Rest auf der polaren Kieselgeloberfläche relativ gering ist. Viele flüssige Ionenaustauscher gehören zu den oberflächenaktiven Substanzen, die in Wasser zur Bildung von Emulsionen neigen. Durch Hydrophobieren (Silanisieren) der Kieselgeloberfläche läßt sich die Haftfestigkeit der Belegungen verbessern. Für derartige Systeme gelten sinngemäß die in Kap.VII für Verteilungssysteme besprochenen Vor- und Nachteile.

Die Trennung von Kationen (Radioisotopen) gelang an Kieselgel, das mit einer Dialkylsulfonsäure in Dodecan belegt war. Als Eluent wurde Salpetersäure in verschiedenen Konzentrationen verwendet [44].

Bei der Ionenpaar-Chromatographie (vgl. Kap.VII.B.2) [10,11,42] werden dem Eluenten oder der stationären Phase quartäre Ammoniumsalze oder Alkylsulfonsäuren zugesetzt, die mit den zu trennenden Säuren oder Basen Salze bilden. Die Vorgänge dabei ähneln stark denen bei flüssigen Ionenaustauschern.

C. Charakterisierung der Ionenaustauscher

Die Ionenaustauscher werden nach den funktionellen Gruppen charakterisiert. Man unterscheidet zwischen stark und schwach sauren Austauschern, je nachdem ob Sulfonsäure-Gruppen oder Carboxyl-Gruppen vorhanden sind. Bei den stark basischen Anionenaustauschern handelt es sich um tertiäre Amine bzw. quartäre Ammoniumverbindungen, während primäre Amine zu den schwach basischen Austauschern gezählt werden.

Wegen des nicht zu vernachlässigenden Einflusses der Matrix auf die Selektivität und die chromatographischen Eigenschaften ist es unerläßlich, auch den Träger der funktionellen Gruppen genau zu charakterisieren. Bei den Ionenaustauschern mit rein organischer Matrix sollte neben der Zusammensetzung der Matrix (z.B. Polystyrol, Polymethacrylat, etc.) auch stets der Vernetzungsgrad der Matrix (z.B. in % Divinylbenzol-Zusatz bei Polystyrol-Harzen) angegeben werden. Vom Vernetzungsgrad hängen Druckstabilität und Zugänglichkeit der funktionellen Gruppen ab. Bei rein organischen Harzen unterscheidet man noch zwischen solchen mit Mikroporen (*microreticular*) und den neuerdings erhältlichen makroporösen (*macroreticular*) Harzen, bei denen der Zugang zu den Mikroporen durch die das Korn durchziehenden Makroporen erleichtert ist. Bei den PLB-Ionenaustauschern sollte neben der Unterscheidung, ob *"pellicular"* oder *"superficially porous"*, auch angegeben werden, ob die organischen Reste mit den funktionellen Gruppen physikalisch adsorbiert oder chemisch gebunden sind. Die Art der organischen Reste sollte bekannt sein.

Die *Austauschkapazität* ist ebenfalls wichtig. Je größer die Austauschkapazität ist, um so höher ist die Belastbarkeit. Darüber hinaus kann bei höheren Austauschkapazitäten die Salzkonzentration im Eluenten größer als 0,01 m sein, da die k'-Werte mit steigender Austauschkapazität ebenfalls zunehmen. Bei kleinen Kapazitäten ist man gezwungen, mit niedrigen Ionenkonzentrationen zu arbeiten, wodurch die Reproduzierbarkeit leidet. Enthält die Probe Salze, so kann vollkommene Verdrängung auftreten.

Die Austauschkapazität läßt sich nach den bei Ionenaustauschern üblichen Methoden bestimmen [vgl. 2,5]. Sehr schnell erhält man die Kapazitätswerte durch direkte Basen- bzw. Säuretitration des in der Säure- bzw. Basenform vorliegenden Austauschers. Aus der Lage des Umschlagpunktes läßt sich die Stärke des Austauschers feststellen. Nur

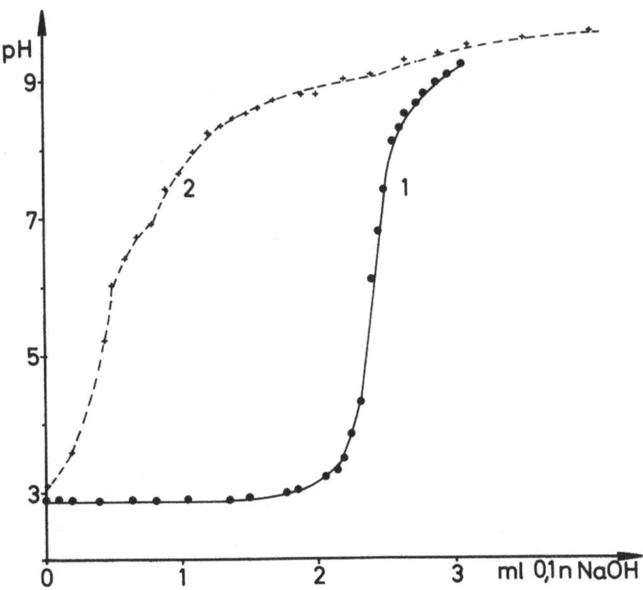

Abb.VIII.1. Titrationskurven von "nacktem" Silikagel (2) und von chemisch gebundenem Kationenaustauscher (1): n-Butylsulfonsäure auf Merckogel Si 100.

bei stark sauren bzw. stark basischen Austauschern liegt der Umschlagpunkt bei pH 7. Die Titration des Austauschers sollte nach einigen Beladungs- und Regenerationscyclen wiederholt werden. Die Kapazität darf sich nicht verändern.

Abb.VIII.1 zeigt die Titrationskurve eines stark sauren Kationenaustauschers vom "Bürstentyp" (Kurve 1) (Butylsulfonsäure an Kieselgel gebunden). Zum Vergleich ist die Titrationskurve (Kurve 2) des schwach sauren "Kationenaustauschers" Kieselgel mitangegeben [9].

D. Optimierung der Trennung

Bekanntlich lassen sich die Ionenaustauschgleichgewichte durch das Massenwirkungsgesetz beschreiben. Nur wenn zusätzliche Einflüsse, meist solche der Matrix, bei der Trennung mit eine Rolle spielen, wird es schwierig, aufgrund der Gleichgewichte Vorhersagen über Selektivität und Elutionsreihenfolge zu machen.

Die Qualität des Eluenten ist auch in der Ionenaustausch-Chromatographie für das Gelingen oder Versagen einer Trennung verantwortlich. Da fast ausschließlich Wasser der Eluent ist, kann die Trennung durch Veränderung des pH-Wertes, die Art des Puffers (Art des Gegenions) und die Ionenstärke beeinflußt werden. Darüber hinaus kann ein Zusatz von Komplexbildnern oder von organischen Komponenten die Selektivität verändern.

1. Einfluß des pH-Wertes auf die Retention

Die Retention von schwachen Säuren oder Basen hängt vom pH-Wert des Eluenten ab, da sie entweder dissoziiert vorliegen und durch Ionenaustausch getrennt werden können oder als undissoziierte Moleküle inert durch die Säule wandern. Eine eventuell beobachtete geringe Retention ist auf andere Faktoren zurückzuführen.

Die Abhängigkeit der Retention (k'-Wert) vom pH-Wert zeigt Abb. VIII.2 für einige Purin- und Pyrimidinbasen. Als Ionenaustauscher wurde eine n-Butylsulfonsäure (gebunden an Kieselgel) verwendet [12]. Als Eluent wurde 0,1 m Phosphatpuffer im pH-Bereich 2,5 - 7,5 verwendet. Oberhalb pH 6,0 liegen die k'-Werte für alle Basen zwischen 1 und 1,8.

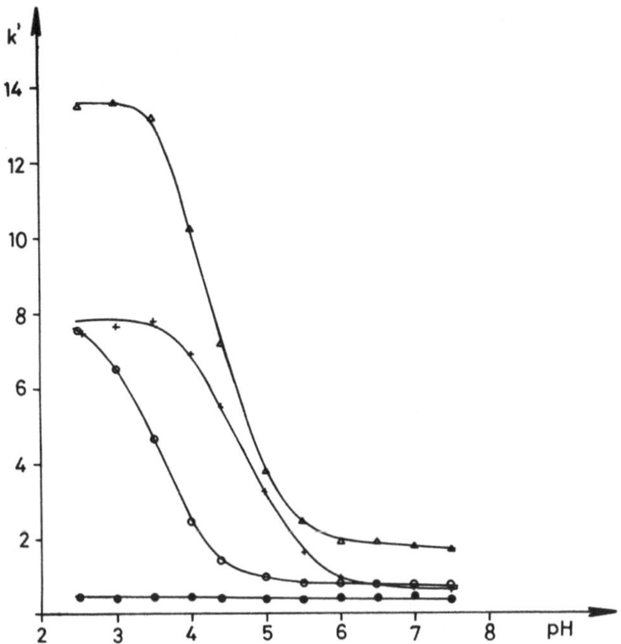

Abb.VIII.2. Einfluß des pH-Wertes auf die k'-Werte (Purin- und Pyrimidinbasen) [12]. Ionenaustauscher: n-Butylsulfonsäure auf Merckosorb Si 100; 250 µval/g. Mobile Phase: 0,1 m Natriumphosphatpuffer. Proben: • Uracil; o Guanin; + Cytosin; △ Adenin.

Der Austauscher liegt bei diesem pH-Wert bereits vollkommen in der Na^+-Form vor, die freien Basen können mit den Na^+-Ionen nicht konkurrieren. Erniedrigt man den pH-Wert, so steigen die k'-Werte der Basen. Bei niedrigen pH-Werten sind die k'-Werte wieder nahezu unabhängig vom pH-Wert. In diesem Bereich liegen die Basen bereits vollständig protoniert vor und können ebenfalls mit dem Ionenaustauscher nicht mehr in Wechselwirkung treten. Der Wendepunkt der Kurven entspricht in guter Näherung den pK_a-Werten der Basen, bei denen die Base mit ihrem Salz im Verhältnis 1 : 1 im Gleichgewicht steht.

Die analoge pH-Abhängigkeit der k'-Werte wurde für Morphin-Basen an mit Kationenaustauscher belegten PLB-Teilchen (®Zipax SCX) im pH-Bereich 9,1 - 9,8 gefunden. Für diesen relativ engen Bereich ergibt die Auftragung log k' = f(pH) eine Gerade [13]. Die Retention in den Bereichen ohne Abhängigkeit vom pH-Wert dürfte auf einen Matrixeinfluß zurückzuführen sein. Uracil, das im gemessenen Bereich nicht ionogen vorliegt, wird nur durch Matrixeffekte zurückgehalten.

2. Einfluß der Ionenstärke des Eluenten auf die Retention

Eine Veränderung der Ionenstärke im Eluenten beeinflußt die Retention viel stärker als ein Wechsel des pH-Wertes. Diese aus der klassischen Ionenaustausch-Chromatographie bekannte Tatsache ist in Abb.VIII.3 dargestellt. Bei dem benutzten Ionenaustauscher mit seiner relativ geringen Kapazität findet die stärkste Verminderung der k'-Werte bei einer Erhöhung der Phosphat-Konzentration von 0,01 m auf 0,05 m statt.

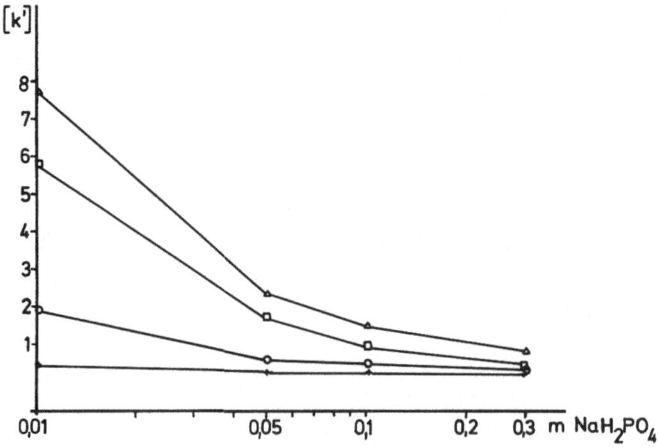

Abb.VIII.3. Einfluß der Ionenstärke auf die k'-Werte (Purin- und Pyrimidinbasen). Ionenaustauscher: n-Butylsulfonsäure auf Merckosorb Si 500; 45 µval/g; Eluent: Natriumphosphatpuffer. Proben: △ Adenin; □ Cytosin; ○ Guanin; • Uracil und Thymin.

Bei Austauschern mit höherer Kapazität ist dieser Bereich zu höheren Ionenkonzentrationen hin verschoben. Der Einfluß der Ionenkonzentration im Eluenten auf die k'-Werte der Probensubstanzen ist auf die Verschiebung des Ionenaustauschgleichgewichts zurückzuführen. Die k'-Werte der Probensubstanzen sind der Ionenkonzentration umgekehrt proportional. Trägt man die k'-Werte aus Abb.VIII.3 gegen die reziproke Konzentration auf, so erhält man Geraden, die nicht durch den Nullpunkt gehen, sondern bei k'-Werten von 0,1 - 0,8 die Achse schneiden. Auch daraus läßt sich der Matrixeinfluß auf die Retention erkennen, denn eine "reversed-phase"-Sorption an der Matrixoberfläche z.B. wird von der Konzentration anorganischer Ionen kaum beeinflußt.

3. Veränderung der Pufferlösung

Durch eine Veränderung der Ionen im Eluenten kann die Selektivität einer Trennung beeinflußt werden. Gelegentlich wird eine Trennung erst mit Hilfe ganz spezieller Pufferlösungen möglich. Ein Beispiel dafür ist die Trennung von Zuckern in Gegenwart von Borsäure-Pufferlösungen [14], denn nur mit Borsäure bilden Zucker zum Ionenaustausch befähigte Komplexe. Mit allen anderen Pufferlösungen zeigen Zucker nur sehr kleine k'-Werte, die auf "reversed-phase"-Effekte zurückzuführen sind.

Das Elutionsvermögen der Anionen bzw. Kationen hängt davon ab, wie stark sie selbst vom entsprechenden Austauscher zurückgehalten werden. Allgemeine Regeln für die Sorption der anorganischen Ionen wurden bereits erwähnt. Für *Anionen* wurde an klassischen, stark basischen Anionenaustauschern folgende Reihenfolge der Sorption aufgestellt:

$$\text{Citrat} > \text{Oxalat} > J^- > HSO_4^- > NO_3^- > Br^- >$$
$$Cl^- > \text{Formiat} > \text{Acetat} > OH^- > F^- .$$

Die Reihenfolge variiert bei den verschiedenen Handelsprodukten. Für schwach basische Ionenaustauscher wurden geringfügige Verschiebungen der Anionen untereinander festgestellt, z.B. sind Hydroxyl-Ionen in diesem Fall starke Elutionsmittel, da die Dissoziation der schwach basischen Anionenaustauscher im alkalischen Medium vermindert wird.

Eine analoge Reihenfolge wurde für die Sorption der *Kationen* an stark sauren Kationenaustauschern festgestellt:

$$Fe^{3+} > Ba^{2+} > Pb^{2+} > Ca^{2+} > Ni^{2+} > Cd^{2+} > Cu^{2+} >$$
$$Co^{2+} > Zn^{2+} > Mg^{2+} > Mn^{2+} > UO_2^{\,2+} > Tl^+ > Ag^+ >$$
$$Cs^+ > Rb^+ > K^+ > NH_4^+ > Na^+ > H^+ > Li^+ .$$

Bei schwach sauren Austauschern (z.B. Austauschern mit Carboxyl-Gruppen) sind H^+-Ionen die stärksten Elutionsmittel, da bei pH 4,5 diese Austauscher nicht mehr dissoziiert sind.

Bei der automatischen Aminosäurenanalyse führte der Übergang von den Natriumcitrat-Puffern zu Lithiumcitrat-Puffern zu einer allgemeinen Erhöhung der k'-Werte. Dadurch wurde es möglich, die wichtigen Aminosäuren Asparaginsäure und Glutaminsäure voneinander zu trennen [15]. Durch Komplexbildung der Probenbestandteile mit Ionen, die im Eluenten enthalten bzw. am Austauscher gebunden sind, werden logischerweise die Selektivität der Trennung beeinflußt und die k'-Werte verringert oder vergrößert.

4. Andere Einflüsse

Obwohl durch eine *Temperaturerhöhung* das Ionenaustauschgleichgewicht kaum beeinflußt wird [5], kann sie doch zu einer Verkürzung der Retentionszeiten führen. Die Ursache mag in einer Verringerung der Nicht-Ionenaustausch-Sorption liegen. Auf alle Fälle werden bei erhöhter Trennsäulentemperatur gewöhnlich schärfere und symmetrischere Peaks erzielt als bei niedriger Temperatur (Erhöhung des Diffusionskoeffizienten). Als Faustregel gilt, daß eine Temperaturerhöhung von 25°C auf 50°C den Diffusionskoeffizienten verdoppelt. Eine Zugabe von *organischen Lösungsmitteln* (die mit Wasser vollkommen mischbar sind, z.B. niedere Alkohole, Acetonitril, Tetrahydrofuran) zum Eluenten verändert die Selektivität der Ionenaustauschtrennung. Eine Verminderung der Hydratation der Ionen, die Änderung der Dissoziation und der Komplexbildung können zu einer Verschiebung der k'-Werte und der relativen Retentionen führen. Darüber hinaus wird die Trennleistung erhöht, wenn die Viskosität des Eluenten verringert wird.

Bei Zugabe von polaren organischen Komponenten (z.B. Alkoholen) zum Eluenten wird der Ionenaustausch mehr oder weniger zurückgedrängt, und die Trennung findet nach einem Verteilungsmechanismus statt. Die stationäre Phase im Austauscher besteht dabei aus Wasser, das von den Ladungsträgern zu ihrer Hydratation adsorbiert wird. Der Eluent dagegen besteht aus der Mischung Wasser-Alkohol. Solche Systeme wurden mit Erfolg zur Trennung von Zuckern und Kohlehydraten verwendet [vgl. 7].

5. Gradient-Elution

Zur Elution der Verbindungen aus den Ionenaustauschersäulen dient häufig die Gradient-Elution. Man verwendet sowohl pH-Gradienten als auch Konzentrationsgradienten. Benutzt man Ionenaustauscher mit organischer Matrix, so ist zu beachten, daß sich ihr Quellvolumen mit dem pH-Wert, besonders aber beim Wechsel der Ionenkonzentration, verändert. Bemerkbar wird das durch Veränderung der Permeabilität oder durch Verschlechterung der Trennleistung, falls sich Hohlräume in der Säulenpackung bilden. Analoges tritt auf, wenn im Gradientenverlauf ein organisches Lösungsmittel dem Eluenten zugesetzt wird.

Bei Verwendung von Ionenaustauschern auf Basis von PLB-Teilchen bzw. oberflächenmodifiziertem Silikagel treten solche Probleme nicht auf. Obwohl Phosphatpuffer im UV-Licht vollkommen durchlässig sein sollten, kann eine Verschiebung der Null-Linie eines UV-Detektors (254 nm) mit dem Gradienten auftreten. Es hängt dies mit dem Gehalt an Polyphosphaten in den Phosphatpuffern zusammen.

E. Anwendungen

Im engeren Sinne sind hier nur Trennungen mit den speziell entwickelten, druckbeständigen, nicht quellbaren Ionenaustauschern anzuführen. Andererseits gelingt es aber durch die Hochdruck-Flüssigkeits-Chromatographie, bei klassischen Ionenaustauschtrennungen, z.B. der Aminosäurenanalyse, die Analysenzeiten wesentlich zu verkürzen [16,17] (Verwendung kleinerer Siebfraktionen der Austauschharze, geringfügige Erhöhung des Druckes). Durch Ersatz der "langsamen" Ninhydrin-Reaktion, z.B. durch die Umsetzung mit ® Fluram (Hoffmann-La Roche), einer Verbindung, die mit primären Aminogruppen starke Fluoreszenz im Sichtbaren ergibt, dürfte die Analysenzeit noch weiter zu reduzieren sein [18,19].

Die Anwendungsbeispiele seien daher in diesem Falle nach dem Typ des verwendeten Ionenaustauschers geordnet. Diese Aufteilung ist vor allem deshalb vertretbar, weil bereits mehrere Monographien über Ionenaustausch in der Hochdruck-Flüssigkeits-Chromatographie vorliegen [20-24].

1. Klassische Ionenaustauscher in der Hochdruck-Flüssigkeits-Chromatographie

Die Trennung von Aminosäuren an einem den Erfordernissen der Hochdruck-Flüssigkeits-Chromatographie angepaßten Ionenaustauscherharz zeigt Abb. VIII.4. Die Teilchengröße des nicht gequollenen Harzes lag bei 8 - 9 μm. An der relativ kurzen Trennsäule (35 cm) gelingt die Trennung von 16 Aminosäuren in zwei Stunden. Zum Nachweis wurde ® Fluram verwendet. Bei ca. 30 at wurde eine Eluentengeschwindigkeit von 0,5 ml/min erreicht.

Derartige Harze mit ca. 8 % Vernetzung und kleinem Teilchendurchmesser können in manchen Fällen auch relativ hohen Drücken ausgesetzt werden. Mit klassischen organischen Ionenaustauschern gelang C.D. Scott eine Vielzahl von Trennungen zur Bestimmung organischer Komponenten in Körperflüssigkeiten (z.B. Urin, Serum etc.) [20a]. In einer einzigen

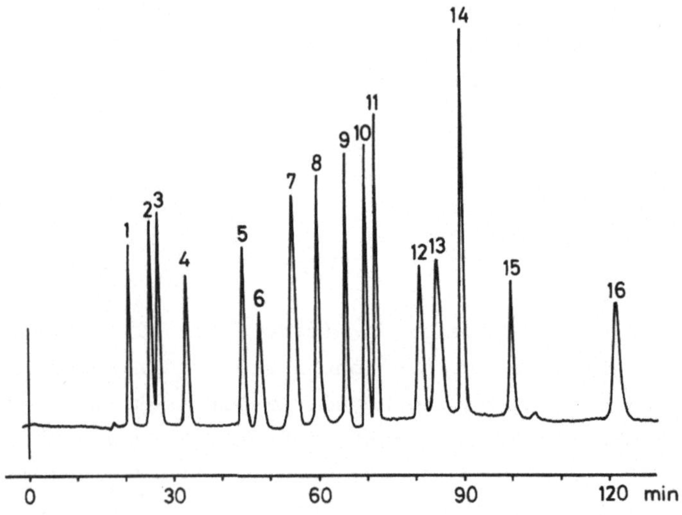

Abb.VIII.4. Aminosäurenanalyse (Durrum Datenblatt). Ionenaustauscher: Durrum DC-4 A. Säule: 35 cm, 3,2 mm i.d.; Eluent: Durrum-Puffer System V. F = 12 ml/h; Δp = 32 at. Nachweisreaktion: Fluorescamin - Aminco - Fluorimeter. Proben: 1 = Asparaginsäure; 2 = Threonin; 3 = Serin; 4 = Glutaminsäure; 5 = Glycin; 6 = Alanin; 7 = Cystin; 8 = Valin; 9 = Methionin; 10 = Isoleucin; 11 = Leucin; 12 = Tyrosin; 13 = Phenylalanin; 14 = Lysin; 15 = Histidin; 16 = Arginin.

Urin-Probe konnten 100 bis 120 im UV-Licht absorbierende Substanzen nachgewiesen werden; mit einer für Kohlenhydrate spezifischen Reaktion wurden 48 Komponenten identifiziert [26,26a]. Eine vollständige *Urin-Analyse* dauert 20 bis 30 Stunden [27]. Automatische Geräte für das *klinische Laboratorium* wurden entwickelt [27a]. Zucker wurden an organischen Ionenaustauschern sowohl als Borat-Komplexe [28] wie auch nach dem Verteilungsverfahren [29] unter den Bedingungen der Hochdruck-Flüssigkeits-Chromatographie getrennt. Ein Beispiel zeigt Abb.VIII.5 [30].

Auch Keto- und Hydroxycarbonsäuren wurden mit Hochdruck-Chromatographie an organischen Ionenaustauschern getrennt [31]. In einem Aminosäuren-Analysator wurden aromatische Verbindungen am Ionenaustauscher identifiziert [32].

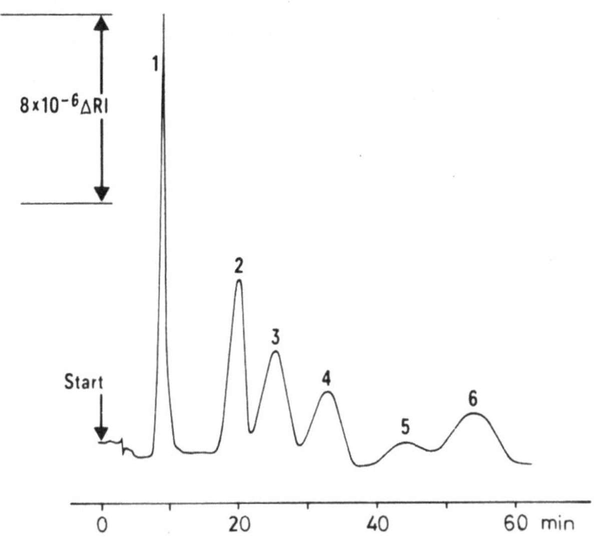

Abb.VIII.5. Trennung von Zuckern. Verteilungschromatographie an Ionenaustauschern (Siemens Datenblatt 05/05). Ionenaustauscher: Aminex A-7; Li+-Form. Säule: 50 cm, 3 mm i.d.; Eluent: 85%iges Äthanol; 0,001 mol LiCl. F = 0,45 ml/min; Δp = 270 at; Temperatur: 70°C. Proben: 1 = Rhamnose; 2 = Glucose; 3 = Saccharose; 4 = Trehalose; 5 = Melibiose; 6 = Raffinose.

2. Dünnschichtteilchen (PLB)

Beginnend mit der grundlegenden Arbeit von Horvath und Lipsky [33] wurden an den *"pellicular"*-Ionenaustauschern *Nucleinsäuren* und Basen getrennt [21-24,34,35]. Man hat dazu Kationen- wie auch Anionenaustauscher benutzt. Die Analysendauer beträgt ca. 30 Minuten. Auch an mit Polymerfilm belegtem Kieselgel (z.B. ® Zipax SAX) ist die Trennung von Nucleinsäuren, Inhaltsstoffen pharmazeutischer Zubereitungen etc. gelungen [21,36-39]. Beim Nachweis und bei der Trennung von Drogenbestandteilen (Morphin, Heroin, Methadone) haben sich Ionenaustauscher bewährt [13].

An die Kieselgeloberfläche kovalent gebundene Ionenaustauscher wurden auf Basis PLB hergestellt. Die Trennung der Nucleinsäuren an solch einem permanent gebundenen Ionenaustauscher (z.B. ® Permaphase, DuPont) zeigt Abb.VIII.6. Solche Ionenaustauscher werden auch mit Erfolg in der Nucleotidanalyse eingesetzt [40].

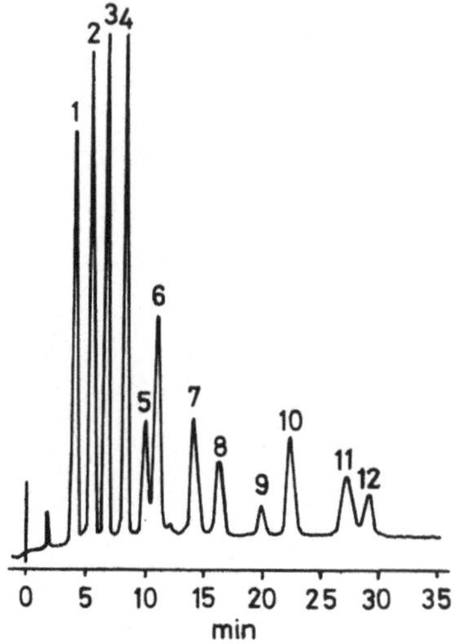

Abb.VIII.6. Trennung von Mono-, Di- und Triphosphaten; Gradient-Elution (DuPont LC Methods Bulletin 820 M 11). Ionenaustauscher: Permaphase AAX. Säule: 100 cm; 2 mm i.d.; F = 1 ml/min; Δp = 70 at. Eluent: Exponentieller Gradient von 0,002 m KH_2PO_4 (pH 3,3) zu 0,5 m KH_2PO_4. Steigerungsrate 3 %/min. Proben: 1 = CMP; 2 = AMP; 3 = UMP; 4 = GMP; 5 = CDP; 6 = UDP; 7 = ADP; 8 = GDP; 9 = CTP; 10 = UTP; 11 = ATP; 12 = GTP.

3. Ionenaustauscher auf chemisch modifiziertem Kieselgel

Diese Ionenaustauscher vom "Bürstentyp" vereinen gute chromatographische Eigenschaften mit hoher Austauschkapazität [8,9,12,41]. An derartigen Ionenaustauschern wurden sowohl die Aminosäurenanalyse durchgeführt [8], als auch die Nucleinsäureanalyse und die Trennung von wasserlöslichen Vitaminen. Abb.VIII.7 zeigt die Trennung von wasserlöslichen Vitaminen bei verschiedenen pH-Werten an einem Kationenaustauscher [12]. Bei pH 3,9 erscheint Nicotinsäureamid als Doppelpeak. Bei Erhöhung des pH-Wertes auf 5,5 wird Nicotinsäureamid in einem Peak eluiert. Gleichzeitig verkürzt sich die Analysenzeit wesentlich.

Allerdings ist auch bei derartigen Ionenaustauschern "reversed-phase"-Sorption der Matrix zu beobachten [12]. Eine Zusammenstellung der neuesten Anwendungen der Ionenaustausch-Chromatographie ist in "Analytical Chemistry" zu finden [43].

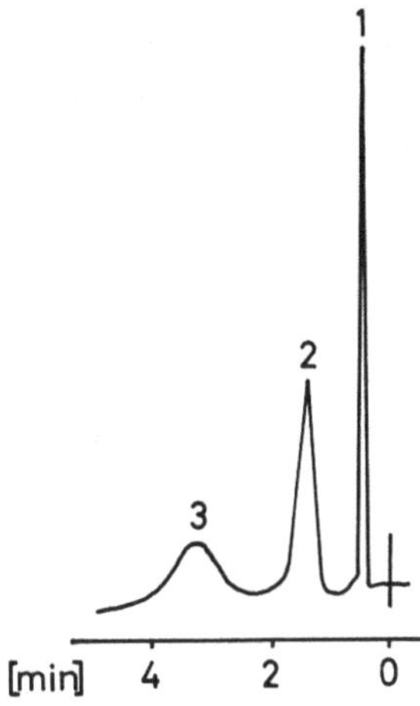

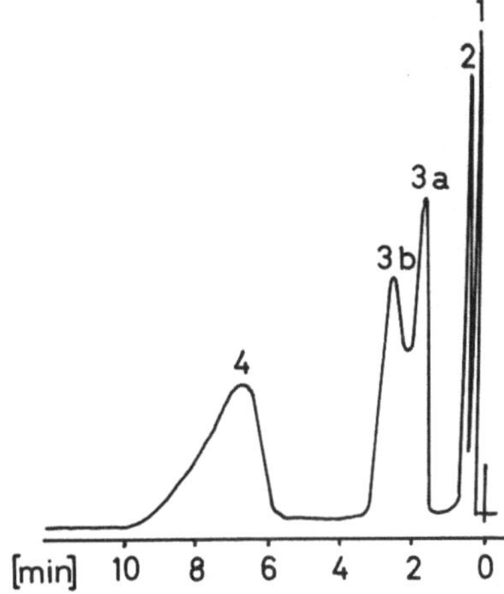

Abb.VIII.7. Trennung von Vitaminen [12]. Ionenaustauscher: Butylsulfonsäure auf Merckogel Si 100; $d_p \sim 10$ µm; 230 µeq/g. Säule 50 cm, 2,3 mm i.d.; Eluent: 0,02 m Natriumphosphatpuffer; links: pH = 5,5; u = 2,2 cm/sec; Δp = 90 at; 1 = Thiamin 2 HCl; 2 = Nicotinsäureamid; 3 = Pyridoxol HCl; rechts: pH = 3,9; u = 3,6 cm/sec; Δp = 150 at; 1 = Ascorbinsäure; 2 = Nicotinsäure; 3 = Nicotinsäureamid; 4 = Pyridoxol HCl.

Literatur zu Kapitel VIII

1. Samuelson, O.: Ion Exchange Separations in Analytical Chemistry. New York: Wiley 1963.
2. Helfferich, F.: Ionenaustauscher. Weinheim: Verlag Chemie 1959.
3. Dorfner, K.: Ionenaustauscher. 2. Aufl. Berlin: De Gruyter 1964.
4. Inczédy, J.: Analytische Anwendungen von Ionenaustauschern. Budapest: Verlag der Ungar. Akademie der Wissenschaften 1964.
5. Rieman III, W., Walton, H.F.: Ion-exchange in Analytical Chemistry. Oxford: Pergamon Press.
6. Hesse, G.: Chromatographisches Praktikum. Frankfurt: Akadem. Verlagsges. 1968.
7. Martinsson, E., Samuelson, O.: J. Chromatogr. *50*, 429 (1970).
8. Unger, K., Nyamah, D.: Chromatographia *7*, 63 (1974).
9. Weigand, N., Sebestian, I., Halâsz, I.: J. Chromatogr. *102*, 333 (1975).
10. Eksborg, S., Schill, G.: Anal. Chem. *45*, 2092 (1973).
11. Kraak, J.C., Huber, J.F.K.: J. Chromatogr. *102*, 333 (1975).
12. Weigand, N.: Dissertation Saarbrücken 1974.
13. Knox, J.H., Jurand, J.: J. Chromatogr. *87*, 95 (1973).

14. Khym, J.X., Zill, L.P.: J. Am. Chem. Soc. *74*, 2090 (1952).

15. Benson, J.V., Gordon, M.J., Patterson, J.A.: Anal. Biochem. *18*, 228 (1967).

16. Ertinghausen, G., Adler, H.J., Reichler, A.S.: J. Chromatogr. *42*, 355 (1969).

17. Firmenschrift, Hamilton Chromatographie-Harze.

18. Udenfried, S., Stein, S., Bohlen, P., Leimgruber, W., Weigele, M.: Science *178*, 871 (1972).

19. Benson, J.R.: Durrum Resin Report No. 6. December 1973.

20. Scott, C.D., in: Kirkland, J.J.: Practice of Modern Liquid Chromatography. New York: Wiley-Interscience 1971.

20a. Scott, C.D.: Science *186*, 226 (1974).

21. Gere, D.R., in: Kirkland, J.J.: Modern Practice of Liquid Chromatography. New York: Wiley-Interscience 1971.

22. Brown, P.R.: High Pressure Liquid Chromatography, Biochemical and Biomedical Application. Academic Press 1973.

23. Horvath, C.S., in: Glick, F. (Ed.): Methods of Biochemical Analysis. New York: Wiley 1973.

24. Horvath, C.S., in: Marinsky, J.A., Marcus, Y. (Eds.): Ion Exchange and Solvent Extraction. Vol.5. New York: Dekker 1973.

25. Scott, C.D., Chilcote, D.D., Lu, N.E.: Anal. Chem. *44*, 85 (1972).

26. Scott, C.D., Jolley, R.L., Pitt, W.W., Johnson, W.F.: Am. J. Clin. Pathol. *53*, 701 (1970).

26a. Scott, C.D., Lee, N.E.: J. Chromatogr. *83*, 383 (1973).

27. Burtis, C.A.: J. Chromatogr. *52*, 97 (1970).

27a. Scott, C.D., in: Bodansky, O., Latner, A.L. (Hrsg.): Advances in Clinical Chemistry. Vol.15. New York: Academic Press 1972.

28. Liljamaa, J.J., Hallén, A.A.: J. Chromatogr. *57*, 153 (1971).

29. Hobbs, J.S., Lawrence, J.G.: J. Chromatogr. *72*, 311 (1972).

30. Anwendungsbeispiel 05/05 der Fa. Siemens, Karlsruhe.

31. Kaiser, U.J.: Chromatographia *6*, 387 (1973).

32. Lange, H.W., Hempel, K.: J. Chromatogr. *59*, 53 (1971).

33. Horvath, C., Preiss, B., Lipsky, S.R.: Anal. Chem. *39*, 1422 (1967).

34. Brown, P.R.: J. Chromatogr. *57*, 383 (1971).

35. Shmukler, H.W.: J. Chromatogr. Sci. *10*, 137 (1972).

36. Schmit, J.A., in: Kirkland, J.J.: Modern Practice of Liquid Chromatography. New York: Wiley-Interscience 1971.

37. Kirkland, J.J.: J. Chromatogr. Sci. *8*, 72 (1970).

38. Anders, M.W., Latorre, J.P.: J. Anal. Chem. *42*, 1430 (1970).

39. Anders, M.W., Latorre, J.P.: J. Chromatogr. *55*, 409 (1971).

40. Henry, R.A., Schmit, J.A., Williams, R.C.: J. Chromatogr. Sci. *11*, 358 (1973).

41. Saunders, D.H., Barford, R.A., Magidman, P., Olszewski, L.T., Rothbart, H.L.: Anal. Chem. *46*, 834 (1974).

42. Eksborg, S., Lagerström, P.O., Modin, R., Schill, G.: J. Chromatogr. *83*, 99 (1973)

43. Walton, H.F.: Anal. Chem. *46*, 398 R (1974).

44. Horwitz, E.P., Delphin, W.H., Bloomquist, C.A.A., Vandegrift, G.F.: J. Chromatogr. *125*, 203 (1976).

Kapitel IX

Ausschluß-Chromatographie

Gelpermeations-Chromatographie

A. Einleitung

Im Gegensatz zu den bisher besprochenen Trennverfahren erfolgt hier die Trennung nach einem einzigen, überschaubaren Mechanismus. Sind Wechselwirkungen zwischen Probe und Oberfläche definitionsgemäß ausgeschaltet, so ist die Elutionsreihenfolge (bzw. das Elutionsvolumen) allein eine Funktion der Molekülgröße (s. IX.B).

Das Verfahren ist unter mehreren Namen bekannt. Nachdem ursprünglich nur Gele (= mit Eluenten gequollene Polymere) mit unterschiedlichem Vernetzungsgrad Verwendung fanden, wurden Bezeichnungen wie Gel-Filtration [1], Gelpermeations-Chromatographie oder Gel-Chromatographie verwendet. Da der Trennmechanismus aber darauf beruht, daß bestimmte Moleküle vom Zugang zu den Poren ausgeschlossen sind, und da Gele wegen ihrer geringen Druckstabilität unter den Bedingungen der Hochdruck-Chromatographie nicht einsetzbar sind, wird hier der Begriff "Ausschluß-Chromatographie" bevorzugt. Als stationäre Phasen wurden sowohl hydrophile (z.B. vernetzte Dextrane) [1] als auch hydrophobe Materialien (z.B. vernetzte Polystyrole) [2] verwendet. Über die klassischen säulenchromatographischen Arbeitsweisen informieren mehrere Monographien [3-6]. Hier sollen nur die Anwendungsmöglichkeiten der Ausschluß-Chromatographie unter den Bedingungen der Hochdruck-Chromatographie beschrieben werden.

B. Grundlagen der Ausschluß-Chromatographie

Poröse Festkörper sind durch ihre spezifische Oberfläche, ihr Porenvolumen und den Porendurchmesser bzw. die Porendurchmesserverteilung zu charakterisieren. Das Porenvolumen des Festkörpers ist nur für solche Moleküle zugänglich, deren größter Durchmesser kleiner als die Porenöffnung ist. Können Moleküle in das Porenvolumen hineindiffundieren, wo kein Transport stattfindet (*stagnant mobile phase*), so werden sie langsamer durch die Säule wandern als jene, die nicht in die Poren diffundieren können. Da die Porendurchmesserverteilung nie streng monodispers ist, sondern über einen gewissen Bereich variiert, wird man eine scharfe Grenze zwischen ausgeschlossenen und eindringenden Molekülen nur dann erhalten, falls die Probe ein einheitliches Molekulargewicht (einheitlicher Polymerisationsgrad) hat. Ist dies nicht der Fall, so geschieht folgendes:

Alle Moleküle, die zu groß sind, um in die Poren hinein zu diffundieren, werden bei dem Retentionsvolumen eluiert, das dem Volumen des Eluenten zwischen den Teilchen entspricht (Zwischenkornvolumen). Die Trennsäule verhält sich dann so, als ob sie mit nicht-porösen inerten Glaskugeln gefüllt wäre (vgl. II.B). Die Moleküle, deren Durchmesser kleiner ist als die Porenöffnung, können mehr oder weniger weit in das Poreninnere diffundieren und werden daher gegenüber den Molekülen außerhalb der Poren, den ausgeschlossenen Molekülen, verzögert. Diese Verzögerung (größeres Elutionsvolumen) ist um so größer, je weiter die Moleküle in die Poren hineindiffundieren können, bzw. anders ausgedrückt, je größer der erreichbare Anteil des Porenvolumens ist. Da bei der Ausschluß-Chromatographie definitionsgemäß eine Wechselwirkung der Probenmoleküle mit der Oberfläche der stationären Phase ausgeschaltet ist, wird die Elution aller, aufgrund der Größenunterschiede aufgetrennten Moleküle dann beendet sein, wenn das kleinste Molekül, das in alle Poren gelangen konnte, am Säulenende erscheint. Dieses Elutionsvolumen ist definitonsgemäß das Totvolumen V_o der Trennsäule (entspricht der Totzeit t_o). Alle Probesubstanzen, die nach dieser Totzeit (Elution der Inertsubstanz) eluiert werden, treten in irgendeiner Form in Wechselwirkung mit der stationären Phase, sie werden retardiert. Das Totvolumen V_o setzt sich aus dem Volumen zwischen den Teilchen V_z und dem Porenvolumen V_p innerhalb der Teilchen zusammen. Die Unterschiede der Retentionsvolumina zwischen dem vollkommen ausgeschlossenen und dem kleinsten Molekül entsprechen dem Porenvolumen des Festkörpers in der Trennsäule.

Eine schematische Darstellung der Verhältnisse zeigt Abb.IX.1. Im oberen Teil der Abbildung sind die Elutionskurven der einzelnen Polymerstandards wiedergegeben, während im unteren Teil der Zusammenhang zwischen Elutionsvolumen und der Größe der Polymeren aufgezeigt ist. Derartige "Eichkurven" können dazu dienen, aus dem Elutionsvolumen der Probe Rückschlüsse auf die Molekulargewichtsverteilung zu ziehen

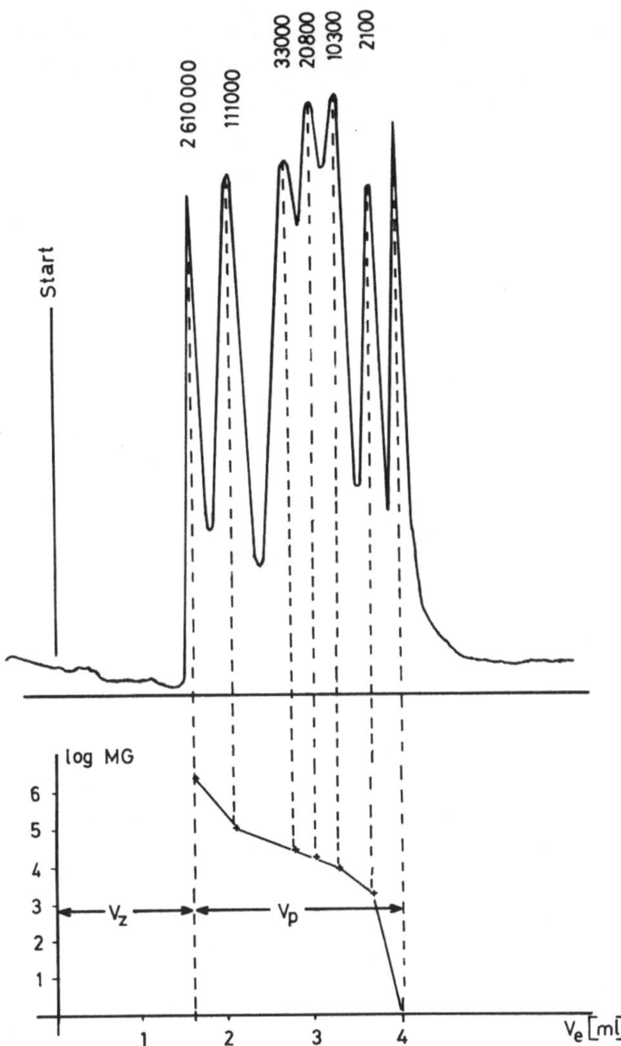

Abb.IX.1. Demonstration der Ausschluß-Chromatographie [14]. Oberer Teil: Experimentelle Trennung von Polystyrolproben unterschiedlicher Molekulargewichte zwischen 2100 und 2,6 Mio. (Benzol wurde als kleinstes Molekül verwendet.) Unterer Teil: Daraus abgeleitete Eichkurve für die Ausschluß-Chromatographie. V_Z = Zwischenkornvolumen; V_p = Porenvolumen der stationären Phase. Experimentelle Bedingungen: Silikagel (Prof. Unger). $d_p \sim 10$ µm. V_p = 2,05 ml/g. Säule: 30 cm, 4 mm i.d.; u = 0,12 cm/sec; Δp = 22 at; Eluent: Methylenchlorid.

(s. Abschn.IX.D.1). Selbstverständlich ist das Molekulargewicht nur ein Maß für den Knäueldurchmesser des Polymermoleküls im Eluenten.

Es ist wenig sinnvoll, die üblichen chromatographischen Größen, wie Retentionszeit, k'-Wert, relative Retention etc., zu verwenden. Die größte Retentionszeit hat in allen Fällen das kleinste Molekül. Um Irrtümer zu vermeiden, wird hier nur vom Elutionsvolumen V_e gesprochen. Das Elutionsvolumen ist eine Funktion des Moleküldurchmessers der Probe und entspricht der Summe aus dem Zwischenkornvolumen V_Z und dem für die Probe zugänglichen Porenvolumen V_p. Vollkommen ausgeschlossene Moleküle werden mit einem Elutionsvolumen $V_e = V_Z$ eluiert, während die kleinsten Moleküle (z.B. Lösungsmittelmoleküle) mit einem Elutionsvolumen $V_e = V_Z + V_p = V_o$ eluiert werden (in Abb.IX.1 schematisch erläutert).

Allgemeiner wird die Aussage, falls anstelle dieser Volumina eine auf das Volumen (V_K) der leeren Trennsäule bezogene Größe, die Porosität, verwendet wird (vgl. Kap.II.B) [7], die aus dem Chromatogramm einfach bestimmt werden kann und von den verwendeten Trennsäulen (Packungsdichte etc.) unabhängig ist. Dem Totvolumen V_o entspricht die totale Porosität $\varepsilon_T = \frac{V_o}{V_K}$, die den Bruchteil des Kolonnenvolumens darstellt, der dem stehenden und dem bewegten Eluenten zur Verfügung steht. Das Kolonnenvolumen kann durch Auslitern mit genügender Genauigkeit bestimmt werden. Für die Trennung bei der Ausschluß-Chromatographie wird nur die Porosität ε_p benutzt, die dem Porenvolumen (V_p) des Festkörpers proportional ist ($\varepsilon_p = \frac{V_p}{V_K}$). Je größer die Moleküle werden, desto niedriger wird der zugängliche Anteil der Porosität ε_p. Als Folge davon werden die Durchbruchszeiten immer kürzer.

Zur Erhöhung der Auflösung benötigt man, neben einer bestimmten Anzahl von Trennstufen, ein möglichst großes Porenvolumen. Dabei kommt es nicht so sehr auf ein großes spezifisches Porenvolumen (cm^3/g) an als vielmehr auf ein großes verfügbares Porenvolumen in der Trennsäule (cm^3/cm^3). Große Unterschiede im spezifischen Porenvolumen haben nicht den Einfluß auf die Auflösung bei der Ausschluß-Chromatographie, wie man bei oberflächlicher Betrachtung erwartet, da sich die scheinbare Dichte des Materials ebenfalls ändert. Bei einer Verdopplung des spezifischen Porenvolumens von 0,5 cm^3/g auf 1 cm^3/g erhöht sich das trennwirksame Porenvolumen in der Säule nur um ca. 30 % [18].

Neben dem Porenvolumen spielt die Trennleistung der Säulen eine wichtige Rolle. Wegen der niedrigeren Diffusionskoeffizienten der Polymerproben sind die h-Werte in der GPC immer größer als bei der Trennung von niedermolekularen Proben an der gleichen Säule. Darüber hinaus hat man es ja nie mit einzelnen Proben zu tun, sondern jede auch noch so enge Polymerfraktion hat eine endliche Verteilung. Durch weitere Auftrennung dieser Fraktionen an der Trennsäule werden große h-Werte vorgetäuscht. Die h-Werte sind dann am größten, wenn Maximum der Porendurchmesserverteilung und Knäueldurchmesser der Polymerfraktion in etwa übereinstimmen [19]. Zur Charakterisierung der Trennleistung von Säulen für die Ausschluß-Chromatographie sollte man nur den h-Wert der vollkommen ausgeschlossenen Probe oder besser den des kleinsten Moleküls, vornehmlich einer einheitlichen Substanz mit definiertem Molekulargewicht, verwenden.

Das wirksame Porenvolumen und auch die Trennleistung kann durch Hintereinanderschalten mehrerer Trennsäulen vergrößert werden. Durch wiederholtes Durchleiten der Probe durch dieselbe Trennsäule (Recycling) erzielt man indessen den gleichen Effekt. Sinnvoll ist ein Recycling jedoch nur dann, wenn die Bandenverbreiterung in den Zuleitungen und in der Pumpe gering ist. Die Bandenverbreiterung außerhalb der Trennsäule (vgl. II.G) kann die Trennleistung bei der Ausschluß-Chromatographie stark vermindern. Dieser Beitrag vergrößert die h-Werte aller Substanzbanden. Besonders stark ist dieser Effekt, wenn sehr kurze Trennsäulen ($L < 15$ cm) verwendet werden (kleines V_K!). Eine Vergrößerung des Säulendurchmessers von 3,2 mm auf etwa 8 mm (Volumenvergrößerung ca. 6fach) bei konstanter Länge von 10 cm führt zu einer Erhöhung der Trennleistung von 1500 auf 5000 Böden ($d_p \sim 6$ µm) [18]. Ein Hinweis auf den Einfluß der Bandenverbreiterung außerhalb der Trennsäule.

C. Stationäre Phasen für die Ausschluß-Chromatographie

Die stationären Phasen für die Ausschluß-Chromatographie wurden bereits in Kap.V.D zusammengestellt. Die meisten der aus der klassischen Gel-Chromatographie bekannten stationären Phasen sind wegen ihrer Kompressibilität ungeeignet. Einige hoch vernetzte Polystyrolgele (z.B. µ-Styragel 500) bzw. Poly[acrylat-äthylenglykol]-gele sind noch mit Drücken um 50 at zu betreiben.

Für die Ausschluß-Chromatographie unter den Bedingungen der Hochdruck-Flüssigkeits-Chromatographie werden druckstabile Festkörper mit starrer Matrix, wie z.B. Kieselgel, verwendet. Diese Materialien haben gegenüber den "weichen" Gelen einige Vorteile. Sie sind leichter zu packen, brauchen nicht mit dem Eluenten vorgequollen zu werden und liefern mechanisch stabile Packungen (z.B. ist hier die Permeabilität keine Funktion des angelegten Druckes). Für die praktischen Anwendungen können viel mehr Eluenten verwendet werden, da auf ausreichende Quellung des Gels nicht mehr geachtet werden muß. Bei Wechsel des Eluenten verändert sich der Quellungszustand nicht, daher ist der Eluentenwechsel relativ einfach und schnell zu vollziehen, was die Vorteile und Vielseitigkeit der Methode vergrößert. Die Festkörper und ihre Porenstruktur sind auch bei hohen Temperaturen gegen fast alle organische Eluenten stabil und bieten daher auch Vorteile, z.B. bei der Charakterisierung von Polyolefinen.

Kieselgele können mit Porendurchmessern zwischen 20 Å und 25000 Å hergestellt werden. Mit Teilchendurchmessern um 10 µm oder kleiner sind kugelförmige Silikagele mit mittleren Porendurchmessern von 60 Å bis 4000 Å erhältlich. Damit können die in der Polymerchemie üblichen Molekulargewichte aufgetrennt werden. An Kieselgel mit einem Porendurchmesser von 60 Å werden Moleküle mit einem Molekulargewicht < 1000 noch aufgetrennt, während an einem Kieselgel mit Porendurchmesser um 4000 Å selbst Polymerstandarde mit einem Molekulargewicht von $7 \cdot 10^6$ noch nicht vollkommen ausgeschlossen sind [18]. An einem Kieselgel mit einem mittleren Porendurchmesser von ca. 250 Å können Polystyrolproben im Molekulargewichtsbereich von etwa 2000 bis ca. 100 000 aufgetrennt werden (vgl. Abb.IX.1).

Der Nachteil dieser polaren stationären Phasen liegt in ihrer Adsorptionsaktivität begründet. Diese kann jedoch durch geeignete Auswahl des Eluenten (vgl. Eluotrope Reihe, Tab.VI.2) in vielen Fällen ausgeschaltet werden. Polystyrole werden aus Tetrachlorkohlenstoff an Kieselgel adsorbiert ($V_e > V_o$), während sie aus Methylenchlorid, Tetrahydrofuran oder Dimethylformamid ausgeschlossen, d.h. nach Molekülgröße getrennt eluiert werden ($V_e < V_o$). Eine eventuell störende Restaktivität kann z.B. durch Silanisierung der Oberfläche mit Trimethylchlorsilan beseitigt werden. Wird mehr Kohlenstoff an der Oberfläche gebunden, wie z.B. bei den Umkehrphasen, so vermindert sich proportional mit der Menge Kohlenstoff das Porenvolumen.

Derartige Phasen besitzen jedoch immer noch genügend katalytische Aktivitäten, um natürliche Polymere (Proteine, Enzyme etc.) zu verändern bzw. irreversibel zu adsorbieren [13]. Für wäßrige Systeme sind derartige Phasen nicht geeignet, da sie nach dem Prinzip der Umkehrphasen (vgl. Kap.VI.II) die Proben adsorbieren, so daß eine Trennung nach Molekülgröße allein unmöglich wird. Durch die Verwendung von organischen Resten mit polaren funktionellen Gruppen kann man chemisch gebundene Phasen herstellen, die z.B. wie Kieselgel von Wasser benetzt werden. Vielfach verwendet [20,21] wird eine Phase mit folgender funktioneller Gruppe:

$$\mathrm{Si{-}CH_2{-}CH_2{-}CH_2{-}O{-}CH_2{-}\underset{\displaystyle OH}{\underset{|}{C}H}{-}CH_2{-}OH},$$

die z.B. unter der Bezeichnung Glycophase oder DIOL im Handel ist. Primär liegt eine Epoxidgruppe vor, die mit Wasser zum Glykol oder mit anderen nucleophilen Verbindungen (z.B. Aminen, Alkoholen etc.) umgesetzt werden kann [21]. Aber auch an derartigen Phasen werden einige Proteine und Enzyme noch irreversibel adsorbiert [20].

Die stationären Phasen sind durch ihre Ausschlußgrenzen und durch eine "Eichkurve" zu charakterisieren. Bei der Eichkurve wird der Logarithmus des gewichtsgemittelten Molekulargewichts M_W gegen das Elutionsvolumen V_e aufgetragen (vgl. Abb.IX.1). Diese Eichkurven haben jeweils einen Bereich des linearen Anstiegs [$\log M_W = f(V_e)$], der das optimale Einsatzgebiet der jeweiligen Phase angibt. Derartige Charakterisierungskurven hängen jedoch vom verwendeten Polymeren ab. Es fehlt deshalb nicht an Versuchen, universelle "Eichkurven" aufzustellen. So wurden den Polymeren "Rotations-Knäueldurchmesser" als Funktion ihres mittleren Molekulargewichts zugeordnet. Derart verschieden definierte Radien wurden zur Charakterisierung der Trägermaterialien mit herangezogen [6,8-10].

Die Porendurchmesserverteilung der organischen Polymergele unterscheidet sich von der des Kieselgels. Die organischen Gele haben eine relativ breite Porendurchmesserverteilung, beginnend bei kleinen Durchmessern, und sind durch eine sehr scharfe obere Ausschlußgrenze definiert. Die Kieselgele jedoch haben eine mehr oder minder enge Porendurchmesserverteilung symmetrisch um den mittleren Porendurchmesser. Durch Hintereinanderschalten mehrerer Säulen mit Kieselgelen mit verschiedenen Porendurchmessern ist man ebenfalls in der Lage, den gesamten Bereich der Ausschluß-Chromatographie zu überstreichen.

D. Anwendung der Ausschluß-Chromatographie

Für die Ausschluß-Chromatographie gelten die Erfahrungen und Aussagen der Säulenchromatographie. Eine Verdopplung der Säulenlänge führt zu einer Verdopplung des Elutionsvolumens. Man arbeitet gerne mit langen Säulen, um genügend Porenvolumen und Trennleistung zu erhalten. Als Folge davon gilt es, die Bandenverbreiterung möglichst niedrig zu halten. Die Verwendung von stationären Phasen mit niedrigem Teilchendurchmesser bedeutet hier eine wesentliche Verbesserung. Die Viskosität des Eluenten sollte so niedrig wie möglich sein (großer Diffusionskoeffizient). Dies ist mit ein Grund (neben der erhöhten Löslichkeit der Polymeren), warum gerade in der Ausschluß-Chromatographie häufig die Trennungen bei höheren Temperaturen, manchmal knapp unter dem Siedepunkt des Eluenten, durchgeführt werden. Das Auftreten von Gasblasen im Detektor läßt sich durch einen geringen Überdruck (1 - 2 at) in der Zelle verhindern.

Auf spezielle Anwendungen kann in diesem Rahmen nicht eingegangen werden. Anwendungsbeispiele finden sich in den bereits erwähnten Monographien [3-6]. Exemplarisch sollen nur die Möglichkeiten der schnellen Ausschluß-Chromatographie aufgezeigt werden. Die Ausschluß-Chromatographie kann bei der Trennung sehr komplexer Gemische in vielen Fällen eine gute Vortrennmöglichkeit sein, so um hochmolekulare Verunreinigungen abzusondern.

Auf eine mögliche Gefahr der bei den starren Gelen erzielbaren hohen linearen Geschwindigkeiten sei hingewiesen. Es wird berichtet [18], daß sehr große Moleküle (z.B. mit M_W von $7 \cdot 10^6$) bei linearen Geschwindigkeiten > 1 mm/sec aufgrund der Scherkräfte auseinanderbrechen können.

1. Bestimmung der Molekulargewichtsverteilung von Polymeren

Ein Hauptanwendungsgebiet der Ausschluß-Chromatographie bleibt die Bestimmung der Molekulargewichtsverteilung von Polymeren. Voraussetzung ist, daß die Probenmoleküle an der Trägeroberfläche nicht adsorbiert werden und sich das "Verteilungsgleichgewicht" [11] der Probe zwischen dem stehenden und dem bewegten Eluenten momentan einstellt.

Mit entsprechenden Polymerstandards (z.B. Polystyrol) mit enger Molekulargewichtsverteilung wird die Eichkurve aufgestellt. Unter Verwendung des hydrodynamischen Radius der Moleküle, der proportional dem

Logarithmus des Molekulargewichts und der Grenzviskosität (Staudinger-Index, intrinsic viscosity) [η] ist, erhält man bei chemisch verschiedenen linearen Polymeren eine gute Übereinstimmung [8]. Die ermittelten Molekulargewichte haben einen Fehler von ca. 5 % bei Molekulargewichten um 50 000 [12]. Gelegentlich sind die Resultate weniger befriedigend, da nicht immer die Polymere so vorliegen, wie sie das hier verwendete einfache Modell beschreibt. Jedoch erhält man in allen Fällen ein qualitatives Bild der Zusammensetzung bzw. der Molekulargewichtsverteilung der Polymerprobe. Eine Eichkurve für ein bestimmtes Polymeres sollte durch unabhängige Molekulargewichtsbestimmung geprüft werden. Bei Wechsel der Trennsäule, besonders aber beim Wechsel der Charge des Trägermaterials, gilt es, die Eichkurve mit Standards stets neu zu überprüfen, da es nahezu unmöglich ist, z.B. zwei Kieselgelchargen mit vollkommen identischer Porenverteilung zu erhalten. Da sich die Porenstruktur der starren Kieselgele bei Eluentenwechsel nicht verändert, tritt keine Änderung der Selektivität des Trennsystems auf, solange die Geometrie des gelösten Polymermoleküls unabhängig ist von der Art des Lösungsmittels.

Neben der Bestimmung der Molekulargewichtsverteilung von Polymeren wurden auch die Teilchenradien von Polymer-Dispersionen durch Ausschluß-Chromatographie bestimmt [10]. An einem Kieselgel mit einem mittleren Porendurchmesser von 12 000 Å konnten Polymethylmethacrylat-Dispersionen mit Teilchendurchmessern von 350 Å bis 2390 Å getrennt werden. Als Eluent diente Wasser, dem gegebenenfalls ein Emulgator zugesetzt wurde. Wegen der niedrigen "Diffusionsgeschwindigkeit" der Teilchen kann daher nur mit geringer Eluentengeschwindigkeit (~ 0,1 ml/min bei 9 mm Innendurchmesser!) gearbeitet werden. Die Elutionskurven für verschiedene Dispersionen (350 - 2390 Å) zeigt Abb.IX.2.

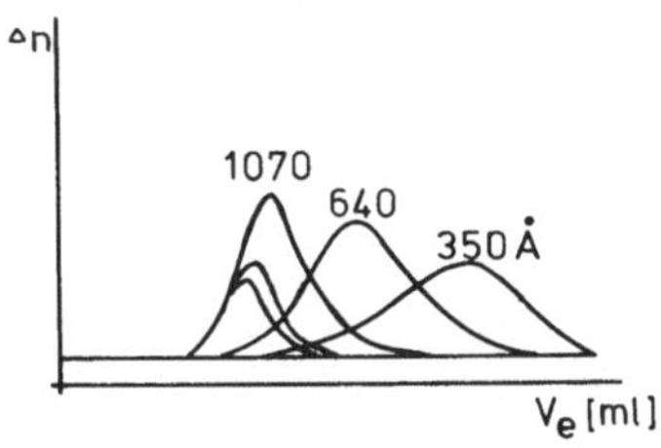

Abb.IX.2. Ausschluß-Chromatographie von Dispersionen [10] (Polymethylmethacrylate). Stat. Phase: Merckogel Si 3500; Eluent: Wasser; Säule: 160 cm, 9 mm i.d.; F = 8 ml/h. Im Peak der 1070 Å-Teilchen sind die von größeren Teilchen mitenthalten.

Die Eichkurve für Polystyrol-Dispersionen ist mit der von Methylmethacrylat-Dispersionen identisch. Bei Teilchen mit Durchmessern um 1 µm wurde nur ein Filtrationseffekt (apparativ bedingt) beobachtet. Diese Teilchen wurden beim Rückspülen der Säule wiedergewonnen.

Kehrt man die oben skizzierte Anwendung der Ausschluß-Chromatographie, die Bestimmung der Molekulargewichte von Polymeren, um, so besitzt man eine schnelle Methode zur Bestimmung der Porenverteilung von Festkörpern [7].

Den Polystyrolstandarden werden willkürlich Porendurchmesser des Festkörpers so zugeordnet, daß die Porenverteilungskurven, die mittels Ausschluß-Chromatographie erhalten wurden, mit denen übereinstimmen, die mit den klassischen Verfahren (Stickstoff-Kapillarkondensation, Quecksilberporosimetrie) bestimmt werden. Anhand dieser Messungen werden den Polystyrol-Standards Porendurchmesser ø zugeordnet, bei denen die Proben ausgeschlossen werden. Den Zusammenhang mit dem Molekulargewicht gibt folgende Beziehung:

$$\varnothing = 0{,}62\ (\bar{M}_W)^{0{,}59}.$$

Einem gewichtsgemittelten Molekulargewicht von 10 000 einer Polystyrol-Probe (gelöst in Methylenchlorid), bzw. deren Knäueldurchmesser, entspricht demnach ein Porendurchmesser von 140 Å, einem Molekulargewicht von 3,7 Millionen ein Porendurchmesser von 4530 Å. Erstaunlicherweise ist der den Polymeren zuzuordnende Porendurchmesser um einen konstanten Faktor 2,5 größer [14] als der auf anderem Wege bestimmte Knäueldurchmesser [15], d.h. der Porendurchmesser ø muß um den Faktor 2,5 größer sein als der Knäueldurchmesser des Polymers, damit sich das Verteilungsgleichgewicht momentan einstellt.

Diese Methode zur Bestimmung von Porenverteilungskurven ist gleich gut anwendbar für feine Pulver (d_p > 1 µm) wie auch für grobe Teilchen (d_p < 150 µm). Die obere Grenze der bestimmbaren Porendurchmesser ist im Augenblick durch die verfügbaren Polymerfraktionen gegeben. Verbesserungen der Methode sind zu erwarten.

2. Anwendung der schnellen Ausschluß-Chromatographie auf biochemische Probleme

Die Anwendung der druckstabilen Kieselgele für die Ausschluß-Chromatographie von Proteinen etc. ist wegen der störenden irreversiblen Sorption begrenzt [13]. Durch die chemische Bindung von "Kohlenhydraten" an der Oberfläche von porösem Glas konnte dieser störende Effekt vermindert, für manche Probleme sogar vollständig beseitigt werden. Abb. IX.3 zeigt die Trennung von *Humanserum* an einem chemisch modifizierten porösen Glas. Diese Trennung wäre am "nackten" porösen Glas nicht möglich, da dann z.B. Albumin irreversibel adsorbiert würde. Leider werden auch an derartig modifizierten stationären Phasen einige Proteine (z.B. Hämoglobin, Katalase etc.) immer noch teilweise irreversibel festgehalten. Dafür kann sowohl die Restaktivität der Oberfläche des Trägermaterials oder die hydrophobe Oberfläche der chemisch gebundenen Phase verantwortlich sein.

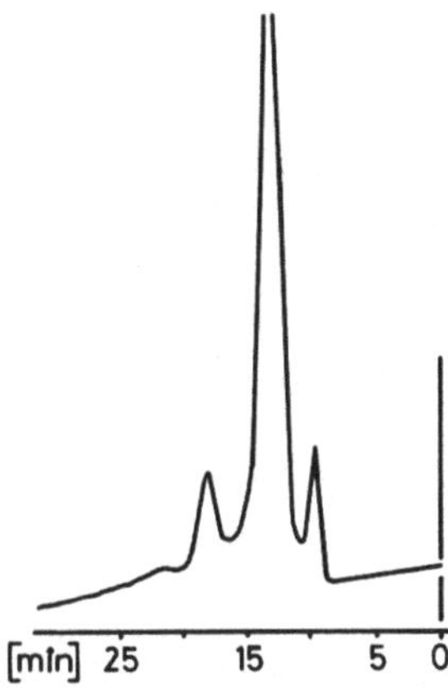

Abb.IX.3. Ausschluß-Chromatographie von Humanserum. Stat. Phase: Glycophase-G auf CPG (controlled pore glass) 170 Å GTS. Säule: 100 cm, 4,2 mm i.d.; Eluent: 0,05 m Phosphat Puffer (pH 7,0). Der Hauptpeak wird Albumin (MG ~ 70 000) zugeordnet (Pierce Previews Juni 1974).

Abb.IX.4 zeigt die Elutionsdiagramme von Dextranen und von Polyäthylenglykol 600 an einer derartigen Glykolphase. Während die Dextrane vor der Inertsubstanz D_2O eluiert und dabei nach Molekülgröße aufgetrennt werden, wird das Polyäthylenglykol aus dem Eluenten Wasser adsorbiert und teilweise in die polymerhomologen Glieder aufgetrennt. Polyäthylenglykole mit größerem Molekulargewicht werden unter diesen Bedingungen noch stärker retardiert. Durch Veränderung der Eluentenzusammensetzung oder der polaren, gebundenen funktionellen Gruppen ist man in der Lage, die Sorption der Polyäthylenglykole zu unterdrücken und sie ebenfalls mittels Ausschluß-Chromatographie zu trennen.

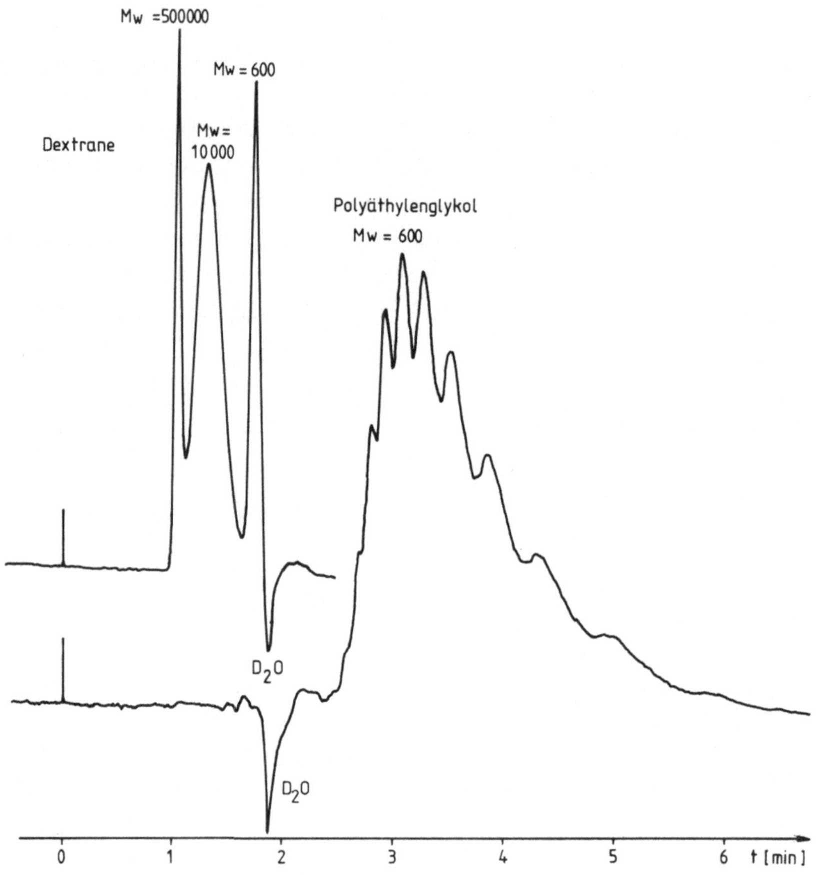

Abb.IX.4. Glykolphase: Elution von Dextranen und Polyäthylenglykol. Stationäre Phase: ≡ Si-CH_2-CH_2-CH_2-O-CH_2-CHOH-CH_2OH auf SI 100; $d_p \sim 10$ µm; L = 30 cm, 4,3 mm i.d. Eluent: Wasser; F = 2,1 cm^3/min; u = 2,6 mm/sec; Δp = 67 at. Proben: Dextrane: $M_w \sim 500\,000$; $M_w \sim 10\,000$; Raffinose (M_w 595); Polyäthylenglykol M_w 600; Inertsubstanz D_2O. Differential-Refraktometer.

An Glykolphasen wurden wasserlösliche Polymere wie Klebstoffe und Polyvinylalkohole [22] sowie Dextrane und Chitosan (deacetyliertes Chitin) [23] und andere wasserlösliche Naturstoffe bzw. biologische Extrakte [20,21,24] aufgetrennt. Besonders in letzteren Fällen ist Sorption bzw. katalytische Aktivität an der stationären Phase nicht vollkommen auszuschließen.

Einige hydrophile organische Polymere, z.B. ein Kopolymerisat aus Äthylenglykoldimethacrylat und Polyäthylenglykoldimethacrylat [16], sind relativ druckstabil. Derartige Produkte, z.B. ®Merckogel PGM 2000, sollen bis zu Drücken von 100 at benutzt werden können. Leider gelingt es noch nicht, diese Gele mit den verschiedenstartigen Ausschlußgrenzen herzustellen. Sie können jedoch zur ausschluß-chromatographischen Auftrennung empfindlicher Stoffe verwendet werden [17].

Literatur zu Kapitel IX

1. Porath, J., Flodin, P.: Nature *183*, 1657 (1959).
2. Vaughan, M.F.: Nature *188*, 55 (1960).
3. Determann, H.: Gel-Chromatographie. Berlin - Heidelberg - New York: Springer 1967.
4. Altgelt, K.H.: Advanc. Chromatography *7*, 3 (1968).
5. Bombaugh, K.J., in: Kirkland, J.J. (Ed.): Modern Practice of Liquid Chromatography. New York: Wiley 1971.
6. Altgelt, K.H., Segal, L. (Eds.): Gel Permeation Chromatography. New York: Dekker 1971.
7. Halâsz, I., Martin, K.: Ber. Bunsenges. *79*, 731 (1975).
8. Benoit, H., Gallot, Z., in: Kovats, E. (Hrsg.): Säulenchromatographie 1969. Supplementum zu Chimia. Aarau 1970.
9. Kreveld, M.E., v. Denhoed, N.: J. Chromatogr. *83*, 111 (1973).
10. Krebs, K.-F., Eisenbeiß, F.: Vortrag GDCh-Hauptversammlung 1971. Vgl. auch Eisenbeiß, F.: Kontakte *3*, 35 (1973).
11. Casassa, E.F., Tagami, Y.: Macromolecules *2*, 19 (1969).
12. Cooper, A.R., Johnson, J.F., Porter, R.S.: Int. Lab. May., June 1973, S.38.
13. Kennedy, J.F.: J. Chromatogr. *69*, 325 (1972).
14. Martin, K.: Dissertation Saarbrücken 1975.
15. Vollmert, B.: Polymer Chemistry. Berlin - Heidelberg - New York: Springer 1974.
16. Heitz, W., Winan, H.: Makromolekulare Chem. *131*, 75 (1970).
17. Peters, R.: Kontakte *3*, 22 (1973).
18. Kirkland, J.J.: J. Chromatogr. *125*, 231 (1976).
19. Werner, W.: Dissertation Saarbrücken 1976.
20. Regnier, F.E., Noel, R.: J. Chromatogr. Sci. *14*, 316 (1976).
21. Chang, S.H., Gooding, K.M., Regnier, F.E.: J. Chromatogr. *120*, 321 (1976).
22. Persiani, C., Cuker, P., French, K.: J. Chromatogr. Sci. *14*, 417 (1976).
23. Wu, A.C.M., Bough, W.A., Conrad, E.C., Alden jr., K.E.: J. Chromatogr. *128*, 87 (1976).
24. Chang, S.M., Gooding, K.M., Regnier, F.E.: J. Chromatogr. *125*, 103 (1976).

Kapitel X

Auswahl des Trennsystems

Für den Anfänger stellt sich häufig die Frage, welches Trennsystem am schnellsten eine optimale Auftrennung gibt. Problematisch wird diese Fragestellung vor allem dann, wenn über die Eigenschaften bzw. die Zusammensetzung der Probe nichts bekannt ist.

Eine Vorentscheidung läßt sich schon an Hand der Löslichkeit treffen. Wegen der begrenzten Verwendbarkeit von Lösungsmitteln, bedingt durch die Anforderungen der Hochdruck-Flüssigkeits-Chromatographie, sollten nur einige Standardlösungsmittel in Betracht gezogen werden. Bewährt haben sich als "unpolare" Eluenten: n-Heptan (bzw. Pentan bis Isooctan), 1-Chlorpropan, Methylenchlorid (bzw. Chloroform), gegebenenfalls mit 5 - 10 % Zusatz von Essigester. Selbstverständlich können auch Gemische benutzt werden.

Als "polare" Eluenten sollten Wasser, Methanol und andere niedrige Alkohole (z.B. Isopropanol, Äthanol) zu den Standardeluenten gehören.

Löst sich bzw. mischt sich die Probe nur in einem der "polaren" Eluenten, so ist vorauszusehen, daß wegen der großen Polarität der Probenbestandteile eine Trennung durch Adsorptionschromatographie an Kieselgel bzw. Aluminiumoxid sehr unwahrscheinlich ist. Eine Elution wäre hier wahrscheinlich nur mit sehr polaren Eluenten (z.B. Alkoholen, Acetonitril etc.) möglich. Dabei ist jedoch erfahrungsgemäß die Auftrennung schlecht.

Eine derartige Probe, löslich nur in "polaren" Eluenten, wird man sicher besser mit einem "reversed-phase"-System (vgl. VI.II) trennen können, bei dem die stationäre Phase unpolar und der Eluent polar ist. Auch mit einem Verteilungssystem, z.B. einem ternären Gemisch, dürften die Trennung und die Elution der Probenbestandteile zu erzielen sein. Handelt es sich um salzartige Verbindungen, so wird man natürlich auch versuchen, durch Ionenaustausch-Chromatographie die Trennung zu bewerkstelligen.

Selbstverständlich gibt es auch Trennprobleme, die mit jedem

System mehr oder weniger gleich gut zu lösen sind. So lassen sich Steroide durch Adsorption (vgl. Abb.VI.5), an "reversed-phase"-Systemen (vgl. Abb.VI.23) und durch Verteilung (vgl. Abb.VII.8) trennen. In den jeweiligen Systemen läßt sich durch geringfügige Modifikation des Eluenten die Retention variieren. Für den Entschluß, welches System schließlich verwendet wird, sind Kenntnisse und Erfahrungen mit einem der speziellen Trennsysteme mitentscheidend. Wer z.B. große und gute Erfahrungen auf dem Gebiet der Adsorptionschromatographie besitzt, wird zunächst versuchen, das Trennproblem entsprechend zu lösen.

In Tab.X.1 sind auf Grund empirischer Erfahrungen einige Auswahlkriterien zusammengestellt [nach 1]. Für die Trennung von relativ *unpolaren Stoffen*, die sich in Art und Lage der Substituenten bzw. der funktionellen Gruppen unterscheiden, erscheinen *Adsorptionssysteme* am aussichtsreichsten. Auch Stellungsisomere an Doppelbindungen (z.B. cis-trans-Isomere) sind mit derartigen Systemen ausgezeichnet zu trennen. Als Eluenten werden vorzugsweise aliphatische Kohlenwasserstoffe, Chlorpropan, Methylenchlorid bzw. Chloroform und Mischungen dieser Eluenten verwendet. Einige Prozente Essigester können zur Erhöhung der Polarität dem Eluenten zugesetzt werden, da dessen UV-Absorption relativ niedrig ist. Durch Verringerung der spezifischen Oberfläche der stationären Phase, z.B. durch Verwendung von Silikagelen mit niedriger spez. Oberfläche oder von PLB, kann man eine vollständige Elution auch mit weniger polaren Eluenten erhalten.

Werden die Probenbestandteile mit den "polaren" Eluentengemischen noch nicht eluiert, so kann man durch Zusatz polarer Bestandteile (z.B. Wasser) bis zur Sättigung des unpolaren Eluenten oder durch Herstellung ternärer Gemische (z.B. Methylenchlorid/Alkohol/Wasser) das Adsorptionssystem kontinuierlich in ein Verteilungssystem überführen. Wie in Kap. VII ausführlich beschrieben wurde, baut sich dann in den Poren des Festkörpers durch bevorzugte Adsorption der polaren Komponenten des Eluenten eine stationäre flüssige Phase auf. Die Geschwindigkeit dieses Aufbaus einer flüssigen Trennphase hängt von den Eigenschaften des Festkörpers und der Eluentenzusammensetzung ab. Man überzeuge sich nach wiederholter Probenaufgabe von der Konstanz der Phasenzusammensetzung durch Bestimmung der k'-Werte bzw. der relativen Retentionen.

Die *Verteilungschromatographie* steht zwischen der Adsorptionschromatographie und der Chromatographie an "reversed-phase"-Systemen. Vorteilhaft sind Verteilungssysteme bei der Trennung der Glieder einer homologen Reihe. Gleiche Möglichkeiten bieten hier die "reversed-phase"-Systeme, während durch Adsorption nur jeweils die niederen Glieder der

Tabelle X.1. Molekülbau und chromatographische Trennsysteme.

Strukturparameter	Chromatographische Trennsysteme				
	Adsorption (z.B. SiO_2)	"reversed phase"	Verteilung	Ionenaustausch [a]	Ausschluß
Molekülgröße	+	+	+		++
Isomere					
a) Kette - Ring	(+)	+	+		+
b) Verzweigung bei gleicher C-Zahl	(+)	++	(+)		(+)
c) Sterische (cis-trans)	++	++	+		
d) Optische	-	-	-	-	-
e) Zahl der > = <	++	++	+		
f) Lage der > = <	+	++	+	(+)	
Homologe Reihen	+	++	++		+
Substituenten Zahl und Lage					
a) Unpolar, z.B. Alkyl, Halogen	++	++	++		+
b) Mittelpolar, z.B. Nitro, Carbonyl, Ester	++	+	++		
c) Polar Phenole, Alkohole, Amide, Amine	+	++	++	(+)	
d) Stark polar saure oder bas. ionisierbare Gruppen	(+)	++	++	++	

[a] nur für rein-wäßrige Systeme

homologen Reihe zu trennen sind.

Optische Isomere sind nur in Form von Diastereomerenpaaren zu trennen (vgl. Abb.VI.21), was im allgemeinen keine Schwierigkeiten bereitet. Für eine Racematspaltung wären optisch aktive stationäre Phasen Voraussetzung. Derartige Phasen sind bisher nur in Form von Cellulose-Derivaten für die klassische Säulenchromatographie bekannt [2,3]. Diese Phasen sind für die Hochdruck-Flüssigkeits-Chromatographie nicht brauchbar.

Für die *Ionenaustausch-Chromatographie* gibt es relativ wenig Einsatzmöglichkeiten. Ursache dafür ist die Beschränkung auf rein wäßrige Systeme. In rein wäßrigen Systemen können nur Ionen getrennt werden, oder Substanzen, die mit am Ionenaustauscher gebundenen Ionen leicht und reversibel Komplexe bilden (Ligandenaustausch). Darüber hinaus besteht die Möglichkeit, daß an der organischen Matrix des Ionenaustauschers auch Sorption nach einem "reversed-phase"-Mechanismus stattfindet. Trennungen an Ionenaustauschern unter Zusatz von organischen Lösungsmitteln zum wäßrigen Eluenten führen zur Entmischung des Eluenten und zum Aufbau eines Verteilungssystems. Würde man diese beiden Trennmöglichkeiten an Ionenaustauschern mitberücksichtigen, so wären die Einsatzmöglichkeiten der Ionenaustausch-Chromatographie vielfältiger, als es aus Tab.X.1 hervorgeht.

Die Möglichkeiten der *Ausschluß-Chromatographie* liegen hauptsächlich auf dem Gebiet der Trennung nach Molekülgröße, doch können bei allen bisher besprochenen Systemen Ausschlußeffekte auftreten. Z.B. kann dies in polaren Eluenten der Fall sein, wenn relativ kleine Moleküle eine so große Solvathülle aufbauen, daß sie vom Zugang zu den Poren ausgeschlossen werden, obwohl es aus ihrer Molekülgröße allein nicht zu erwarten wäre.

Sind die Kenntnisse über die Zusammensetzung der Probe gering, so kann es von Vorteil sein, wenn die Probe mittels Ausschluß-Chromatographie auf ihre Molekulargewichtsverteilung untersucht wird. Vor allem polare Polymere (z.B. Proteine) neigen zur irreversiblen Sorption und können nicht erkannt werden bzw. verändern die Trenneigenschaften der Säule. Ungefähre Kenntnisse über das Molekulargewicht erleichtern zudem die Auswahl des Trennsystems.

Bei allen Verfahren steht man gelegentlich vor der Frage, ob alle aufgegebenen Bestandteile der Probe auch eluiert worden sind oder ob sie so stark verzögert werden, daß ihr Elutionspeak im Rauschen der Basislinie untergeht. Die Entscheidung ist sehr schwierig zu treffen. Ein Weg zur Beantwortung ist die mehrfache Trennung der gleichen Probe in verschiedenen Systemen. Am einfachsten ist es, wenn man zunächst die Elutionskraft des Eluenten erhöht und die Veränderung der Lage und der Zahl der eluierten Peaks beobachtet. Die endgültige Entscheidung, ob alle, auch die sehr stark retardierten Bestandteile der Probe eluiert wurden, kann man nur nach einer Trennung in einem System mit umgekehrtem Phasenverhalten treffen. Arbeitet man zunächst mit polarer stationärer Phase (z.B. Kieselgel), so können sehr polare Probenbestandteile stark zurückgehalten werden. In einem "reversed-phase"-System mit unpolarer stationärer Phase werden diese Probenbestandteile kaum oder nur sehr wenig retardiert, und ihre Anwesenheit läßt sich dadurch feststellen. Analoges gilt auch für den umgekehrten Fall. Hier empfiehlt sich der Wechsel vom "reversed-phase"-System zur Adsorptionschromatographie.

Man sollte es sich zur Regel machen, Proben, über deren Zusammensetzung wenig bekannt ist, in mindestens zwei vollkommen unabhängigen Systemen zu trennen. Nur dann ist eine Entscheidung über die Zusammensetzung und eine Identifizierung der Bestandteile möglich.

Zur schnellen *Auswahl* des geeignetsten *Trennsystems* kann die Gradient-Elution dienen. Man erhält rasch einen Überblick über die Zahl der Komponenten und kann aus dem Zeitpunkt der Elution und der dabei vorliegenden Gradienten-Zusammensetzung Rückschlüsse auf die Polarität der Probenbestandteile ziehen. Das erleichtert dann die Auswahl der Eluentenzusammensetzung für die Elution unter isocraten Bedingungen. Wegen der stets möglichen "Geisterpeaks", die durch Anreicherung von Verunreinigungen des Eluenten an der stationären Phase entstehen, ist hier bei Interpretationen Vorsicht geboten. Eine zusätzliche isocrate Trennung ist stets empfehlenswert. Bei polaren stationären Phasen beginnt man den Gradienten mit einem relativ unpolaren Eluenten (z.B. Heptan) und geht über einen polareren Eluenten (z.B. Methylenchlorid) zu einem Eluenten über, dem ein als Verdränger wirkender Zusatz (z.B. 10 - 50 % Isopropanol) zugegeben wurde. Selbstverständlich läßt sich dieser Weg abkürzen. Ist die stationäre Phase unpolar, so beginnt man den Gradienten mit Wasser und geht zu reinem Methanol über. Aber auch hier ist mit dem Auftreten von Geisterpeaks zu rechnen.

Die *Übertragung chromatographischer Ergebnisse* aus der klassischen Säulenchromatographie auf die Hochdruck-Flüssigkeits-Chromatographie bereitet keine Schwierigkeiten. Diese Aussage gilt allerdings nur für die Übertragung des Trennsystems, nicht für die genaue Übertragung der Retentionsdaten. Da bei Verteilungssystemen stets die Eigenschaften des Trägermaterials eine Rolle spielen, können durch Unterschiede in der Vorbehandlung des Trägers Abweichungen auftauchen.

Problematischer ist die Übertragung von Trennsystemen der Dünnschicht-Chromatographie (DC) auf die Säule. Eine direkte Übertragung von Rf-Werten der DC auf die entsprechenden Retentionsparameter (k'-Wert, Retentionsvolumina) der Hochdruck-Flüssigkeits-Chromatographie ist nur schlecht möglich, obwohl formal Rf-Wert und k'-Wert wie folgt verknüpft sind:

$$Rf = \frac{1}{1 + k'} .$$

Diese Beziehung gilt allerdings nur, falls identische Gleichgewichtsbedingungen vorliegen. In der Trennsäule ist das Phasenverhältnis konstant, während in der DC das Volumen der mobilen Phase in Richtung zur Front hin abnimmt. Die Zusammensetzung der Phasen ist in der Säule konstant, während bei der DC der Trennung der Probesubstanzen eine Trennung (Frontanalyse) des Fließmittels (Eluenten) überlagert ist. Die Zusammensetzung der mobilen Phase verändert sich zwischen Startlinie und Front [4,5]. Vielfach ist das Auftreten von mehreren Fronten zu beobachten. Die Wanderungsgeschwindigkeit der Front (Flußgeschwindigkeit der mobilen Phase) nimmt mit zunehmender Entfernung der Front von der Eintauchzelle ab. Bei der DC ist es daher unmöglich, isocratisch zu arbeiten, eine Voraussetzung für die Gültigkeit der obigen Beziehung. Aus den gleichen Gründen ist es nicht erlaubt, die Bodenhöhen bzw. Trennstufen von DC und Trennsäule zu vergleichen, da h-Werte nur für konstante Eluentengeschwindigkeit, konstantes Phasenverhältnis, isocratische Bedingungen etc. definiert sind. Selbstverständlich kann man Trennstufen bzw. Bodenhöhen bei der DC aus der Fleck-Größe ermitteln, jedoch können diese Werte nicht mit denen aus der Säulenchromatographie verglichen werden.

Setzt man die Gültigkeit der obigen Gleichung voraus - obwohl es aus den dargelegten Gründen nicht zulässig ist -, so entsprechen den Rf-Werten von 0,9, 0,5 bzw. 0,1 k'Werte von 0,1, 1,0 und 9,0. Diese Trennbedingungen der DC ($0,1 < Rf < 0,9$) können in der Tennsäule ($0,1 < k' < 10$) eingestellt werden. Die in der oberen Hälfte der DC-Platte ($0,5 < Rf < 0,9$) erreichbare Trennung von 5 - 10 Flecken ist ohne weiteres mit ca. 1000 - 2000 Böden auch in der Säule zu verifizieren. In der unteren Hälfte der DC-Platte ($0,5 < Rf < 0,1$) können etwa gleich viele Flecke voneinander getrennt werden. Hier ist die Trennsäule wegen des breiteren Bereiches der k'-Werte ($1 < k' < 10$) der DC scheinbar überlegen.

Aus den dargelegten Gründen ist es daher nicht überraschend, wenn es Schwierigkeiten bereitet, Trennsysteme der DC auf die Trennsäule zu übertragen. Relativ unproblematisch ist es, solche Systeme, bei denen in der DC ein unpolares Einkomponenten-Fließmittel verwendet wird, qualitativ auf die Säule zu übertragen. Beachtet man dabei den durch die Luftfeuchtigkeit bestimmten Wassergehalt der Schicht und stellt in der Trennsäule ähnliche Bedingungen (z.B. mit einem FKS) ein, so ist die Trennung übertragbar, wenn man davon absieht, die k'-Werte zu erzielen, die aus dem Rf-Wert berechnet wurden. Durch geringfügige Variation der Polarität des Eluenten kann die säulenchromatographische Trennung optimiert werden.

Die Übertragung von Trennsystemen der DC, die mit Mehrkomponenten-Fließmitteln stark unterschiedlicher Polarität erzielt wurden, ist allein wegen der Fließmittel-Entmischung um ein Vielfaches problematischer, da die für die Wanderung des Fleckes notwendige Fließmittel- und Phasenzusammensetzung nur sehr ungenau zu bestimmen ist. Die Übertragungsmöglichkeiten von DC-Trennungen auf die Trennsäule werden um so geringer, je mehr Komponenten das DC-Fließmittel enthält.

Zur Ergänzung der Ergebnisse der Säulenchromatographie sollte die DC auch im HPLC-Labor nicht fehlen. So läßt sich sehr einfach anhand einer DC-Trennung feststellen, ob alle Probenkomponenten mit dem ausgewählten Eluenten auch eluiert werden können (keine Probe bleibt am Startfleck!). Durch die Vielfalt der zur Verfügung stehenden Nachweisreagenzien kann diese Entscheidung relativ einfach getroffen werden. Bei Verwendung von selektiven Sprühreagenzien erhält man zumindest eine Information mehr über die Zusammensetzung der Probe.

Diese Betrachtungen gelten ausschließlich für die Chromatographie an polaren stationären Phasen (SiO_2, Al_2O_3). Leider gibt es bis heute noch kein praktikables System, das es erlaubt, Trennungen an Umkehrphasen mittels DC durchzuführen.

In Tab.X.2 sind noch einmal die besprochenen Trennsysteme charakterisiert und die wichtigsten Regeln zur Auswahl des Systems und zur Beeinflussung des Retentionsverhaltens der Proben aufgezeigt [nach 1].

Literatur zu Kapitel X

1. Hesse, G.: Chromatographisches Praktikum. Frankfurt/Main: Akad. Verlagsgesellschaft 1968.
2. Lüttringhaus, A., Hess, U., Rosenbau, H.J.: Z. Naturforsch. *22b*, 1296 (1967).
3. Hesse, G., Hagel, R.: Chromatographia *6*, 277 (1973).
4. Geiss, F.: Parameter der Dünnschicht-Chromatographie. Braunschweig: Vieweg 1972.
5. Engelhardt, H., Engel, B.: Chromatographia *1*, 490 (1968).

Tabelle X.2. Charakterisierung der Trennsysteme.

	Trennprinzip				
	Adsorption		Verteilung	Ionenaustausch	Ausschluß
	polare stat. Phase	unpolare stat. Phase "reversed phase"			
Geeignet für	Unpolare bis mittelpolare neutrale organische Verbindungen, die in mit Wasser nicht mischbaren Lösungsmitteln löslich sind.	Mittelpolare bis stark polare Verbindungen, die in Wasser und Alkoholen löslich sind.	Alle Arten von organischen Verbindungen, mittelpolar bis polar.	Säuren und Basen, Aminosäuren, Alkaloide, anorganische Salze.	Trennung der Moleküle nach Größe.
Elutionsmittel	Unpolare und wenig polare, mit Wasser nicht mischbar.	Wasser und niedere Alkohole.	Mischung aus mindestens zwei Komponenten stark unterschiedlicher Polarität.	Wasser, Salz und Pufferlösungen.	Keine Beschränkung. Eluent soll so ausgewählt werden, daß keine Sorption an stat. Phase stattfindet.
Stationäre Phase	Silikagel und Aluminiumoxid.	Mit unpolaren Gruppen oberflächenmodifiziertes Silikagel, z.B. mit C_{18}-Alkyl-Gruppen.	Poröse Festkörper, die mindestens eine Komponente des Eluenten aufsaugen können, z.B. Silikagel.	Kunstharzaustauscher oder Austauscher immobilisiert auf anorganischen Festkörpern.	Poröse Festkörper mit definierter Porendurchmesserverteilung.
Retention steigt mit	Zunahme der polaren Gruppen in der Probe. Dipolmoment der Probe; Molekülgröße.	Zunahme der unpolaren Eigenschaften der Probe; Molekülgröße; Länge von Alkylketten.	Löslichkeit in der stat. Phase; normalerweise in der polaren Phase.	Säuren- bzw. Basenstärke; abnehmender Ionenradius.	abnehmender Molekülgröße (jedoch nicht über das Totvolumen der Säule hinaus!).
Beschleunigung der Elution	Erhöhung der Polarität des Eluenten (eluotrope Reihe), Gradient-Elution.	Abnahme der Polarität des Eluenten (Umkehrung der eluotropen Reihe).	Erhöhung der Löslichkeit der Probe in der bewegten Phase.	Zugabe von gleichgeladenen Ionen, Erhöhung bzw. Erniedrigung des pH-Wertes. Erhöhung der Ionenkonzentration; Komplexbildung.	Nicht beeinflußbar.

Kapitel XI

Spezielle Arbeitstechniken

A. Präparative Chromatographie

Unter präparativen Trennungen werden hier Analysen mit Probenmengen zwischen 10 mg bis zu wenigen Gramm verstanden. Derartige Trennungen sind mit den gängigen, für analytische Trennungen konzipierten Geräten möglich. Der Bereich von 10 - 1000 mg ist für viele moderne Untersuchungsmethoden ausreichend.

Voraussetzung für präparative Trennungen ist eine *gute analytische Trennung* mit Probenmengen im linearen Bereich, d.h. mit einer Belastung von maximal 10^{-4} bis 10^{-3} g Probe pro Gramm stationärer Phase. Die Belastbarkeit ist bekanntlich so definiert (vgl. Kap.VI.I.A und Abb.VI.2), daß sie diejenige maximale Probenmenge angibt, die an einer bestimmten Trennsäule ohne Verschlechterung der Trennleistung noch getrennt werden kann. Bei den üblichen analytischen Trennsäulen (3 - 4 mm Innendurchmesser und 30 cm Länge) können Mengen um 1 mg ohne weiteres getrennt werden. Für viele kostbare Naturstoffe ist das schon eine "präparative Menge". Die analytische Trennung (erhalten mit Probenmengen im linearen Bereich) kann durch Variation der Trennbedingungen so optimiert werden, daß die Auflösung (d.h. der Abstand der Peaks untereinander) sehr groß wird. Selbstverständlich geht dies auf Kosten der Analysenzeit. Sind die Peaks weit genug voneinander entfernt, so kann die Probenmenge erhöht werden. Die daraus folgende größere Bandenbreite gibt nun wegen der großen Auflösung keine Überlappung der Substanzzonen mehr. Auf diese Weise können an analytischen Trennsäulen "präparative" Probenmengen von 5 bis 100 mg getrennt werden. Zu beachten bleibt, daß die Retentionszeiten bei Erhöhung der Probenmenge niedriger werden. Bei sehr großen Probenmengen kann das Elutionschromatogramm in ein Verdrängungssystem (vgl. I) übergehen: Der nachfolgende Probenpeak verdrängt den jeweils vorherlaufenden von der Trennsäule. Zwischen den einzelnen Proben tritt dann kein reiner Eluent mehr aus der Säule aus.

Durch Vergrößerung des Säulendurchmessers kann die durchsetzbare Probenmenge erhöht werden, jedoch muß bei einer Verdopplung des Säulenquerschnitts die Förderleistung der Pumpe vervierfacht werden, um die gleiche lineare Eluentengeschwindigkeit zu erzielen. Die für die Hochdruck-Flüssigkeits-Chromatographie verwendeten Pumpen haben im allgemeinen eine maximale Förderleistung um 10 - 15 ml/min. Einer Vergrößerung des Säulendurchmessers ist daher von der Pumpenseite eine Grenze gesetzt. Der Säulendurchmesser kann jedoch ohne große Probleme auf 8 bis 10 mm vergrößert werden. Die Trennleistung derartiger Säulen entspricht vollkommen der analytischer Trennsäulen. Auch mit dickeren Trennsäulen (bis zu 25 mm) sind Trennungen mit geringfügig modifizierten analytischen Geräten gelungen [1,11-14]. Die Grenze der Vergrößerung des Säulendurchmessers dürfte aber in dieser Größenordnung liegen, u.a. auch wegen des relativ hohen Preises für die feinklassierten Adsorbenzien. Durch Automatisierung und fortlaufende Wiederholung dürften mit dünneren Säulen ohne weiteres ähnliche Durchsatzmengen wie mit dicken Säulen erzielbar sein.

Geräte für die automatisierte präparative Trennung mit Fraktionssammler und wiederholbarer, von einem Programmer gesteuerter Probenaufgabe sind im Handel erhältlich. Mit diesen Geräten können nicht nur die einzelnen Fraktionen gesammelt werden, sondern nach vorgegebenem Analysenende wird erneut automatisch die Probe aufgegeben und die Fraktionen werden den jeweils entsprechenden zugegeben. Eine Langzeitkonstanz der Trennparameter ist hierzu jedoch erforderlich. Auf die technischen Probleme soll hier nicht weiter eingegangen werden. Der wiederholbare Ablauf der präparativen Trennung mit analytischen Trennsäulen oder Säulen mit etwas vergrößertem Innendurchmesser (< 10 mm) scheint im Augenblick die vorteilhafteste Lösung zu sein, da die meisten analytischen Geräte für diesen Zweck umgerüstet werden können.

Eine Möglichkeit zur Verminderung des Bedarfs an Eluenten und Trennmaterialien stellt die Anwendung der "Recycling"-Methode dar [15]. In der Ausschluß-Chromatographie wird dieses Verfahren häufig angewendet, um die Zahl der Trennstufen zu erhöhen. Die Säule kann hierbei bedeutend stärker belastet werden, da die Probe fortlaufend verdünnt wird. Das Recycling kann theoretisch so lange fortgesetzt werden, bis der schnellste Peak den langsamsten zu überholen droht. In der Pumpe (zwischen Säulenende und -anfang) sollte dabei keine allzu große Vermischung stattfinden (geringe Bandenverbreiterung).

Ein vollkommen anderes Konzept liegt einem kommerziellen, präparativen Flüssigkeits-Chromatographen zugrunde. Das Gerät wurde so ausgelegt, daß mit minimalen Kosten ein großer Durchsatz ermöglicht wird. Dies wird auf Kosten der Auflösung erreicht. Die Trennsäulen (5 cm i.d.) sind aus Polyäthylen und mit billigem Kieselgel mit großem Teilchendurchmesser (50 - 100 µm) gefüllt und können wie eine Kartusche relativ einfach in den Säulenbehälter eingebracht bzw. ausgewechselt werden. Die optimale Packungsdichte wird durch radiale Kompression zwischen Säulenbehälter und Trennsäulenkartusche erzielt, dabei soll die Trennleistung zusätzlich noch verbessert werden. Wegen des benötigten niedrigen Druckabfalls kann mit einer relativ einfachen Pumpe hohe Förderleistung (50 - 500 ml/min) erzielt werden. Mit diesem Konzept ist es ohne weiteres möglich, einige Gramm Probe aufzutrennen. Vorreinigungsschritte, Entfernung von nichteluierbaren Probenbestandteilen (z.B. Eiweißstoffe in biologischem Material etc.) sind hier nicht unbedingt erforderlich.

Dieses Konzept scheint gegenüber dem scale-up einer analytischen Trennung mit hoher Trennleistung vor allem dann vorteilhaft zu sein, wenn relativ wenige Komponenten voneinander zu trennen sind (z.B. nach organisch-präparativen Syntheseschritten u.ä.).

Die Probenaufgabe kann beim präparativen Arbeiten durch eine Spritze oder über eine Probenschleife erfolgen. Sollen größere Mengen verdünnter Lösungen aufgegeben werden, so ist die Probenschleife vorzuziehen. Der Einfluß zusätzlicher Bandenverbreiterung ist bei präparativer Arbeitsweise zu vernachlässigen. Die Probenaufgabe und die gleichmäßige Verteilung der Probe über den gesamten Säulenquerschnitt bereitet bei präparativem Arbeiten gelegentlich Schwierigkeiten. Vor allem gilt hier nicht mehr die Faustregel, daß die Probenlösung bei der Aufgabe so konzentriert wie möglich sein sollte. Es wurde gezeigt [2], daß bei der Aufgabe verdünnter Lösungen der gleichen Probenmenge die Bandenverbreiterung geringer ist als bei der Aufgabe der gleichen Menge in einer konzentrierten Lösung. Es wird dies auf örtliche Überlastungen des Trennsystems zurückgeführt.

Aus diesem Grund und wegen der begrenzten Löslichkeit der Probenbestandteile im verwendeten Eluenten muß u.U. ein relativ großes Probevolumen aufgegeben werden. Das Probevolumen hat erst dann einen Einfluß auf die Peakform, wenn es größer wird als die Standardabweichung (in Volumeneinheiten) der Säule, hervorgerufen durch die Mischvorgänge innerhalb der Trennsäule [16] (leicht aus der Basisbreite ($w = 4\sigma$) des Peaks auf dem Schreiberdiagramm (σ_t in sec!) und aus der Volumengeschwindigkeit zu ermitteln). Bei den üblichen Trennsäulen, gepackt mit Kieselgel mit einem Teilchendurchmesser um 10 µm, liegt diese Volumen-

Standard-Abweichung zwischen 50 und 150 µl. Bei größeren Probevolumina geht die Gauß-Kurve in einen Rechteck-Peak über. Im Zusammenhang mit der Zunahme des Peakvolumens aufgrund der Zunahme des Probevolumens nimmt die Auflösung zweier benachbarter Peaks ab, ohne daß die Verschlechterung der Trennung durch zu große Belastung hervorgerufen wurde.

Die handelsüblichen *Detektoren* sind im allgemeinen für die präparative Anwendung zu empfindlich. Bei photometrischen Detektoren kann man die Empfindlichkeit sehr einfach durch Verringerung der Schichtdicke dem jeweiligen Problem anpassen. Allerdings führt bei manchen Detektoren ein erhöhter Eluentendurchsatz zu Schwingungen und gesteigertem Rauschen. Das Ableitungsrohr der Detektorzelle sollte möglichst kurz und weit sein, damit bei der hohen Eluentenflußgeschwindigkeit nicht zu viel Druck auf den Fenstern der Zelle lastet und diese u.U. zerspringen.

Welches der beiden Konzepte, scale-up der analytischen Trennung mit Säulen, gepackt mit kleinen Teilchen, oder Verwendung von vergleichsweise billigen Säulen mit mäßiger Trennleistung, sich durchsetzen wird, ist noch nicht abzusehen. Der Durchsatz, bei präparativen Trennungen nicht zu vernachlässigen, ist unabhängig vom Teilchendurchmesser, falls die Betriebsbedingungen identisch sind.

B. Quantitative Analyse

In der Hochdruck-Flüssigkeits-Chromatographie ist, wie bei allen chromatographischen Verfahren, eine quantitative Auswertung der Resultate möglich. Auch hier ist die Peakfläche der aufgegebenen Probenmenge proportional. Welche Bestimmungsmethode für die Fläche verwendet wird, hängt von den jeweiligen Erfahrungen ab. Analog zur Gas-Chromatographie [3,4] kann die Peakhöhe, Peakhöhe mal Halbwertsbreite, die Fläche, die Integration mittels Disc-Integrator oder elektronischem Integrator bzw. mit Computer [5] verwendet werden. Der Fehler bei der Flächenbestimmung variiert zwischen 1 und 5 % und hängt bei der graphischen Auswertung von der Geschicklichkeit des einzelnen ab.

Die Fehler haben teilweise die aus der Gas-Chromatographie bereits bekannten Ursachen. Die Probenaufgabe mittels einer Spritze ist schon mit Mängeln behaftet. Durch den hohen Gegendruck bedingt, ist es gelegentlich schwierig, identische Mengen auf die Trennsäule aufzubringen. Vor allem bei längerem Gebrauch der Spritzen besteht die Gefahr, daß der größte Teil der Substanz am Kolben der Spritze vorbei herausgedrückt wird. Für exakte quantitative Untersuchungen, vor allem auch bei Reihenuntersuchungen, dürfte die Probenaufgabe mittels Probenschleife vorteilhafter sein und reproduzierbarere Ergebnisse liefern. Bei der Probenaufgabe mit einer Spritze sollte stets mit einem "inneren Standard" gearbeitet werden, um den Fehler bei der Probenaufgabe auszuschalten. Als "innerer Standard" wird der Probe eine genau bekannte Menge einer im ursprünglichen Gemisch nicht enthaltenen Substanz zugegeben. Diese Kontroll-Substanz sollte nach Möglichkeit so gewählt werden, daß sie an einer vorher "leeren" Stelle im Chromatogramm eluiert wird. Durch Bezug auf die Fläche dieses Standards wird der Einspritzfehler kompensiert. Fehler, die auf den chromatographischen Trennungsprozeß zurückzuführen sind, haben häufig ihre Ursache in der unvollständigen Elution der Probe. Dadurch kann die Summierung der bestimmten Peaks auf 100 % mit einem großen Fehler behaftet sein. Durch Messung in zwei voneinander unabhängigen Systemen kann diese Fehlerquelle eliminiert werden.

Die Anzeige der Detektoren in der Hochdruck-Flüssigkeits-Chromatographie ist konzentrationsspezifisch [6]. Durch den Schreiber wird die Änderung der Konzentration als Funktion der Zeit registriert. Bei der quantitativen Analyse mittels Flächenauswertung wird die Konzentration über die Zeit integriert ($\frac{g}{cm^3} \cdot sec$). Um die allein interessierende Masse (g) zu erhalten, muß die Fläche mit der Flußgeschwindigkeit ($\frac{cm^3}{sec}$) multipliziert werden. Daher kann die quantitative Analyse durch Flächenauswertung niemals genauer sein als die Konstanz der Flußgeschwindigkeit gewährleistet ist. Dabei kommt es sowohl auf die Langzeit-Konstanz während der gesamten Analyse als auch auf die Kurzzeit-Konstanz während der Elution eines Peaks an. Bei allen handelsüblichen Geräten wird die Konstanz der Flußgeschwindigkeit mit ± 1 % garantiert. Bei der quantitativen Auswertung nach Peakhöhe muß auf konstante k'-Werte bzw. auf konstante Retentionsvolumina geachtet werden.

Die Anzeige der Detektoren der Flüssigkeits-Chromatographie ist substanzspezifisch. Das hat zur Folge, daß für jede einzelne Substanz eine spezielle Eichkurve aufgestellt werden muß.

Beim Arbeiten mit UV-Detektoren ist darüber hinaus zu beachten, daß die Literaturwerte der Extinktionskoeffizienten nicht zu verwenden sind, auch wenn mit dem LC-Detektor bei der gleichen Wellenlänge gearbeitet wird. Die spektrale Bandbreite der üblichen UV-Detektoren für die Hochdruck-Flüssigkeits-Chromatographie liegt zwischen 5 nm und 15 nm, während die molaren Extinktionskoeffizienten normalerweise bei Bandbreiten von 0,5 bis 1 nm bestimmt werden. Daher sind die Extinktionskoeffizienten, die in die quantitative Auswertung der Chromatogramme eingehen, eine Funktion des verwendeten Detektors bzw. dessen spektraler Bandbreite und sind normalerweise, abhängig von der Form der UV-Absorptionsbande, niedriger. Für Benzol ε_{max} = 215 bei 255 nm [7] z.B. wird bei 254 nm mit 10 nm spektraler Bandbreite ein Extinktionskoeffizient um 100 bestimmt.

Die relativ große spektrale Bandbreite ist eine Ursache für die begrenzte Linearität der flüssigkeits-chromatographischen Detektoren. Die Abweichungen vom Lambert-Beerschen Gesetz werden um so größer, je steiler die Absorptionsbande ist [8]. Nur bei Stoffen mit sehr flachen Absorptionsmaxima ist die Abweichung vom Lambert-Beerschen Gesetz zu vernachlässigen. Der lineare Bereich der UV-Detektoren ist durch diese Abweichungen vom Lambert-Beerschen Gesetz auf etwa $5 \cdot 10^2$ Konzentrationseinheiten beschränkt. Soll der Konzentrationsbereich auf 10^3 Konzentrationseinheiten erhöht werden, so müssen in diesem oberen Bereich Abweichungen von der Linearität um 10 % oder mehr toleriert werden.

Wegen der Abhängigkeit der Intensität der Absorption von der Temperatur (vor allem, wenn man auf den Flanken der Absorptionsbande mißt) sollten bei quantitativen Analysen die Säule *und* die Meßzelle auf konstanter Temperatur gehalten werden. Darüber hinaus sind alle aus der Photometrie [8] bekannten Vorsichtsmaßnahmen zu beachten.

C. Spurenanalyse

Wegen der begrenzten Empfindlichkeit der flüssigkeits-chromatographischen Detektoren steht man häufig vor der Aufgabe, Spuren einer bestimmten Komponente in einem Gemisch zu bestimmen. Ist die Konzentration einer Substanz in der Probe vor der Aufgabe noch ausreichend für die Bestimmung, so ist sie nach der Trennung durch den chromatographischen Verdünnungsprozeß viel niedriger. Um den Nachweis dennoch führen zu können, kann man die aufgegebene Probenmenge erhöhen. Das ist besonders bei sehr verdünnten Lösungen nicht problematisch, da die Trennsäule hierbei nicht überlastet wird. Als Regel gilt, daß das aufgegebene Probenvolumen bis zu etwa 5 % des Kolonnenvolumens betragen kann, ohne daß sich eine zusätzliche Bandenverbreiterung bemerkbar macht. Das Probenvolumen kann ohne Schwierigkeiten sogar noch weiter erhöht werden, wenn der k'-Wert der zu bestimmenden Substanz größer als etwa 2 ist und die davor eluierten Substanzen nicht zu bestimmen sind. Die Probe (k' > 2) wird durch die Verzögerung gegenüber dem Eluenten in der stationären Phase konzentriert und wandert als engere Zone durch die Trennsäule, als es dem aufgegebenen Probenvolumen entspricht.

Die Trennsäule kann also zur Anreicherung von Spuren und deren Konzentration verwendet werden. Wählt man das System so, daß alle Probenbestandteile von Interesse sehr stark retardiert werden, so werden sie am Säulenanfang aufkonzentriert. Dies kann entweder durch wiederholte Aufgabe der verdünnten Probenlösung geschehen, oder im Extremfall wird die Probenlösung über die Säule gepumpt. Durch Erhöhung der Elutionskraft des Eluenten können danach die angereicherten Probenbestandteile zur Wanderung in der Säule veranlaßt werden. Diese Probenanreicherung nach Art der adsorptiven Filtration (vgl. Kap.I) ist vor allem dann nützlich, wenn sehr geringe Substanzmengen in großen Volumina zu bestimmen sind. Für wäßrige Systeme ist hier ein "reversed-phase"-System einzusetzen. Ist das Lösungsmittel unpolar, verwendet man ein normales Adsorptionssystem mit stark polarer stationärer Phase.

Besteht diese Möglichkeit nicht bzw. reicht die damit erzielbare Empfindlichkeit nicht aus, so kann die Nachweisempfindlichkeit durch Verminderung des Verdünnungsprozesses während der Trennung erhöht werden. Die Verbesserung der Detektoreigenschaften, wie Verminderung des Rauschens, Optimierung der Nachweiswellenlänge, Anpassung der Schichtdicke etc., soll an dieser Stelle nicht weiter diskutiert werden.

Für jedes Trennproblem wird eine bestimmte Zahl von theoretischen Böden benötigt. Da die Verdünnung eine Funktion der Säulenlänge bzw. der Aufenthaltszeit in der Trennsäule ist, sollte nur die unbedingt notwendige Bodenzahl in der kürzestmöglichen Trennsäule für die Spurenanalyse verwendet werden. Nachdem mit abnehmendem Teilchenradius die Bodenhöhe ebenfalls abnimmt, sollte man für Spurenanalyse den kleinsten möglichen Teilchendurchmesser verwenden. Die benötigte Bodenzahl erzielt man dann mit wesentlich kürzeren Trennsäulen (kürzeres t_o, geringere Verdünnung). Die Bodenhöhe ist eine Funktion der linearen Geschwindigkeit. Für die Analyse sollte daher bei der Strömungsgeschwindigkeit gearbeitet werden, bei der die Bodenhöhe ein Minimum durchläuft (h_{min}, u_{min}, n_{max}). Die Trennleistung wird dabei auf Kosten der Analysenzeit optimiert.

Die Retentionszeiten sollten so eingestellt werden, daß die

k'-Werte niedrig sind. (Hohe k'-Werte führen zu breiten, flachen Peaks.)

Ist die Trennleistung unabhängig vom Innendurchmesser der Trennsäule, d.h. können engere Trennsäulen ebenfalls gut gepackt werden, so wird die Verdünnung um so niedriger, je kleiner der Innendurchmesser wird (Querschnittsfläche $r^2\pi$, über die sich die Probe verteilt!).

Eine ausführliche Diskussion der Einflüsse dieser Parameter auf die Nachweisgrenzen findet sich in der Literatur [9,10].

Für den Nachweis von Spurenkomponenten sollte die kürzestmögliche Trennsäule, gepackt mit den kleinsten Teilchen, verwendet werden. Der Innendurchmesser sollte so gering wie möglich sein und die Eluentengeschwindigkeit nahe bei u_{min} liegen. Das System sollte so eingestellt werden, daß die k'-Werte optimal (1,5 - 4) sind. Ist keine Überlastung der Trennsäule zu befürchten (stark verdünnte Lösungen), dann kann das Probenvolumen erhöht werden, bis sich eine Bandenverbreiterung am zu untersuchenden Substanzpeak bemerkbar macht.

Anders ist der Fall, falls Spurenkomponenten in einer Probe nachgewiesen werden sollen, die in unbegrenzter Menge zur Verfügung steht. Hierbei spielt der Säulendurchmesser keine Rolle [17]. Die Probemenge kann bis zur Grenze der Belastbarkeit erhöht werden, eventuell sogar darüber auf Kosten der Auflösung, besonders dann, wenn die Selektivität des Trennsystems für die Abtrennung der Spurenkomponente groß genug ist.

Literatur zu Kapitel XI

1. Wolf III, J.P.: Anal. Chem. *45*, 1248 (1973).
2. De Stefano, J.J., Beachell, H.C.: J. Chromatogr. Sci. *10*, 654 (1972).
3. Kaiser, R.: Gas-Chromatographie. Bd.IV: Quantitative Bestimmung. Mannheim: Bibliograph. Inst.
4. Ettre, L.S., Zlatkis, A. (Eds.): Practice of Gas Chromatography. New York: Interscience 1967.
5. Karger, B.L., Barth, H., Dallmeier, E., Courtois, G., Keller, H.E.: J. Chromatogr. *83*, 289 (1973).
6. Halász, I.: Anal. Chem. *36*, 1428 (1964).
7. Silverstein, R.M., Bassler, G.C.: Spectrometric Identification of Organic Compounds. New York: Wiley 1964.
8. Kortüm, G.: Kolorimetrie-Photometrie und Spektrometrie. 4. Aufl. Berlin - Göttingen - Heidelberg: Springer 1962.
9. Meijers, C.A.M., Hulsman, J.A.R.J., Huber, J.F.K.: Z. Anal. Chem. *261*, 347 (1972).

10. Karger, B.L., Martin, M., Guiochon, G.: Anal. Chem. *46*, 1640 (1974).
11. Wehrli, A.: Z. Anal. Chem. *277*, 289 (1975).
12. Larmann, J.P., Williams, R.C., Baker, D.R.: Chromatographia *8*, 92 (1975).
13. Attebery, J.A.: Chromatographia *8*, 121 (1975).
14. Godbille, E., Devaux, P.: J. Chromatogr. *122*, 317 (1976).
15. Conroe, K.: Chromatographia *8*, 119 (1975).
16. Wehrli, A., Hermann, U., Huber, J.F.K.: J. Chromatogr. *125*, 59 (1976).
17. Halász, I., Endele, R., Asshauer, J.: J. Chromatogr. *112*, 37 (1975).

Kapitel XII

Reinigung von Lösungsmitteln

Eine der häufigsten Ursachen für mangelnde Reproduzierbarkeit flüssigkeits-chromatographischer Trennungen sind Verunreinigungen in den als Eluenten verwendeten Lösungsmitteln. Schon geringe Spuren von Verunreinigungen können wegen der Anreicherung an der Trennsäule zur Verfälschung des chromatographischen Ergebnisses führen. Eine ausführliche Diskussion findet sich in Kap.VI. Vor allem bei adsorptionschromatographischen Trennungen verändern geringe Spuren polarer Verunreinigungen, wie Wasser, Alkohol etc., die Eigenschaften des Trennsystems.

Prinzipiell sollten alle Eluenten vor der Verwendung destilliert werden. Unbedingt erforderlich ist dies, falls die Proben nach der Trennung wiedergewonnen werden sollen. Nicht-flüchtige Bestandteile in den Eluenten können sonst die Probe verunreinigen. Bei der Gradient-Elution können die Verunreinigungen des unpolaren Eluenten an der Säule angereichert werden. Beim Übergang zu stärkeren Elutionsmitteln werden diese Verunreinigungen als scharfe Zonen eluiert und täuschen Probenbestandteile vor. Abb.XII.1 zeigt ein derartiges Beispiel (unteres Chromatogramm).

Das obere Chromatogramm, bei dem wesentlich weniger Verunreinigungen im Gradient-Elutions-Chromatogramm zu sehen sind, wurde mit Heptan erhalten, das zusätzlich zur Destillation noch durch adsorptive Filtration über Aluminiumoxid gereinigt worden war.

Diese Reinigungsmethode [1-5] entfernt nicht nur polare Verunreinigungen, inclusive Wasser, sondern liefert gleichzeitig Eluenten, deren Durchlässigkeit im UV-Bereich wesentlich verbessert ist. Methylenchlorid und Chloroform, deren Durchlässigkeitsgrenze in der Nähe der am häufigsten benutzten Wellenlänge (254 mm) der UV-Detektoren liegt, müssen oft vor der Verwendung auf diese Weise gereinigt werden. Der lineare Bereich der Anzeige wird dadurch wesentlich erhöht.

Zur *Reinigung* der Lösungsmittel wird die klassische Säulenchromatographie verwendet: Hochaktive Adsorbenzien, wie Aluminiumoxid und Kieselgel, werden in ein Trennrohr (z.B. 2 - 5 cm Innendurchmesser,

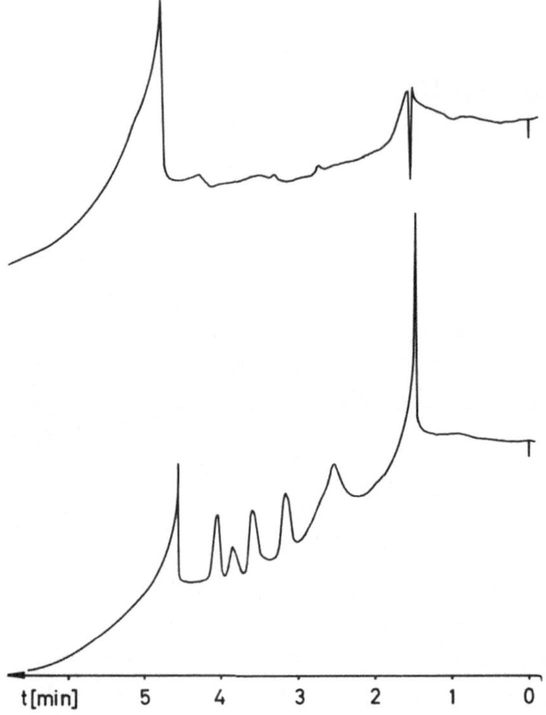

Abb.XII.1. Reinigung von Lösungsmitteln. Gradient-Elution ohne Probenaufgabe. n-Heptan → Methylenchlorid. Unteres Bild: Trennsäule 15 min mit dest. n-Heptan gespült, Gradient zu Methylenchlorid. Oberes Bild: Trennsäule 15 min mit n-Heptan gespült, das zusätzlich durch adsorptive Filtration über Aluminiumoxid gereinigt wurde. Experimentelle Bedingungen: Kieselgel Merckogel SI 100; Säule: 30 cm, 4 mm i.d.; F = 4,6 ml/min; Δp = 70 at.

40 - 150 cm lang) gefüllt und sofort mit dem Eluenten bedeckt. Die ersten Anteile des aus der Säule abtropfenden Lösungsmittels werden gesondert aufgefangen. Sie sind meist nicht rein genug, können jedoch wieder oben aufgegeben werden. Die Mittel- und Hauptfraktion stellt reines Lösungsmittel dar. Ist die Säule erschöpft, so erscheint das ursprüngliche, verunreinigte Lösungsmittel am Säulenauslauf. Die Ausbeute an gereinigtem Lösungsmittel hängt von der Aktivität (spezif. Oberfläche) des Adsorbens, der Polarität des Lösungsmittels, der Menge an Verunreinigungen und von deren Polarität ab. Bei den im folgenden angegebenen Mengen handelt es sich um Richtwerte, die über- oder auch unterschritten werden können. Das Verfahren ist durch einmalige Feststellung des Durch-

bruchsvolumens der Verunreinigungen bei gegebenen Adsorbens und Eluenten zu standardisieren. An 100 g Aluminiumoxid lassen sich etwa 150 - 600 ml aliphatische Kohlenwasserstoffe (Pentan, Hexan, Heptan etc.) reinigen. Kieselgel hat wegen seiner größeren spezifischen Oberfläche eine höhere Kapazität. Beste Reinigungserfolge wurden mit gemischten Säulen (Aluminiumoxid und Kieselgel) erzielt [4]. Zur Regulierung der Strömungsgeschwindigkeit sollte am Säulenende ein Hahn angebracht sein, der aber nicht gefettet werden darf!

Bei polareren Eluenten, z.B. Methylenchlorid, Chloroform etc., ist die pro Gewichtseinheit Adsorbens durchsetzbare Menge naturgemäß geringer (200 - 400 ml/100 g Aluminiumoxid). Verwendet man zur Reinigung vorgetrocknete Eluenten, so erhöht sich die Reinigungskapazität entsprechend.

Mit dieser Methode erhält man trockene Eluenten, die zusätzlich von allen polaren Verunreinigungen (Alkohole, Aldehyde, Ketone etc.) befreit sind.

Eluenten, die in der eluotropen Reihe (Tab.VI.2) unterhalb des Essigesters stehen, können auf diese Weise *nicht* gereinigt werden. Mit Molekularsieb 3 Å können diese Eluenten zwar getrocknet, aber nicht gereinigt werden. Man bewahrt sie zweckmäßig über dem Molekularsieb auf, da wegen des großen Teilchendurchmessers (> 1 mm) der Molekularsiebe der Reinigungsprozeß in Säulen nicht gut durchzuführen ist. Über Molekularsiebe getrocknete Eluenten können Abrieb enthalten, der u.U. die Pumpenventile schädigt. Stark getrocknete Eluenten sind hygroskopisch. Muß mit ihnen gearbeitet werden, so muß auf absoluten Feuchtigkeitsausschluß geachtet werden, und die Eluenten sollten über frisch regeneriertem und getrocknetem Molekularsieb aufbewahrt werden.

Literatur zu Kapitel XII

1. Wohlleben, G.: Angew. Chem. *67*, 741 (1955).
2. Wohlleben, G.: Angew. Chem. *68*, 752 (1956).
3. Hesse, G., Schildknecht, H.: Angew. Chem. *67*, 737 (1955).
4. Hesse, G., Engelbrecht, B.P., Engelhardt, H., Nitsch, S.: Z. Anal. Chem. *241*, 91 (1968).
5. Engelhardt, H., in: Zief, M., Speights, R.M. (Eds.): Ultrapurity. New York: Dekker 1972.

Anhang

Bezugsquellen (Stand Anfang 1977)

Komplette Geräte liefern folgende Firmen:

1. Abimed, Analysentechnik
   Ludwigshafener Str. 26, 4000 Düsseldorf

2. Altex Scientific Corp., Berkeley, Calif., USA
   Vertrieb: Kontron Technik GmbH
   Industriegebiet 1, 8051 Eching b. München

3. Applied Research Laboratories GmbH
   Hans-Bökler-Str. 7, 6078 Neu-Isenburg

4. Bodenseewerk Perkin-Elmer
   Postfach 1120, 7770 Überlingen

5. C. Desaga GmbH
   Postfach 101969, 6900 Heidelberg 1

6. DuPont de Nemours (Deutschland) GmbH
   Instrument Products Division
   Dieselstr. 18, 6350 Bad Nauheim

7. Hewlett-Packard GmbH
   Ohmstr. 6, 7500 Karlsruhe

8. ISCO (Instrumentation Specialities Company, Lincoln, Neb., USA)
   Vertrieb: Colora Meßtechnik GmbH
   Postfach 1240, 7073 Lorch/Württ. 1

9. P.J. Kipp + Zonen Vertriebs-GmbH
   Wiesenau 5, 6242 Kronberg/Taunus

10. Laboratory Data Control, Riviera Beach, Fla., USA
Vertrieb: Latek, Labortechnik-Geräte GmbH
Wielandtstr. 21, 6900 Heidelberg

11. Micromeritics Inst. Corp., Norcross, Ga., USA
Vertrieb: Coulter Electronics GmbH
Hülser Str. 295, 4150 Krefeld

12. Packard GmbH
Hanauer Landstr. 120, 6000 Frankfurt/Main 1

13. Pye Unicam Ltd., Cambridge, England
Vertrieb: Philips GmbH
Unternehmensbereich Elektronik Industrie
Miriamstr. 87, 3500 Kassel

14. Siemens AG
Bereich Meß- und Prozeßtechnik
7500 Karlsruhe 21

15. Spectra-Physics GmbH
Alsfelder Str. 12, 6100 Darmstadt

16. Tracor Instruments, Austin, Tex., USA
Vertrieb: Infochroma
Chiemgaustr. 38, 8000 München 90

17. Varian GmbH
Hilpertstr. 8, 6100 Darmstadt

18. Waters GmbH
Herzog-Adolf-Str. 4, 6240 Königstein/Taunus

19. Wissenschaftliche Gerätebau KG
Dr. H. Knauer + Co GmbH
Straße 635 Nr. 38, 1000 Berlin 37 - Zehlendorf

Zusätzlich vertreiben in den USA u.a. folgende Firmen HPLC-Geräte:

Alltech Associates Inc.
202 Campus Dr.
Arlington Heights, Ill.

Molecular Separations, Inc.
P.O. Drawer E
Campion, Pa.

Gow Mac Instrument Co.
100 Kings Road
Madison, N.Y.

Detektoren für die HPLC liefern zusätzlich:

1. Labotron Meßtechnik GmbH
   Vertrieb: Kontron Technik GmbH
   Industriegebiet 1, 8051 Eching b. München

2. Optilab, P.O. Box 138, S 162 12 Vällingby 1, Schweden
   Vertrieb: Colora Meßtechnik GmbH
   Postfach 1240, 7073 Lorch/Württ. 1

3. Schoeffel Instruments GmbH
   Celsiusstr. 5, 2351 Trappenkamp

4. Winopal Forschung
   Postfach 1240, 3004 Isernhagen NB-Süd/Hannover

5. Carl Zeiss
   7082 Oberkochen

Hersteller und Lieferanten für Trägermaterialien und stationäre Phasen sind in Kapitel V aufgeführt.

Sachverzeichnis

Anleitungen für die chemische Laboratoriumspraxis

Herausgeber: F. L. Boschke

Band 10 E. Bayer
Gas-Chromatographie
2., völlig neubearbeitete, erweiterte Auflage
81 Abbildungen. XII, 324 Seiten. 1962
Gebunden DM 74,– ISBN 3-540-02783-1

Band 11 S. Gál
Die Methodik der Wasserdampf-Sorptionsmessungen
48 Abbildungen. XII, 139 Seiten. 1967
Gebunden DM 52,– ISBN 3-540-03721-7

Band 12 G. Habermehl, S. Göttlicher, E. Klingbeil
Röntgenstrukturanalyse organischer Verbindungen
Eine Einführung
136 Abbildungen. XII, 268 Seiten. 1973
Gebunden DM 84,– ISBN 3-540-06091-X

Band 13 K. Cammann
Das Arbeiten mit ionenselektiven Elektroden
Eine Einführung
2., überarbeitete und erweiterte Auflage
65 Abbildungen. XII, 227 Seiten. 1977
Gebunden DM 76,– ISBN 3-540-07947-5

Band 15 **Tabellen zur Strukturaufklärung organischer Verbindungen mit spektroskopischen Methoden**
Von E. Pretsch, J. T. Clerc, J. Seibl, W. Simon
IX, 312 Seiten. 1976
Gebunden DM 28,– ISBN 3-540-07823-1

Preisänderungen vorbehalten

Springer-Verlag Berlin Heidelberg New York

Organische Chemie in Einzeldarstellungen

Herausgeber: H. Bredereck, K. Hafner, E. Müller

Band 9 E. Schmitz
Dreiringe mit zwei Heteroatomen. Oxaziridine. Diaziridine. Cyclische Diazoverbindungen
5 Abbildungen. XII, 179 Seiten. 1967
DM 94,– ISBN 3-540-03946-5

Band 10 J. Falbe
Synthesen mit Kohlenmonoxyd
20 Abbildungen. VIII, 212 Seiten. 1967
Gebunden DM 76,– ISBN 3-540-03947-3
Englische Ausgabe lieferbar

Band 11 K. D. Gundermann
Chemilumineszenz organischer Verbindungen. Ergebnisse und Probleme
33 Abbildungen. VII, 174 Seiten. 1968
Gebunden DM 76,– ISBN 3-540-04295-4

Band 12 K. Scheffler, H. B. Stegmann
Elektronenspinresonanz
Grundlagen und Anwendung in der organischen Chemie
145 Abbildungen. VIII, 506 Seiten. 1970
Gebunden DM 178,– ISBN 3-540-04984-3

Band 13 Ch. Grundmann, P. Grünanger
The Nitrile Oxides
Versatile Tools of Theoretical and Preparative Chemistry
1 figure. VIII, 242 pages. 1971
Cloth DM 117,– ISBN 3-540-05226-7

Band 14 M. Schlosser
Struktur und Reaktivität polarer Organometalle
Eine Einführung in die Chemie organischer Alkali- und Erdalkalimetall-Verbindungen
29 Abbildungen. XI, 187 Seiten. 1973
Gebunden DM 78,– ISBN 3-540-05719-6

Band 15 A. Gossauer
Die Chemie der Pyrrole
17 Abbildungen. XX, 433 Seiten. 1974
Gebunden DM 158,– ISBN 3-540-06603-9

Preisänderungen vorbehalten

Springer-Verlag Berlin Heidelberg New York